面包制作工艺与配方

陈洪华　李祥睿　编　著

中国纺织出版社

全国百佳图书出版单位
国家一级出版社

内 容 提 要

本书简要地介绍了面包的起源、发展和分类，面包制作的原料、工具和设备，面包制作原理、装饰技术以及面包的质量鉴定与质量分析等基础知识。重点介绍了 470 种面包制作案例，包括主食面包类、花色面包类、调理面包类和酥油面包类。

本书可供广大面包爱好者、食品企业从业人员阅读，还可作为烹饪等专业师生的参考教材。

图书在版编目（CIP）数据

面包制作工艺与配方／陈洪华，李祥睿编著． --北京：中国纺织出版社，2018.10（2025.3重印）

ISBN 978 - 7 - 5180 - 5313 - 1

I.①面… Ⅱ.①陈… ②李… Ⅲ.①面包—制作
Ⅳ.①TS213. 21

中国版本图书馆 CIP 数据核字（2018）第 191563 号

责任编辑:闫　婷　国　帅　　责任校对:寇晨晨
责任设计:品欣排版　　　　　责任印制:王艳丽

中国纺织出版社出版发行

地址:北京市朝阳区百子湾东里 A407 号楼　邮政编码:100124

销售电话:010— 67004422　传真:010— 87155801

http://www.c-textilep.com

E-mail:faxing@ c-textilep.com

中国纺织出版社天猫旗舰店

官方微博 http://weibo.com/2119887771

北京虎彩文化传播有限公司印刷　各地新华书店经销

2018 年 10 月第 1 版　2025 年 3 月第 6 次印刷

开本:880×1230　1/32　印张:12.75

字数:347 千字　定价:42.00 元

凡购本书，如有缺页、倒页、脱页，由本社图书营销中心调换

❧ 前言 ❧

近年来，我国面包业的发展非常迅速，在许多大、中、小城市，面包屋、西饼房，以及大、中、小型西式糕点连锁店如雨后春笋般出现，发展趋势十分喜人。目前，我国各地的烘焙面包业从业人员已达360万人左右。

面包是一种以小麦粉为主要原料，以酵母、鸡蛋、油脂、果仁等为辅料，加水调制成面团，经过发酵、整形、成形、焙烤、冷却等过程加工而成的焙烤食品。面包含有蛋白质、脂肪、碳水化合物、少量维生素及钙、钾、镁、锌等矿物质，口味多样，易于消化、吸收，食用方便，在日常生活中颇受人们喜爱。

《面包制作工艺与配方》是食品精选配方与工艺系列丛书之一。全书分为六章，在第一章节中概述了面包的概念、特点及分类；第二章介绍了面包原料知识；第三章介绍了面包制作工具和设备；第四章介绍了面包制作；第五章介绍了面包的质量鉴定与质量分析；第六章介绍了面包的配方案例。本书的重点是第六章，它全面系统地介绍了各式面包的配方与制作，有主食面包类、花式面包类、调理面包类、酥油面包类、网红面包类等。对每种面包都给出了原料配方、制作用具或设备、制作过程和风味特点。在编写过程中，本书力求浅显易懂，以实用为原则，理论与实践相结合，注重理论的实用性和技能的可操作性，便于读者掌握，是广大面包爱好者的必备读物，同时，本书也可作为食品相关企业从业人员及广大食品科技工作者的参考资料。

本书由扬州大学陈洪华、李祥睿编著，朱威、姚婷、王爱明参编，扬州旅游商贸学校高正祥、宿迁技师学院盛红风、南京金陵高等专业学校贺芝芝、清华大学周静、江南大学陆中军、南京理工大学李佳琪、无锡旅游商贸高等职业学校徐子昂、江苏车辐中等专业学校皮衍秋、青岛烹饪职业学校姚磊等提供了部分配方素材。另外，本书在编写过程中，得到了扬州大学旅游烹饪学院（食品科学与工程学院）领导以及中国纺织出版社的大力支持,并提出了许多宝贵意见,在此,谨向他们表示衷心的感谢！但由于时间仓促,内容涉及面广,有不足和疏漏之处,望广大读者批评指正,编者不胜感激。

陈洪华　李祥睿

2018.05.10

❧目录❧

第一章　面包概述

第一节　面包的起源与发展

面包是一种经过发酵的烘焙点心。它是以小麦粉、酵母、盐和水为基本原料，添加适量糖、油脂、乳品、鸡蛋、果料、添加剂等，经过搅拌、发酵、成形、饧发、烘焙而制成的组织松软的方便食品。

在公元前 7000 年左右，美索不达米亚人就开始种植小麦，并制作原始的面包，他们把谷物捣碎，用水拌和，在烧热的石头上烘烤。公元前 4000 年，埃及人发明了烘焙面包的烤炉，当时的埃及人也被称为吃面包的人。经过发酵的面包，即出现在公元前 2000～3000 年的埃及。据说，这种面包是由一个埃及奴隶发明的。他负责每天晚上给主人烤制面粉加水的糕饼。有一天，他在烤糕饼时睡着了，火在刚烤热面团后就慢慢熄灭了，而面团则在夜间发酵膨胀起来，几小时后，奴隶醒了，看见面包已是头天晚上的 2 倍大，赶紧把面团重新推回烤炉，烤好后，奴隶和他的主人发现它比原来食用的死面糕饼更大更松软，也好吃多了，从此以后主人就要求奴隶做这样的糕饼，但奴隶并不明白烤成松软糕饼的原理是什么。后来，经过许多埃及人的实验，找到了"发面"的关键因素，即空气中的天然酵母菌使含有水、蜂蜜的面团发酵膨胀，于是埃及有了世界上最早的专业面包师。

公元前 600 年，"发面"面包由埃及传到了希腊，至公元前 300 年希腊人就已掌握了 70 种面包的制作方法，拥有了当时世界上最负盛名的烘焙师。当时的贵族阶层享用的是以精筛细磨的面粉烤制的面包，而平民百姓则以加工粗糙、价格低廉的全麦粉面包为主食。

公元前 4 世纪传到罗马后，罗马成立了专门的面包师公会。罗马人进一步改进制面包的方法，发明了圆顶厚壁长柄木杓炉，这个名称来自烘制面包时用以推动面包的长柄铲形木杓。他们还发明了用马和驴推动的水推磨和最早的面粉搅拌机。

后来，面包师对面包的制作工具和方法进行了改进，加配牛奶、奶酪等辅料，大大改善了面包的风味，奠定了面包加工技术的基础，从而使面包逐渐风行欧洲大陆。在中世纪，欧洲人大多吃粗糙的黑面包，最初的白面包只出现在教堂，用于教堂仪式。当时随罗马帝国一同消亡的面包师公会死而复生，订立了行业条例，规定唯有专业磨坊才能碾磨面粉，其他任何人不得从事这一行业，面包师须持有执照方可经营面包房，如果在面包买卖中缺斤少两，还要受到惩罚。

初具现代风格的面包等点心大约出现在欧洲文艺复兴时期，面包制作不仅革新了早期方法，而且品种不断增加，烘焙业已成为相当独立的行业，进入了一个新的繁荣时期。

17 世纪，荷兰人雷文霓发现并制作出酵母菌，人们才真正开始认识酵母并将酵母菌加入面团制作面包。

18 世纪，磨面技术的改进为面包和其他糕点提供了质量更好、种类更多的面粉，这些也为西式点心的生产创造了有利条件。

到了 19 世纪，在西方政体改革、近代自然科学和工业革命的影响下，面包烘焙业发展到一个崭新阶段。1870 年，压榨酵母和生酵母生产的工业化，使面包的机械化生产得到了根本性的发展，并逐渐形成了一个完整和成熟的体系。

20 世纪初，面包工业开始运用谷物化学技术和科学实验成果，使面包质量和生产有了很大提高。同时大面包厂开始发展为较大的面包公司，开始向周边数百公里超级市场供应面包产品。

20 世纪 70 年代以后，为了使消费者能吃到更新鲜的面包，又出现了冷冻面团新工艺。即由大面包厂将面团发酵整形后快速冷冻，将此冷冻面团分销到各个面包零售店冰箱储存，顾客需要时，现场解冻、饧发、烘焙，这样顾客在较短的时间内即可买到称心的刚出炉的新鲜面包。

经过长期发展，面包在世界各国不断创新，渐渐出现了以地域为特点的不同种类。在丹麦，由于当地盛产乳制品，制作面包时会加入奶酪、酸奶酪等。如著名的芝麻蓉夹馅面包,面包上有一层芝麻作装饰,中间夹有黄油、麦粉和麻蓉混合成的糊状物,松软鲜嫩。在法国,面包品种较多,大部分的法式面包都"内软外硬"。最出名的就是"外壳硬如石头"的棍状面包,它有几种不同的长度、重量和形状,长棍面包是最著名的面包之一。长棍面包以面粉、水、酵母和盐制成,因面团经过 3 次发酵,气孔较大,所以味道香浓,而中棍面包因其大小适中,最适合用来蘸汤吃。法国圆面包是乡村面包之一,制作时混入黑麦,再将奶酪撒在面包上,这种面包保存时间较长。羊角面包曾经属于高档面包,吃这种面包的多是贵族,随着岁月的流逝,它已成为今天欧洲人早餐的主角;方形小面包的制法大致与长棍面包一样,但外皮较脆且香,喜欢面包加果酱的话,这种方形小面包最好。

意大利面包无论在形状上还是在味道上,都比其他国家多。如白面包、长条面包、三色方形面包、方形松软面包等。一般味道较甜而松软,它们的最大特色是在面包中加入干果、巧克力等,味道相当不错。

德国面包大部分是用小麦粉和黑麦粉做成,其特点是比较结实而且营养丰富。目前,德国面包种类全数超过 400 种,而且就像法国的奶酪一样,几乎每个城镇村落,都拥有自己独特的面包。主要品种有裸麦面包、酸面包、白面包和甜点面包等。其中杂粮面包比一般面包重而且黑,看起来就像龟裂干旱的河床表面,虽然其貌不扬,但这却是地道德国面包的正宗标记。其表皮硬脆、内部软而有弹性、高纤低脂、浑身散发着麦香,越嚼越有味。全麦麦麸面包比杂粮面包更需要花力气嚼,也是德国人爱吃的面包之一。

英式面包共同的特点就是少糖,搭配下午茶的面包也标榜低糖,甚至连奶油芝士面包、南瓜面包、无花果全麦面包等,面团里几乎都不放糖,就靠奶油与酒渍无花果、南瓜泥等天然果糖,增添些许风味。就连巧克力面包也只靠可可粉与一丁点儿巧克力提味,因此英式下午茶的面包糕点通常都会搭配果酱,与咖啡在口味上堪称绝配。

瑞士生产出一种胚芽面包,营养很丰富,有一定的养生保健功用。秘鲁以 20% 的土豆泥与 80% 的小麦粉混合制成的土豆面包,是一种低热量食品,在市场上颇为畅销。乌拉圭开发出一种生态面包,所用的面粉原料,是由没有任何污染的小麦加工而成的,而且不添加防腐剂和增白剂等化学物质,因此人们可以放心大胆地食用。

另外,其他各国也都有自行加工制作的形形色色的面包:苏格兰的馒头形面包,爱尔兰的苏打面包,俄罗斯的博罗金诺黑面包、大列巴,中东的扁饼,日本面包等。

第二节　面包的特点

在食用方面,面包具有以下三个特点。

1.具有一定的营养价值

面包是一种营养丰富、松软可口、易于消化,又便于携带的食品。

面包是以小麦面粉为主要原料,以白糖、鸡蛋、饴糖、乳品、油脂为辅料,经液体酵母二次发酵,再经成形、饧发、烘烤而制成。一般面包所用的主料和辅料均有很高的营养价值。加上面包中含有大量酵母,酵母体中含有大量易被消化的蛋白质和丰富的 B 族维生素,当面包烘烤完成后,酵母体也就成为面包中的营养素。每克酵母中含有维生素 B_1 80～150 微克,维生素 B_2 50～65 微克。

2.易于消化吸收

面包的消化吸收率较高,其中糖的消化吸收率为 97%,脂肪的消化吸收率为 93%,蛋白质的消化吸收率为 85%。面包消化吸收率高的主要原因:一是面包的结构疏松,内部有大量的蜂窝,扩大了消化器官中各种酶与面包的接触面,从而促进消化吸收过程;二是面包经两次发酵后,淀粉等物质在酶作用下,分解成结构更简单,更易于消化的物质;三是面包色、香、味俱全,可以勾起人们的食欲,令口腔中大量分泌唾液,提高对面包的消化和吸收率。

3.食用方便且便于储存

面包是经过烘焙的食品,其含水量仅为35%～42%,加上经过高温烘烤,杀菌比较彻底,因此容易保管储存,冷、热食用均可。

第三节　面包的分类

面包的品种繁多,目前世界上市场销售的面包种类至少有300种。面包通常有如下分类方法。

1.按照面包的柔软度分类

按照面包的柔软度来分,面包主要分为两大类:一为软式面包,以日本、美国、东南亚等国为代表;一为硬式面包,以德、英、法、意等欧洲各国及亚洲的新加坡、越南等国为代表。

(1)软式面包　这种面包讲求式样漂亮,组织细腻,以糖、油或蛋为主要配方,以便达到香酥松软的效果。软式面包以日本制作的最为典型,面包的刀工、造型与颜色,均十分讲究,尤以内馅香甜,外皮酥软滑口,而吸引人;至于美国面包,则是注重奶油和高糖。软式面包多采用平盘烤箱烘烤。

(2)硬式面包(欧式面包)　欧洲人把面包当主食,偏爱充满咬劲的"硬面包"。硬式面包的配方简单,着重烘焙过程的控制,表皮松脆芳香,内部柔软又具韧性,一股浓郁的麦香,越嚼越有味道。硬式面包有德国面包、法国面包、英式茅屋面包、意大利面包等多种。欧式面包采用旋转烤箱烘烤,因此于烘焙初段时可喷蒸汽,除可使面包内部保水率增加外,又能防止面包表面干硬。

2.按照各国面包配方特点分类

(1)美式面包　美式面包富含砂糖、油脂和鸡蛋等辅助原料,其特点是高糖、高热量、高蛋白,质地柔软。

(2)欧式面包　欧式面包大量采用谷物、果仁和籽作为面团材料。谷物含有丰富的纤维素和矿物质,有助促进新陈代谢,而果仁和籽则有丰富的不饱和脂肪,有益身体健康。欧式面包源自于欧洲,是欧洲人的主食,一般更注重天然、低糖、营养、健康。欧式面包的吃法很多,既可用以开胃,也可当作甜点。对多数人来说,面包是一日三餐的主食。三明治、吐司、面包屑都来源于面包,有时做汤也用到它,如法国洋葱汤、大蒜汤等。还可用面包制成水果奶油布丁、面包布丁及法国吐司。非新鲜出炉的面包可制成面包干、面包屑,还可制成馅料和面包汤。

(3)日本面包　日本面包的品种和花色虽然较多,但配料基本在一定的范围内变化。需要指出的是,主食面包和学生营养餐面包的糖、油脂和鸡蛋等的添加量都受到严格的控制。如果主食面包的含糖量超过10%,就归入花色面包类。例如:豆沙面包是主要的日本传统花色面包,豆沙与小麦粉的比例为5:5～4:6。普通花色面包与高级花色面包的主要区别在于糖、鸡蛋、盐和酵母的添加量不同。高级面包添加的糖、酵母和鸡蛋较多,但盐含量较低。

3.按照烘焙方法分类

根据烘焙方法不同可分为装模烘焙的面包、在烤盘上烘焙的面包、直接在烤炉上烘烤的面包三类。

4.按照消费习惯分类

(1)主食面包　主食面包,顾名思义,即当作主食来消费。配方中辅料较少。

(2)点心面包　点心面包主要指配方中油脂、砂糖、鸡蛋、乳品含量较高,代替点心食用的面包。

5.按照面包风味分类

(1)主食面包　主食面包的配方特征是油和糖的比例较其他的产品低一些。根据国际上主食面包的惯例,以面粉量作基数计算,糖用量一般不超过10%,油脂低于6%。其主要根据是主食面包通常与其他副食品一起食用,所以本身不必要添加过多的辅料。主食面包主要包括平顶或弧顶枕形面包、大圆形面包、法式面包。

(2)花色面包　花色面包的品种甚多,包括夹馅面包、表面喷涂面包、油炸面包圈及形状各异的品种等几个大类。它的配方优于主食面包,其辅料配比属于中等水平。以面粉量作基数计算,糖用量为12%～15%,油脂用量为7%～10%,还有鸡蛋、牛奶等其他辅料。与主食面包相比,其结构更为松软,体积大,风味优良,除面包本身的滋味外,尚有其他原料的风味。

(3)调理面包　它属于二次加工的面包,烤熟后的面包再经过一次加工,主要品种有三明治、汉堡包、热狗等。实际上它是从主食面包派生出来的产品。

(4)酥油面包　这是近年来开发的一种新产品,由于配方中使用较多的油脂,又在面团中包入大量的固体脂肪,所以属于面包中档次较高的产品。该产品既保持面包特色,又近于馅饼(Pie)及千层酥(Puff)等西点类食品,有明显层次及膨胀感,入口酥脆,含油量高。其特性为产品面团中裹入很多有规则层次的油脂,加热汽化形成一层层又松又软的酥皮,外观呈金黄色,内部组织为松酥层次。产品问世以后,由于酥软爽口,风味奇特,更加上香气浓郁,备受消费者的欢迎,近年来其市场份额获得较大幅度的增长。

第二章 面包原料知识

俗话讲"巧妇难为无米之炊",清代学者袁枚在《随园食单》讲到"物性不良,虽易牙烹之,亦无味也",可见,原料的选择是面包生产中的重要环节,绝不可等闲视之。

第一节 小麦粉

小麦粉是以小麦为原料经清理、研磨、筛选等工艺加工制作的产品。通常称为面粉。面粉有不同的分类方法,分述如下。

1. 按照用途分类

(1)专用面粉 专用面粉,俗称专用粉,是区别于普通小麦面粉的一类面粉的统称。所谓"专用",是指该种面粉对某种特定食品具有专一性,专用面粉必须满足以下两个条件:一是必须满足食品的品质要求,即能满足食品的色、香、味、口感及外观特征;二是满足食品的加工工艺,即能满足食品的加工制作要求及工艺过程。根据我国目前暂行的专用粉质量标准,可分为面包粉、面条粉、馒头粉、饺子粉、酥性饼干粉、发酵饼干粉、蛋糕粉、酥性糕点粉和自发粉等。

(2)通用面粉 通用面粉是根据加工精度分类,主要根据灰分含量的不同分为特制一等、特制二等、标准粉和普通粉,各种等级的面粉其他指标基本相同。

(3)营养强化面粉 营养强化面粉是指国际上为改善公众营养水平,针对不同地区、不同人群而添加不同营养素的面粉,例如,增钙面粉、富铁面粉、"7+1"营养强化面粉等。

2. 按照精度分类

（1）特制一等面粉　特制一等面粉又叫富强粉、精粉。基本上全是小麦胚乳加工而成。粉粒细，没有麸星，颜色洁白，面筋含量高且品质好（即弹性、延伸性和发酵性能好），食用口感好，消化吸收率最高，但粉中矿物质、维生素含量最低，尤其是维生素 B_1 远不能满足人体的正常需要。特制一等粉适于制作高档食品。

（2）特制二等面粉　特制二等面粉又称上白粉、七五粉（即每100千克小麦加工成 75 千克左右小麦粉）。这种小麦粉的粉色白，含有很少量的麸星，粉粒较细，面筋含量高且品质也较好，消化吸收率比特制一等粉略低，但维生素和矿物质的保存率却比特制一等粉略高。适宜于制作中档食品。

（3）标准面粉　标准面粉也称八五粉。粉中含有少量的麸星，粉色较白，基本上消除了粗纤维和植酸对小麦粉消化吸收率的影响，含有较多的维生素、矿物质，但面筋含量较低且品质也略差，口味和消化吸收率都不如以上两种小麦粉。粮店里日常供应的小麦粉是标准粉。

（4）普通面粉　普通面粉是加工精度最低的小麦粉。加工时只提取少量麸皮，所以含有大量的粗纤维素、灰分和植酸，这些物质不仅使小麦粉口感粗糙，影响食用，而且会妨碍人体对蛋白质、矿物质等营养素的消化吸收。目前各地面粉厂基本上不生产普通面粉。

3. 按蛋白质含量分类

（1）高筋面粉　高筋面粉又称强筋面粉，颜色较深，本身较有活性且光滑，手抓不易成团状；其蛋白质和面筋含量高。蛋白质含量为 $12\% \sim 15\%$，湿面筋值在 35% 以上。最好的高筋面粉是加拿大产的春小麦面粉。高筋面粉适宜做面包、起酥点心、泡芙点心等。

（2）低筋面粉　低筋面粉又称弱筋面粉，颜色较白，用手抓易成团；其蛋门质和面筋含量低。蛋白质含量为 $7\% \sim 9\%$，湿面筋值在 25% 以下。英国、法国和德国的弱力面粉均属于这一类。低筋面粉适宜制作蛋糕、甜酥点心、饼干等。

（3）中筋面粉　中筋面粉是介于高筋面粉与低筋面粉之间的一类面粉。色乳白，介于高、低粉之间，体质半松散；蛋白质含量为9%～11%，湿面筋值为25%～35%。美国、澳大利亚产的冬小麦粉和我国的标准粉等普通面粉都属于这类面粉。中筋面粉用于制作重型水果蛋糕、肉馅饼等。

4. 根据面粉性能和不同的添加剂分类

（1）一般面粉　蛋白质含量在15%～15.5%、奶白色、呈沙砾状、不粘手、易流动的，适宜混合黑麦、全麦制作面包，或做成高筋硬性意大利、犹太硬咸包。蛋白质含量在12.8%～13.5%、白色、呈半松性的，适合做模制包、花式咸包和硬咸包。蛋白质含量在12.5%～12.8%、白色的，适合做成软包、甜包、炸包。蛋白质含量在8.0%～10%、洁白、粗糙、粘手的，可做早餐包和甜包。

（2）营养面粉　在面粉中加入各类营养物料如维生素、矿物质、无机盐或丰富营养的麦芽之类的面粉。

（3）自发面粉　所谓自发面粉，是预先在面粉中掺入了一定比例的盐和泡打粉，然后再包装出售的面粉。这样是为了方便家庭使用，省去了加盐和泡打粉的步骤。

（4）全麦面粉　全麦面粉由整粒麦子碾磨而成，而且不筛除麸皮。它含有丰富的维生素 B_1、维生素 B_2、维生素 B_6 及烟碱酸，营养价值很高。因为麸皮的含量多，100%全麦面粉做出来的面包体积会较小，组织也会较粗，面粉的筋性不够，食用太多的全麦会加重身体消化系统的负担，因此使用全麦面粉时可加入一些高筋面粉来改善面包的口感。建议一般全麦面包，采用全麦面粉:高筋面粉=4:1，这样面包的口感和组织都会比较好。

（5）合成面粉　这是20世纪80年代的产品。为适合制作不同的面包，而在面粉中加入糖、蛋粉、奶粉、油脂、酵母等各样材料，例如面包粉和丹麦酥粉等。所谓面包专用粉就是为提高面粉的面包制作性能而向面粉中添加麦芽、维生素以及谷蛋白等，增加蛋白质的含量，以便能更容易地制作面包。因此就出现了蛋白质含量高达14%～15%的面粉，这样就能做出体积更大的面包来。

第二节　酵　母

面包的风味来源于面包烘烤时产生的焦香、原料香和酵母发酵产生的特有酵香。经一段时间的存放,面包烘烤时的焦香逐渐挥发散失,但酵香能较长时间地附着于面包内部组织的小气室内,使面包保持特有的风味。酵香由面团中的酵母经发酵作用而产生,因此要获得良好的酵香关键就在于对酵母在面团中发酵程度的控制。

1. 面包用酵母的生物学原理

面包用酵母属于真菌中的一种,是具有半透性细胞膜的椭圆形或圆形单细胞生物。酵母是一种生物疏松剂,经发酵作用而产生二氧化碳、乙醇和低分子的风味物质,从而提供发酵类烘焙产品特有的组织和风味。酵母同一般生物一样,需要糖类、含氮物质、矿物质和维生素等营养物质才能正常增殖和生长,而这些营养成分在面包的制造过程中可以从面粉中获得。除此之外,酵母的增殖还需要合适的外界环境条件,一般最合适的增殖温度为 $25 \sim 26℃$,pH 值为 $5.0 \sim 5.3$ 。在液体环境下更适宜,那样酵母更能充分发挥其功能,即一般所说的液体发酵。

酵母的发酵是在不需要空气的条件下进行的,即不需要氧气,将面团中的糖类分解并转变为二氧化碳和乙醇,同时放出能量。酵母发酵是一个非常复杂的生物化学变化过程,除生成二氧化碳和乙醇外,还有少量的副产物如低分子的有机酸、醇类、酯类等。酵母发酵在面包生产中具有关键作用,发酵过程中产生的二氧化碳使面团体积增大、组织疏松,有助于面团面筋的进一步扩展,使二氧化碳能够保留在面团内,提高面团的保气能力。酵母在发酵过程中产生许多与面包风味有关的如乙醇、低分子的有机酸、醇类等挥发性化合物,共同形成面包特有的发酵风味。另外,酵母还可以增加面包产品的营养价值。因此,其他任何膨松剂都不能代替酵母。

2. 面包用酵母的分类

酵母的种类不同,使用方法和用量也有所不同。常用于烘焙的酵母有四种。

(1)液体酵母　由发酵罐中抽取的未经过浓缩的酵母液。这种酵母使用方便,但保存期较短,也不便于运输。

(2)鲜酵母　鲜酵母也称压榨酵母或浓缩酵母,是将酵母液除去一部分水后压榨而成的,其固形物含量达到30%。由于含水量较高,此类酵母应保持在2~7℃的低温环境中,并应尽量避免暴露于空气中,以免流失水分而干裂。一旦从冰箱中取出置于室温一段时间后,未用完部分不宜再用。新鲜酵母因含有足够的水分,发酵速度较快,将其与面粉一起搅拌,即可在短时间内产生发酵作用。由于操作非常迅速方便,很多面包生产者多采用它。

(3)干性酵母　干性酵母又称活性酵母,是将新鲜酵母压榨成短细条状或细小颗粒状,并用低温干燥法脱去大部分水分,使其固形物含量达92%~94%而得。酵母菌在此干燥的环境中处于休眠状态,不易变质,保存期长,运输方便。此类酵母的使用量约为新鲜酵母的一半,而且使用时必须先以4~5倍酵母量的30~40℃的温水,浸泡15~30分钟,使其活化,恢复新鲜状态的发酵活力。干性酵母的发酵耐力比新鲜酵母强,但是发酵速度较慢,而且使用前必须经过温水活化以恢复其活力,使用起来不甚方便,故目前市场上使用并不普遍。

(4)速效干酵母　速效干酵母又称即发干酵母。由于干性酵母的颗粒较大,使用前必须先活化,使用不便,所以进一步将其改良成细小的颗粒。此类酵母在使用前无须活化,可以直接加入面粉中搅拌。因速效干酵母颗粒细小,类似粉状,在酵母低温干燥时处理迅速,故酵母活力损失较小,且溶解快速,能迅速恢复其发酵活力。速效干酵母发酵速度快,活性高,使用量比干性酵母可以略小。此类酵母对氧气很敏感,一旦空气中含氧量大于0.5%,便会丧失其发酵能力。因此,此类酵母均以锡箔积层材料真空包装。如发现未开封的包装袋已不再呈真空状态,此酵母最好不要使用。若开封后未能一次用完,则需将剩余部分密封后再放于冰箱中储存,并最好在 3 ~ 5 天内用完。

第三节　水

水是人体所必需的,在自然界中广泛存在,水的硬度、pH 值和温度对面包面团的形成和特点起着重要甚至关键性的作用。

1. 水的硬度

水的硬度是指溶解在水中的盐类物质的含量,即钙盐与镁盐含量的多少。1 升水中含有钙镁离子的总和相当于 10 毫克时,称之为"1 度"。通常根据硬度的大小,把水分成硬水与软水:8 度以下为软水,8 ~ 16 度为中水,16 度以上为硬水,30 度以上为极硬水。

生产面包的水通常为中水。水质硬度高,虽然有利于面团面筋的形成,但是会影响面包面团的发酵速度,而且使面包成品口感粗糙;水质过软虽然有利于面粉中的蛋白质和淀粉的吸水胀润,可促进淀粉的糊化,但是又极不利于面筋的形成,尤其是极软水能使面筋质趋于柔软发黏,从而降低面筋的筋性,最终影响面包的成品质量。

2. 水的 pH 值

水的 pH 值是水中氢离子浓度的负对数值,所以 pH 值有时也称为氢离子指数。由水中氢离子的浓度可知道水溶液是呈碱性、酸性还是中性。由于氢离子浓度的数值往往很小,在应用上不方便,所以就用 pH 值这一概念来作为水溶液酸、碱性的判断指标,而且离子浓度的负对数值恰能表示出酸性、碱性的变化幅度数量级大小,这样应用起来就十分方便,并由此得到:

(1)中性水溶液 pH = 7。

(2)酸性水溶液 pH < 7,pH 值越小,表示酸性越强。

(3)碱性水溶液 pH > 7,pH 值越大,表示碱性越强。

在面包面团发酵过程中,淀粉酶分解淀粉为葡萄糖,酵母菌繁殖适合于偏酸的环境(pH 值为 5.5 左右),如果水的酸性过大或碱性过大,都会影响淀粉酶的分解和酵母菌的繁殖,不利于发酵,遇此情况,需加人适量的碱或酸性物质以中和酸性过高或碱性过大的水。

3. 水的温度

水的温度对于面包面团的发酵大有影响。酵母菌在面团中的最佳繁值温度变为28℃,水温过高或过低都会影响酵母菌的活性。

例如,把老面肥掰成若干小块加水与面粉掺和,夏季用冷水,春、秋季用40℃左右温水,冬季用60~70℃热水调面团,盖上湿布,放置于暖和处待其发酵。如果老面肥较少,可先用温水加面肥调成厚糊状,待糊起泡后再和多量面粉调成面团待发酵。面团起发的最佳温度是27~30℃,只要能保持这个条件,面团在2~3小时内便可成功发酵。

第四节　油　脂

油脂是油和脂的总称。在常温下呈液态的称为油,呈固态的称为脂。但是很多油脂随着温度变化而改变其状况。因此,不易严格划分为油或脂而统称为油脂。油脂是面包生产的主要原料之一,油脂不仅为制品增添了风味、改善了制品的结构、外形和色泽,而且提高了营养价值。

油脂的种类主要有:天然油脂、人造油脂。其中天然油脂包括植物油和动物油;人造油脂包括人造奶油和起酥油等。植物油主要有:豆油、棉籽油、花生油、芝麻油、橄榄油、棕榈油、菜子油、玉米油、米糠油、椰子油、可可油、葵花子油;动物油主要有:黄油、猪油和牛羊油等。油脂的添加量一般为 1% ~6%,高级奶油面包可达21%。常用于面包制作的油脂介绍如下。

1. 色拉油

色拉油,呈淡黄色,澄清、透明、无气味、口感好,在0℃条件下冷藏 5.5 小时仍能保持澄清、透明(花生色拉油除外)。色拉油一般选用优质油料先加工成毛油,再经脱胶、脱酸、脱色、脱臭、脱蜡、脱脂等工序成为成品。保质期一般为 6 个月。目前市场上供应的色拉油有大豆色拉油、菜子色拉油、葵花子色拉油和米糠色拉油等。

2. 奶油

奶油是从经高温杀菌的鲜乳中经过加工分离出来的脂肪和其他成分的混合物,在乳品工业中也称稀奶油,奶油是制作黄油的中间产品,含脂率较低,分别有以下三种。

(1)淡奶油 亦称单奶油,乳脂含量为 12% ~ 30%,可用于沙司的调味,西点的配料和起稠增白。

(2)掼奶油 也称裱花奶油,很容易搅拌成泡沫状的鲜奶油,含乳脂量为 30% ~ 40%,主要用于裱花装饰。

(3)厚奶油 亦称双奶油,含乳脂量为 48% ~ 50%,这种奶油用途不广,因为成本太高,通常情况下为了增进风味时才使用厚奶油。

3. 黄油

食品工业中亦称"奶油",国内北方地区称"黄油",上海等南方地区称"白脱",香港称"牛油"等,是由鲜奶油经再次杀菌、成熟、压炼而成的高乳脂制品。常温下为浅乳黄色固体,乳脂含量一般不低于80%,水分含量不高于 16%,还含有丰富的维生素 A、维生素 D 和矿物质,营养价值较高。

黄油是从奶油中进一步分离出来的脂肪,分为鲜黄油和清黄油两种。鲜黄油含脂率在 85% 左右,口味香醇,可直接食用。清黄油含脂率在 97% 左右,比较耐高温,可用于烹调热菜。还可以根据在提炼过程中是否加调味品分为咸黄油、甜黄油、淡黄油和酸黄油等品种。如长期贮存应放在 -10℃ 的冰箱中,短期保存可放在 5℃ 左右的冰箱中冷藏。因黄油易氧化,所以在存放时应注意避免光线直接照射,且应密封保存。

4. 植物黄油

植物黄油为人造黄油或人造奶油,又称麦淇淋(Margarine),由棕榈油或可食用的脂肪添加水、盐、防腐剂、稳定剂和色素加工而成。

植物黄油外观呈均匀一致的淡黄色或白色,有光泽;表面洁净,切面整齐,组织细腻均匀;具有奶油香味,无不良气味。

5. 起酥油

起酥油是指动、植物油脂的食用氢化油、高级精制油或上述油脂的混合物,经过混合、冷却、塑化而加工出来的具有可塑性、乳化性等加工性能的固态或流动性的油脂产品。外观呈白色或淡黄色,质地均匀;无杂质,滋味、气味良好。起酥油不能直接食用,而是食品加工的原料油脂。它可以增大面包的体积,使面包松软不易老化,口感好。常用的品种为面包用液体起酥油。

第五节 糖与糖浆

面包制品中常用糖主要有白砂糖、绵白糖、赤砂糖、红糖、糖粉等,其主要成分为蔗糖;糖浆有饴糖、葡萄糖浆、果葡糖浆、蜂蜜和转化糖浆等,呈黏稠液体状,它们由多种成分组成,如葡萄糖、果糖、麦芽糖、糊精等。

1. 糖类的性质特点

糖类具有一定的甜度、溶解性、结晶性、吸湿性、渗透性、黏度和抗氧化性。

2. 糖、糖浆在面包制品中的作用

(1)改善面包制品的形态、色泽和风味 糖在面包中起到骨架作用,能改善组织状态,使外形挺拔。由于糖的焦糖化作用和美拉德反应,可使面包在烘焙时形成金黄色或棕黄色表皮和良好的烘焙香味。

利用砂糖粒晶莹闪亮的质感、糖粉的洁白如霜,撒在或覆盖在制品表面起到装饰美化面包制品的作用。

(2)促进面包面团发酵　糖作为酵母发酵的主要能量来源,有助于酵母的繁殖。在面包生产中加入一定量的糖,可促进面团的发酵。但也不宜过多,如点心面包的加糖量不超过20%～25%,否则会抑制酵母的生长,延长发酵时间。

(3)改良面包面团物理性质　糖在面团搅拌过程中起反水化作用,调节面筋的胀润度,增加面团的可塑性,使制品外形美观、花纹清晰,还能防止制品收缩变形。正常用量的糖对面团吸水率影响不大。但随着糖量的增加,糖的反水化作用也愈强烈,面团的吸水率降低,搅拌时间延长。

(4)提高面包的营养价值　糖的营养价值主要体现在它的发热量。100克糖能在人体中产生400千卡(1千卡＝4184焦耳)的热量。糖极易为人体吸收,可有效地清除人体的疲劳,补充人体的代谢需要。

3.糖和糖浆的种类

(1)白砂糖　简称砂糖,是从甘蔗或甜菜中提取糖汁,经过滤、沉淀、蒸发、结晶、脱色和干燥等工艺而制成。为白色粒状晶体,纯度高,蔗糖含量在99%以上,按其晶粒大小又分为粗砂、中砂和细砂。

(2)绵白糖　也称白糖。它是用细粒的白砂糖加上适量的转化糖浆加工而成。质地细软、色泽洁白、甜而有光泽,其中蔗糖的含量在97%以上。

(3)糖粉　它是蔗糖的再制品,为纯白色的粉状物,味道与蔗糖相同。

(4)赤砂糖　也称红糖,是未经脱色精制的砂糖,纯度低于白砂糖。呈黄褐色或红褐色,颗粒表面沾有少量的糖蜜,可以用于普通面包中。

(5)蜂蜜　又称蜜糖、白蜜、石饴、白沙蜜。根据其采集季节不同有冬蜜、夏蜜、春蜜之分,以冬蜜最好。若根据其采花不同,又可分为枣花蜜、荆条花蜜、槐花蜜、梨花蜜、葵花蜜、荞麦花蜜、紫云英花蜜、荔枝花蜜等,其中以枣花蜜、紫云英花蜜、荔枝花蜜质量较好,主要成分为转化糖,含有大量的果糖和葡萄糖,味甜且富有花朵的芬芳。

(6)糖浆 主要有转化糖浆、淀粉糖浆和果葡糖浆。转化糖浆是用砂糖加水和加酸熬制而成;淀粉糖浆又称葡萄糖浆等,通常使用玉米淀粉加酸或加酶水解,经脱色、浓缩而成的黏稠液体;而果葡糖浆是一种新发展起来的淀粉糖浆,其甜度与蔗糖相等或超过蔗糖,因为果葡糖的糖分为果糖与葡萄糖,所以称为果葡糖浆。

(7)饴糖 饴糖又称麦芽糖浆,可以谷物为原料,利用淀粉酶或大麦芽,把淀粉水解为糊精、麦芽糖及少量葡萄糖制得。色泽淡黄而透明,能代替蔗糖使用。

第六节 蛋与蛋制品

蛋与蛋制品是生产面包的重要原料,其中蛋是一个完整的、具有生命的活卵细胞。蛋中包含着自胚发育到生长成幼雏的全部营养成分,同时还具有保护这些营养成分的物质。蛋主要包括蛋壳、蛋壳膜、蛋白及蛋黄四部分,其中蛋壳及蛋壳膜重量占全蛋的 10% ~ 13%,蛋白占 55% ~66%,蛋黄占 32% ~35%,但其比例受家禽年龄、季节、饲养管理及产蛋率的影响。而蛋制品是以鸡蛋、鸭蛋、鹅蛋或其他禽蛋为原料加工而制成的产品,包括再制蛋类、干蛋类、冰蛋类、其他蛋制品等。

1. 蛋在面包制品中的作用

(1)起泡性 蛋清由蛋白质构成,有很强的起泡性,所以通常在搅打起泡后加入制品中,可以大大增加产品的体积,增加产品的柔软品质和风味。

(2)热变性 面包面团中掺入鸡蛋调制,烘烤后表皮形成凝胶,使面包表皮发亮。

(3)持气性 这是由于面粉与鸡蛋液在调制过程中,面粉里的面筋蛋白质、麦麸蛋白和麦谷蛋白与鸡蛋中的蛋白质混合到一起时,增加了麦麸蛋白和麦谷蛋白的极性基团之间的引力,通过拌和揉制,形成筋力特大、韧性较强、弹性增大的强劲力面团,其持气能力强。

(4)乳化性　蛋黄具有一定的乳化作用,面包面团中掺入鸡蛋后,鸡蛋黄中含有的磷脂质具有很强的乳化能力,使面团中水油交融,持水能力增强,成熟后变得柔软,即使存放几天,也能保持一定的柔软性。在制作过程中蛋黄通常经搅打后再加入混合物中,搅拌时温度需要保持在40℃左右,这时蛋黄的乳化效果最佳。

(5)着色性　在烘烤面包时,为了使面包制品美观大方、诱人食欲,往往要在烘烤前在原料上刷上一层液体,其中尤以鸡蛋液居多,其经烘烤后能形成光亮鲜艳的金黄色,也就是经过美拉德反应产生了羰氨。

2.蛋与蛋制品的种类

蛋与蛋制品的种类很多,生产面包的品种主要有鲜蛋、冰蛋、蛋粉等。

(1)鲜蛋　鲜蛋主要有鸡蛋、鸭蛋、鹅蛋等。鲜蛋搅拌性能高,起泡性好,所以生产中多以鲜蛋为主。其中鸡蛋是最常用的原料。因为鲜鸡蛋所含营养丰富而全面,营养学家称之为"完全蛋白质模式",被人们誉为"理想的营养库"。对于鲜蛋的质量要求是鲜蛋的气室要小,不散黄,其缺点是蛋壳处理麻烦。

(2)冰蛋　冰蛋是将蛋去壳,采用速冻制取的全蛋液(全蛋液约含水分72%),速冻温度为 -20 ~ -18℃,由于速冻温度低,结冻快,蛋液的胶体很少受到破坏,保留其加工性能,使用时应升温解冻,其效果不及鲜蛋,但使用方便。

(3)蛋粉　蛋粉主要包括全蛋粉、蛋白粉和蛋黄粉等。由于加工过程中,蛋白质变性,因而不能提高制品的疏松度。在使用前需要加水调匀溶化成蛋液或与面粉一起过筛混匀,再进行制作。因为蛋粉溶解度的原因,虽然营养价值差别不大,但是发泡性和乳化能力较差,使用时必须注意。

第七节 乳与乳制品

乳是哺乳类雌性动物乳腺分泌的液体,以乳作为主要原料生产的各种产品称为乳制品。在原料乳中,乳牛所产牛奶是占绝对优势的商业化乳制品原料。在面包制作过程中经常使用的乳制品包括:液态乳、酸乳、奶粉、干酪、炼乳等。

1. 乳与乳制品的作用

(1)提高了面团的吸水率 奶粉中含有大量的蛋白质,其中酪蛋白的含量占总蛋白质含量的75%~80%,酪蛋白的多少影响面团的吸水率,每增加1%的奶粉,面团的吸水率就增加1%~1.25%,吸水率增加,面包的老化速度减慢的同时产量和出品率相应增加。

(2)改善了面团的筋力和搅拌耐力 乳与乳制品中大量的乳蛋白提高了面团筋力和面团强度,使之更能适合于高速搅拌,从而改善面包的组织和体积。

(3)改善面包的色泽 乳与乳制品中含有乳糖,因为具有还原性,不能为酵母所利用,因此发酵后仍残留在面团中,在烘焙期间,乳糖与蛋白质中氨基酸发生褐变反应,形成诱人的色泽。

(4)弥补了面包的营养价值 面粉是面包的主要原料,但面粉在营养上的先天不足是赖氨酸十分缺乏,维生素含量也很少。乳与乳制品中含有丰富的蛋白质和几乎所有的必需氨基酸,维生素和矿物质也很丰富。

2. 乳与乳制品的种类

(1)液态乳 液态乳是用健康奶牛所产的新鲜乳汁,经有效的加热杀菌处理后分装出售的饮用牛乳。按成品组成成分分类,主要品种如下。

①全脂牛乳:含乳脂肪在3.1%以上。

②强化牛乳:添加多种维生素、铁盐的牛乳,如有添加维生素 A、维生素 B_1、维生素 B_2、维生素 B_6 等以供特殊需要。

③低脂牛乳:含乳脂肪在 1.0% ~2.0% 的牛乳。

④脱脂牛乳:含乳脂肪在 0.5% 以下的牛乳。

⑤花色牛乳:在牛乳中加入咖啡、可可、果汁等组成的牛乳。

（2）酸乳　酸乳（即酸奶），即在添加（或不添加）乳粉（或脱脂乳粉）的乳中（杀菌乳或浓缩乳），由于保加利亚乳杆菌和嗜热链球菌的作用进行乳酸发酵而制成的凝乳状制品，成品中必须含有大量的、相应的活性微生物。

（3）奶粉　奶粉一般是鲜牛奶经过干燥工艺制成的粉末状乳制品。主要分为两大类:普通奶粉和配方奶粉。普通奶粉常见的有全脂淡奶粉、全脂加糖奶粉和脱脂奶粉等。全脂奶粉是指以新鲜牛奶为原料,经浓缩、喷雾干燥制成的粉末状食品。脱脂奶粉是指以牛奶为原料,经分离脂肪、浓缩、喷雾干燥制成的粉末状食品。奶粉在面包中的加入量为面粉总量的 1% ~8%,有些高级面包用量可增至1% ~15% 。

（4）干酪　干酪是在牛奶中加入凝乳酶,使奶中的蛋白质凝固,经过压榨、发酵等过程所制取的乳品,也叫奶酪、奶干、奶饼,蒙古族人有的称奶豆腐。每千克干酪制品大约由 10 千克牛奶制成,是一种具有极高营养价值的乳制品,蛋白质含量达到 25% 左右,乳脂含量为27% 左右,钙含量可达 1.2% ,而且钙、磷比值接近2:1,最容易被人体吸收,吸收率可高达 80% ~85% ,是理想的补钙食品,更是补充优质蛋白质的理想食品。

（5）炼乳　炼乳是"浓缩奶"的一种。炼乳是将鲜乳经真空浓缩或其他方法除去大部分的水分,浓缩至原体积 25% ~40% 的乳制品。炼乳加工时由于所用的原料和添加的辅料不同,可以分为:加糖炼乳（甜炼乳）、淡炼乳、脱脂炼乳、半脱脂炼乳、花色炼乳、强化炼乳和调制炼乳等。

第八节　盐

1.盐的作用

（1）改善风味　不含食盐的面包是没有味道和风味的,调味依靠食盐,盐除了本身具有的咸味外,各种食物加入少许的盐,还能增加香味,满足口感。面包中食盐的添加量一般占面粉总量的1%~1.5%,主食面包的用盐量可稍多些,但不宜超过3%。

(2)稳定发酵 盐能调节酵母的生理机能。适量的食盐,有利于酵母生长,过量的盐会抑制酵母生长,如果酵母直接与食盐接触,会很快地被食盐杀死。因此,在调制面团时,宜将盐和面粉拌和,再与酵母和其他物质拌和,或者将食盐用水充分稀释再与酵母液混合制成面团。

必须注意盐的使用量,完全没有加盐的面团发酵较快速且发酵情形极不稳定,尤其在天气炎热时,更难控制正常的发酵时间,容易发生发酵过度的情形,面团因而变酸。因此,盐可以说是一种具有"稳定发酵"作用的材料。

(3)增强面筋的筋力 在发酵面团中加盐能增强面粉中面筋的弹性和韧性,使面团能包住更多的气体,延长制品的松软时间。

2.盐的种类和选择

盐的种类很多,从食盐的用途以及添加的不同成分来看,食盐主要有加碘的精制盐、日晒盐、营养盐、专用保健盐、专用调味盐等。在面包制作过程中,选择食盐时一定要看纯度,其次是溶解速度。通常要选择精制盐和溶解速度最快的品种。

第九节　食品添加剂

1.面包改良剂

面包改良剂是由酶制剂、乳化剂和强筋剂复合而成的一种生产面包的辅料。面包改良剂可增加面包的柔软度和烘烤弹性,并有效延缓面包老化、延长货架期。

(1)面包改良剂的作用

①改善面包组织,酶制剂和乳化剂极佳配伍能使制作的面包更柔软,组织更细腻。

②增大面包体积,缩短面包发酵时间,提高面团发酵的稳定性。

③能使面筋得到充分扩展,更有利于机械化生产面包。

(2)面包改良剂的组成和特点

①钙盐。钙盐主要成分为碳酸钙、硫酸钙和磷酸氢钙,用于改善水质和 pH 值,有增强面筋筋性,帮助发酵,增大面包体积的特点。

②铵盐。铵盐主要有氯化铵、硫酸铵、磷酸铵等,调整 pH 值,帮助酵母进行发酵。

③还原剂和氧化剂。还原剂如 L-盐酸胱氨酸,适量使用可以使调粉时间缩短,还能改善面团的加工性能、面包色泽及组织结构,抑制面包产品的老化。

氧化剂如 L-抗坏血酸溴酸钾,使面团保气性、筋力增强,延伸性降低,也能抑制面粉蛋白酶的分解作用,因此能减少面筋的分解和破坏。

④酶制剂。酶制剂主要有淀粉酶和蛋白酶。淀粉酶主要分解淀粉为麦芽糖和葡萄糖,提供给酵母发酵,产生二氧化碳,使面包体积膨大。蛋白酶在面包面团中主要降低面筋强度,减少面团的硬脆性,增加面团的延展性,使在滚圆、整形时容易操作,能够改善面包的颗粒及组织结构。

2.乳化剂

现代化面包制作中乳化剂的使用比较普遍,主要品种为单硬脂酸甘油酯,使用量最高可达0.5%。

(1)乳化剂的作用

①改良面团的物理性质,例如:克服面团发黏的缺点,增强其延伸性。

②使面包组织细腻,口感柔软,体积膨大。

③防止面包制品老化,保持新鲜。

(2)乳化剂的种类　乳化剂的种类主要有:单甘油酯、大豆磷脂、脂肪酸蔗糖酯、丙二醇脂肪酸酯、硬脂酰乳酸钙、山梨醇酐脂肪酸酯等。

第三章 面包制作工具和设备

"工欲善其事,必先利其器",优质高效的工具和设备也是制作面包的前提之一。

第一节 工 具

用于面包的制作工具有很多,下面对常用工具及其主要用途作简单介绍。

1. 计量工具

(1)量杯 以塑料或玻璃制成,有柄,内壁有刻度,一般用以量取液体原料。

(2)量匙 测量少量的液体或固体原料的量器。有 1 汤匙、1/2 汤匙、1/4 汤匙一套;也有 1 毫升、2 毫升、5 毫升、25 毫升一套。

(3)弹簧秤 用于称量面粉等各种原料。

(4)电子秤 比较精确的计量工具,能精确到小数点后一位以上。

(5)温度计 温度计主要用以测量油温、糖浆温度及面包面团等的中心温度。常用温度计种类有:探针温度计、油脂、糖测量温度计、普通温度计等。

2. 搅拌工具

(1)打蛋器 以不锈钢丝缠绕而成,用于打发或搅拌食物原料,如:蛋清、蛋黄、奶油等。

(2)榴板 通常以木质材料制成,前端宽扁,或凿成勺形,柄较长,有大小之分,可用来搅拌面粉或其他配料。

（3）拌料盆　有大、中、小三号，可配套使用。可用来搅拌面粉或其他配料。

（4）橡皮刮板　以塑料制成，有长柄。用于刮取或拌和拌料盆中或案板上的面团等原料。

3. 成形工具

（1）西餐刀（Chef's Knife）　刀长15～40厘米，刀头或尖或圆，刀刃锋利，用途广泛。

（2）锯齿刀　长形锯齿状，用于切面包、蛋糕等西点。

（3）刮抹刀（Spatulas）　刀长8～25厘米，刀面较宽，用于抹奶油等。

（4）擀面棒　有擀面杖和走锤之分。擀面杖是用坚实细腻的木材制成，有长有短，粗细不一，其用途是擀制面皮；走锤也是一种擀面杖，形状粗大，圆柱中空，其内部有一根木棒，擀制面皮时，双手抓住木棒，上面锤体跟着转动，发挥作用。

（5）模具　有各种形状，大小成套，以不锈钢和铜制为佳。有吐司烤模、不带盖长吐司烤模、带盖吐司烤模等。

（6）裱花嘴　以不锈钢、铜或塑料制成。嘴部有齿形、扁形、圆口形、月牙形等各种花形。

（7）裱花袋　为布、尼龙或油纸制成的圆锥形袋子，无锥尖，在锥部开口处可插进裱花嘴，装进掼奶油后，可以裱花。

（8）滚刀　有花滚刀和平滚刀之分，前者有花纹齿，后者是平的，都是铜制，其结构为一端是花镊子，一端是滚刀。主要用于切割面皮和做花边。

4. 烘焙工具

（1）烤盘　与烤箱配套使用，用于烧烤面包、蛋糕、饼干等。

（2）烤模（见"成形工具"介绍）

（3）比萨烤盘　常用材质多为不锈钢、铝等，有大、中、小号不同规格。

5.其他工具

（1）筛子　用于筛面粉等。

（2）食品夹　为金属制的有弹性的"U"字形夹钳，用于夹食物。

（3）案板　有木案板、不锈钢案板等，长方形，是制作面包等点心的工作台。

第二节　设　备

1.加工设备

（1）粉碎机　由电机、原料容器和不锈钢叶片刀组成，适宜打碎蔬菜水果，也可混合搅打浓汤、调味汁等。

（2）搅拌机　由电机、不锈钢桶和不同搅拌龙头组成，有多种功能，可用来打蛋白膏、奶油膏，还可以调制各种面包的面团等，但使用时，要注意根据制品的不同要求选择搅拌速度。

（3）和面机　有立式和卧式两大类型。卧式和面机结构简单，运行可靠，使用方便；立式和面机对面团的拉、抻、揉的作用大，面团中面筋质的形成充分，有利于面包内部形成良好的组织结构。

（4）全自动分团机　设计精密，坚固耐用，操作简便快捷，分割速度均匀，提高工作效率，节省人力、物力。全自动分团机用于面团、面包条等面制食品的分块。

（5）压面机　由托架、传送带和压面装置组成。用于将面团压成面片或擀压酥层，厚度由调节器控制。

（6）饧发箱　饧发箱是发酵类面团发酵、饧发的设备。目前在国内常见的有两种。一种是结构较为简单，采用铁皮或不锈钢板制成的饧发箱。这种饧发箱靠箱底内水槽中的电热棒将水加热后蒸发出的蒸汽，使面团发酵。另一种饧发箱的结构较为复杂、以电作能源，可自动调节温度、湿度，这种饧发箱使用方便、安全，饧发效果也较好。

（7）切片机　以手动或自动方式将面包切片,操作过程中可将切割厚薄控制在设定的范围内,使成片厚薄一致。

2. 炉灶设备

（1）西餐炉灶　包括明火灶、暗火烤箱和控制开关等部分。灶面平坦,上面分为 4～6 个正火眼和支火眼,火眼上有活动炉圈或铁条,用于烹煮食物。灶下面是烤箱,可用于烤制食品。灶中间为控制开关部分,较高级的炉灶还有自动点火和温度控制等功能。

（2）深油炸灶　由深油槽、过滤器及温度控制装置等部分组成。主要用于炸制面包等食物。这种灶的特点是工作效率高、滤油方便。

3. 烘烤设备

（1）电烤箱　电烤箱为角钢、钢板结构,炉壁分三层,外层是钢皮,中间是硅酸铝绝缘材料,内壁是不锈钢或涂以银粉漆的铁皮。利用电热管发出的热量来烘烤食品。电热管的根数决定于烤盘的面积。其优点为省电、清洁卫生、使用方便。

（2）多功能蒸烤箱　智能型多功能的蒸烤箱不仅具有蒸箱和烤箱的两种主要功能,并可根据实际烹调需要,调整温度、时间、湿度等,省时省力,效果颇佳。

4. 制冷设备

（1）冷藏设备（Refrigerator）　主要有小型冷藏库、冷藏箱和电冰箱。这些设备的共同特点是都具有隔热保温的外壳和制冷系统。按冷却方式分为直冷式和风扇式两种,冷藏温度范围为 -40～10℃。并具有自动恒温控制,自动除霜等功能。

（2）展示冰柜　镀铬大圆角豪华造型,上有大圆弧玻璃,四面可视,后侧有推拉门,存取方便。顶部配备照明灯管,箱底配备可移动角轮,自由、灵活。可以选配立体支架,储物量大。用来展示部分面包制品。

第四章　面包制作

第一节　面包制作原理

面粉是由蛋白质、碳水化合物、灰分等成分组成的。在面包发酵过程中,起主要作用的是蛋白质和碳水化合物。面粉中的蛋白质主要由麦胶蛋白、麦谷蛋白、麦清蛋白和麦球蛋白等组成,其中麦谷蛋白、麦胶蛋白能吸水膨胀形成面筋质。这种面筋质能随面团发酵过程中二氧化碳气体的膨胀而膨胀,并能阻止二氧化碳气体的溢出,提高面团的保气能力,它是面包制品具有膨胀、松软特点的重要条件。面粉中的碳水化合物大部分是以淀粉的形式存在的。淀粉中所含的淀粉酶在适宜的条件下,能将淀粉转化为麦芽糖,进而继续转化为葡萄糖供给酵母发酵所需要的能量。面团中淀粉的转化作用,对酵母的生长具有重要作用。

酵母是一种生物膨胀剂,当面团加入酵母后,酵母即可吸收面团中的养分生长繁殖,并产生二氧化碳气体,使面团形成膨大、松软、蜂窝状的组织结构。酵母对面包的发酵起着决定性的作用,但要注意使用量。如果用量过多,面团中产气量增多,面团内的气孔壁迅速变薄,短时间内面团持气性很好,但时间延长后,面团很快成熟过度,持气性变劣。因此,酵母的用量要根据面筋品质和制品需要而定。一般情况,鲜酵母的用量为面粉用量的 3% ~4% ,干酵母的用量为面粉用量的 1.5% ~2% 。

水是面包生产的重要原料,其主要作用有:水可以使面粉中的蛋白质充分吸水,形成面筋网络;水可以使面粉中的淀粉受热吸水而糊化;水可以促进淀粉酶对淀粉进行分解,帮助酵母生长繁殖。

　　盐可以增加面团中面筋质的密度,增强弹性,提高面筋的筋力,如果面团中缺少盐,饧发后面团会有下塌现象。盐可以调节发酵速度,没有盐的面团虽然发酵的速度快,但发酵极不稳定,容易发酵过度,发酵的时间难于掌握。盐量多则会影响酵母的活力,使发酵速度减慢。盐的用量一般是面粉用量的1%～2.2%。

　　综上所述,面包面团的四大要素是密切相关,缺一不可的,它们的相互作用才是面团发酵原理之所在。其他的辅料(如:糖、油、奶、蛋、改良剂等)也是相辅相成的,它们不仅仅是改善风味特点,丰富营养价值,而且对发酵也有着一定的辅助作用。糖是供给酵母能量的来源,糖的含量在5%以内时能促进发酵,超过6%会使发酵受到抑制,发酵的速度变得缓慢;油能对发酵的面团起到润滑作用,使面包制品的体积膨大而疏松;蛋、奶能改善发酵面团的组织结构,增加面筋强度,提高面筋的持气性和发酵的耐力,使面团更有胀力,同时供给酵母养分,提高酵母的活力。

第二节　面包制作流程

　　面包的生产制作方法很多,采用哪种方法主要以工厂的设备、工厂的空间、原料的情况甚至顾客的口味要求等因素来决定,所谓生产方法不同是指发酵工序以前各工序的不同,从整形工序以后都是相同的。目前世界各国普遍使用的基本方法有五种,即一次发酵法或称直接发酵法、二次发酵法或称中种发酵法、快速发酵法、基本中种面团发酵法、连续发酵法(液体发酵法)等,其中以一次发酵法和二次发酵法为最基本的生产法。

1. 一次发酵法面包制作工艺流程

　　原料选择与处理→面团调制→发酵→分块→搓圆→中间饧发→压片→成型→装盘装听→最后饧发→烘焙→冷却→切片→包装

　　一次发酵法或称为直接法。这种方法的使用最为普遍,无论是较大规模生产的工厂或家庭式的面包房都可采用一次发酵法制作各种面包,这种方法的优点如下。

①只使用一次搅拌,节省人工与机器的操作。

②发酵时间较二次发酵法短,减少面团的发酵损耗。

③使面包具有更佳的发酵香味。

但一次发酵法也有缺点,主要表现在酵母用量大,生产灵活性差,产品质量不如二次发酵法。

2.二次发酵法面包制作工艺流程

原料选择与处理→种子面团调制→发酵→主面团搅拌→延续发酵→分块→搓圆→中间饧发→压片→成型→装盘装听→最后饧发→烘焙→冷却→切片→包装

二次发酵法是使用二次搅拌的面包生产方法。第一次搅拌时将配方中60% ~ 80%的面粉,55% ~ 60%的水,以及所有的酵母,改良剂全部倒入搅拌缸中慢速搅匀成表面粗糙而均匀的面团,此面团就叫做中种面团(接种面团)。然后把中种面团放入发酵室内发酵至原来面团体积的4~5倍,再把此中种面团放进搅拌缸中,与配方中剩余的面粉、水、糖、盐、奶粉和油脂等一齐搅拌至面筋充分扩展,再经过短时间的延续发酵(一般为20~30分钟)就可做分割和整形处理。第二次搅拌而成的面团叫主面团,材料则称为主面团材料,采用二次发酵法具有以下优点。

①在接种面团的发酵过程中,面团内的酵母有较为理想的条件进行繁殖,所以配方中的酵母的用量较一次发酵法节省20%。

②用二次发酵法所做的面包,一般体积较一次发酵法的大,而且面包内部结构组织均匀、细密、柔软,面包的发酵香味好。

③一次发酵法的工作时间固定,面包发好后须马上分割整形,不可稍有耽搁,但二次发酵法发酵时间弹性较大,发酵后的面团如因遇其他事故不能立即操作时可以在下一工序补救处理。

但二次发酵法也有缺点,它需要较多的劳力来完成二次搅拌和发酵工作,需要较多和较大的发酵设备和场地。

第三节　制作过程中的关键环节

下面以二次发酵为例,对制作过程中的关键环节进行说明。

1. 原料选择与处理

原材料处理直接关系到面团的调制、发酵以及成品质量。

(1)小麦粉的处理　在投料前小麦粉应过筛,除去杂质,使小麦粉形成松散而细小的微粒,还能混入一定量的空气,有利于面团的形成及酵母的生长和繁殖,促进面团发酵成熟。在过筛的装置中要安装磁铁,以利于清除磁性金属杂质。

(2)酵母的处理　压榨酵母、活性干酵母,在搅拌前一般应进行活化;若使用压榨酵母,则加入酵母重量 5 倍、300℃左右的水;若使用干酵母,则加入酵母重量约 10 倍的水,水温 40~44℃,活化时间为10~20 分钟。活化期间不断搅拌。

为了增强发酵力,也可在酵母分散液中加 5% 的砂糖,以加快酵母的活化速度。酵母溶解后应在 30 分钟内使用,若有特殊情况,溶解后不能及时使用,要放在 0℃ 的冰箱中或冷库中短时间贮存;使用高速搅拌机时,酵母不需活化而直接投入搅拌机中。即发活性干酵母不需进行活化,可直接使用。

2. 种子面团调制

将配方中 60%~80% 的面粉、55%~60% 的水以及所有的酵母、改良剂全部倒入搅拌缸中慢速搅匀成表面粗糙而均匀的面团,此面团就叫做中种面团(接种面团)。

(1)搅拌投料顺序

①先将水、糖、蛋、面包添加剂置于搅拌机中充分搅拌,使糖全部溶化,面包添加剂均匀地分散在水中,能够与面粉中的蛋白质和淀粉充分作用。

②将奶粉、即发酵母混入面粉中,然后放入搅拌机中搅拌成面团。

③当面团已经形成,面筋还未充分扩展时加入油脂。

④最后加盐,一般在面团中的面筋已经扩展,但还未充分扩展或面团搅拌完成前的 5～6 分钟加入。

(2)搅拌时间的控制　影响面团搅拌的因素很多,如小麦粉的质量、搅拌机的类型、转速、加水率、水质、面团温度、pH 值、辅助材料、添加剂等。

搅拌时间应根据搅拌机的种类来确定:搅拌机不变速,搅拌时间 15～20 分钟;变速搅拌机,搅拌时间 10～20 分钟。防止搅拌不足和搅拌过度。

(3)面团温度的控制　适宜的面团温度是面团良好形成的基础,又是面团发酵时所要求的必要条件。因此应根据加工车间情况和季节的变化来适当调整面团的温度。

影响面团温度的因素:面粉和主要辅料的温度、室温、水温、搅拌时增加的温度等。面包面团的理想温度为 26～28℃。

3.发酵

发酵即中种面团的发酵,当配方中所使用的酵母(新鲜)量为 2% 左右,在温度 26℃,相对湿度为 75% 的发酵环境中,如果搅拌后的中种面团温度为 25℃时,所需的时间为 2～3.5 小时。观察接种面团是否完成发酵,可由面团的膨胀情况和两手拉扯发酵中面团的筋性来决定。主要特征如下。

①发好的面团体积为原来搅拌好的面团体积的 4～5 倍。

②完成发酵后的面团顶部与缸侧齐平,甚至中央部分稍微下陷,此下陷的现象在烘焙学中称为"面团下陷",表示面团已发酵好。

③用手拉扯面团的筋性进行测试。可用中、食指捏取一部分发酵中的面团向上拉起,如果在轻轻拉起时很容易断裂,表示面团完全软化,发酵已完成;如拉扯时仍有伸展的弹性,则表示面筋未完全成熟,尚需要继续。

④面团表面干燥。

⑤面团内部会发现很多规则的网状结构,并有浓郁的酒精香味。

影响发酵的因素很多,如配方中酵母用量过多,水分过多,搅拌后中种面团温度过高,发酵室内温度过高,均会影响面团的发酵。这些因素之一或全部,会使面团膨胀及很快下陷,如果仅通过观察进行判断则可以认为面团至此已发酵完成。可是如果用手拉扯面团则会友现面筋仍有强韧的伸展性,如果以此来做面包,则不会得到良好的产品,因为面筋尚未完全软化,所以上述因素对于基本发酵是很重要的。

4. 主面团搅拌

主面团搅拌是再把发酵至原来面团体积的 4~5 倍的中种面团放进搅拌缸中,与配方中剩余的面粉、水、糖、盐、奶粉和油脂等一起搅拌至面筋充分扩展。

5. 延续发酵

延续发酵即主面团的发酵。第二次搅拌完成后的主面团不可立即分割整形,因为刚搅拌好的面团面筋受机器的揉动像拉紧的弓弦一样,必须有适当的时间松弛,这是主面团延续发酵的作用。一般主面团延续发酵的时间必须根据接种面团和主面团粉的使用比例来决定,原则上 85/15(接种面团 85%,主面团粉 15%),需要延续发酵 15分钟,75/25 的则需要 25 分钟,60/40 的约为 30 分钟。

6. 分块

分块就是按着面包成品的质量要求,把发酵好的大块面团分割成小面团,并进行称量。

7. 搓圆

搓圆分为手工搓圆和机械搓圆,其作用有以下几点。

①使分割的面团有一光滑的表皮,在后面操作过程中不会发黏,烤出的面包表皮光滑好看。

②新分割的小块面团,切口处有黏结性,搓圆施以压力,使皮部延伸将切口处覆盖或使分割得不整齐的小块面团变成完整的球形。

③分割时面筋的网状结构被破坏而紊乱,搓圆可以恢复其网状结构。

④排出部分二氧化碳,使各种配料分布均匀,便于酵母的进一步繁殖和发酵。

8. 中间饧发

(1)中间饧发的作用

①使搓圆后的紧张面团,经中间饧发后得到松弛缓和,以利于后道工序的压片操作。

②使酵母产气,调整面筋的延伸方向,让其定向延伸,压片时不破坏面团的组织状态,又增强持气性。

③使面团的表面光滑,持气性增强,不易黏附在成形机的辊筒上,易于成形操作。

(2)中间饧发的工艺要求

①温度。以27~29℃为最适宜,温度过高会促进面团迅速老熟,持气性下降;温度过低,面团冷却,饧发迟缓,延长中间饧发时间。

②相对湿度。适宜的相对湿度为70%~75%。太干燥,面包坯表面易结成硬壳,使烤好的面包内部残存硬面块,组织差;湿度过大,面包坯表面结水使黏度增大,影响下一工序的成形操作。

③中间饧发时间。12~18分钟。

④中间饧发适宜程序的判别。中间饧发后的面包坯体积相当于中间饧发前体积的0.7~1倍时为合适。

9. 压片

压片是提高面包质量,改善面包纹理结构的重要手段,压片的主要目的是把面团中原来的不均匀大气泡排除掉,使中间饧发时产生的新气体在面团中均匀分布,保证面包成品内部组织均匀,无大气孔。

压片和不压片的面包最主要的区别就在于前者内部组织均匀,而后者则不均匀,气孔多,气孔大。一般采用压片机。技术参数:转速为140~160转/分钟,辊长220~240毫米,压辊间距0.8~1.2厘米。压片时,面团在压辊间辊压,同时用手拉、抻。每压一次,需折叠一次,如此反复,直至面片光滑、细腻为止。

10. 成形

成形是把压片后的面团薄块做成产品所需要的形状,使面包外观一致,式样整齐。成形分为手工成形和机械成形两种方式。我国大多数面包厂采用手工或半手工、半机械化成形方法。一般情况下,手工成形多用于花色面包和特殊形状面包的制作。而机械成形多用于主食面包的制作,形状简单,产量大。

11. 装盘装听

装盘(听)就是把成形后的面团装入烤盘或烤听内,然后送入饧发室饧发。

(1)烤盘刷油和预冷 在装入面团前,烤盘或烤听必须先刷一层薄薄的油,防止面团与烤盘粘连,不易脱模。刷油前应将烤盘(听)先预热到 60 ~ 70℃。

(2)烤盘(听)规格及预处理 需特别注意烤听的体积和面团大小相匹配。体积太大,会使面包成品内部组织均匀,颗粒粗糙;体积太小,则影响面包体积膨胀和表面色泽,并且顶部胀裂得太厉害,易变形。

12. 最后饧发

(1)最后饧发的目的 面团经过压片、整形后处于紧张状态,饧发可以增强其延伸性,以利于体积充分膨胀,使面包坯膨胀到所要求的体积,改善面包的内部结构,使其疏松多孔。

(2)最后饧发的影响因素 最后饧发的影响因素有温度、时间、湿度以及面粉中面筋的含量和性能等。温度为 38 ~ 40℃,相对湿度为 80% ~ 90% ,以 85% 为宜。饧发的时间为 60 ~ 90 分钟。

(3)面团饧发时的注意事项

①温度可凭室内的温度计控制。湿度主要靠观察面团表面干湿

程度来调节。正常的湿度应该是面团表面呈潮湿、不干皮状态。

②根据烘焙进度及时上下倒盘,使之饧发均匀,配合烘焙,如果已饧发成熟,但不能入炉烘焙时,可将面团移至温度较低的架子底层或移出饧发室,防止饧发过度。

③从饧发室取盘烘焙时,必须轻拿轻放,不得振动和冲撞,防止面团跑气塌陷。

④特别注意控制湿度,防止滴水。饧发适度的面团表皮很薄,很弱。如果饧发室相对湿度过大,水珠直接滴到面团上,面团表皮会很快破裂,跑气塌陷,而且烘焙时极不易着色。

13. 烘焙

烘烤(烘焙)是面包加工的关键工序,由于这一工序的热作用,使生面包坯变成结构疏松、易于消化、具有特殊香气的面包。在烘烤过程中,面包发生一系列变化。

(1)面包的烘烤原理　面团饧发入炉后,在烘烤过程中,由热源将热量传递给面包的方式有传导、对流和辐射。这三种传热方式在烘烤中是同时进行的,只是在不同的烤炉中主次不一样。

①传导。传导是热源通过物体把热量传递给受热物质的传热方式。其作用原理是物料固体内部分子的相对位置不变,较高温度的分子具有较大的动能,通过激烈振动,把热量通过传导方式传给温度较低的分子,即通过烤盘或模具传给面包底部或两侧。在面包内部,表皮受热后的热量也是通过一个质点传给另一个质点的方式传递的。传导是面包加热的主要方式。传导加热的特点是火候小,对面包内部风味物质的破坏少,烘烤出的食品香气足,风味正。至今,在法国的巴黎、我国的哈尔滨等地,仍有一些食品厂用木炭加热的砖烤炉烘烤面包。

②对流。对流是依靠气体或液体的流动来传递热量的传热方式。在烤炉中,热蒸汽混合物与面包表面的空气发生对流,使面包吸收部分热量。没有吹风装置的烤炉,仅靠自然对流所起的作用是很小的。目前,有不少烤炉内装有吹风装置,强制对流,对烘烤起着重

要作用。

③辐射。辐射是用电磁波来传递热量的过程。热量不通过任何介质，像光一样直接从热源射出，即热源把热量直接辐射给模具或面包。例如，目前在全国广泛使用的远红外烤炉以及微波炉，即是现代化烤炉辐射加热的重要手段。

（2）面包在烘烤过程中的温度变化　在烘烤过程中，面包内外温度的变化，主要是由于面包内部温度不超过100℃，而表皮温度超过100℃导致的。在烘烤中，面包内的水分不断蒸发，面包皮不断形成与加厚以至面包成熟。烘烤过程中面包温度变化情况如下。

①面包皮各层的温度都达到并超过100℃，最外层可达180℃以上，与炉温几乎一致。

②面包皮与面包心分界层的温度，在烘烤将近结束时达到100℃，并且一直保持到烘烤结束。

③面包心内任何一层的温度直到烘烤结束均不超过100℃。

（3）面包在烘烤过程中的水分变化　在烘烤过程中，面包中发生的最大变化是水分的大量蒸发，面包中水分不仅以气态方式与炉内蒸汽交换，而且也以液态方式向面包中心转移。当烘烤结束时，使原来水分均匀的面包坯，成为水分不同的面包。

当冷的面包坯送入烤炉后，热蒸汽在面包坯表面很快发生冷凝作用，形成了薄薄的水层，这小部分水会被面包坯所吸收，这个过程大约发生在入炉后的3~5分钟。因此，面包坯入炉后5分钟之内看不见蒸发的水蒸气。主要原因是在这段时间内面包坯内部温度才只有大约40℃。同时，面包有一个增重过程，但随着水分蒸发，面包重量迅速下降。

面包皮的形成过程：在200℃的高温下，面包坯表面剧烈受热，很短时间内，面包坯表面几乎失去了所有的水分，并达到了与炉内温度相适应的水分动态平衡。当面包坯表层与炉内温、湿度达到平衡时，就停止了蒸发，因而这层就很快加热到100℃以上，故面包皮的温度都超过100℃。由于面包表皮与瓤心的温差很大，表皮层的水分蒸发很强烈，而里层向外传递的水分小于外层的水分蒸发速度，因而在面包坯表面开始形成了一个蒸发区域(或称蒸发层或干燥层),随着烘烤的进行,这个蒸发层就逐渐向内转移,使蒸发区域慢慢加厚,最后就形成了一层干燥无水的面包皮。蒸发层的温度总是保持在100℃,它外面的温度高于100℃,里边的温度接近100℃。

面包皮的厚度受烘烤温度和时间的影响。由于面包的水分蒸发层是平行于面包表面向里推进的,它每向里推进一层,面包皮就加厚一层。故烘烤时间越长,面包皮就越厚。为了保证面包质量,在烘烤过程中,必须遵守烘烤温度和时间的规定。

烘烤时间不同,面包各部位的含水量变化也不同。炉内的湿度越高、温度越低以及面包坯的温度越低,则冷凝时间越长,水的凝聚量越多;反之,冷凝时间越短,凝聚量越少。随后不久,当面包表面的温度超过露点时,冷凝过程便被蒸发过程所取代。

随着面包表面水分的蒸发,形成了一层硬的面包皮。这层硬皮阻碍着蒸汽的散失,加大了蒸发区域的蒸汽压力;也由于面包瓤内部的温度低于蒸发区域的温度,加大了内外层的蒸汽压差。于是,就迫使蒸汽向面包内部推进,遇到低温就冷凝下来,形成一个冷凝区。随着烘烤时间的延长,冷凝区域逐渐向中心转移。这样,面包外层的水分便逐渐移向中心。

(4)面包在烘烤过程中的体积变化　体积是面包的最重要质量指标。面包坯入炉后,面团饧发时积累的 CO_2 和入炉后酵母最后发酵产生的 CO_2 及水蒸气、酒精等受热膨胀,产生蒸汽压,使面包体积迅速增大,这个过程大致发生在面包坯入炉后的5~7分钟内,即入炉初期的面包起发膨胀阶段。因此,面包坯入炉后,应控制上火,即上火不要太大,应适当提高底火温度,促进面包坯的起发膨胀。如果上火大,就会使面包坯过早形成硬壳,限制面包体积的增长,还会使面包表面断裂、粗糙,皮厚,有硬壳,体积小。

将面包坯放入烤炉后,面包的体积便有显著的增长,随着温度提高,面包体积的增长速度减慢,最后停止增长。面包体积的这种变化是由于它产生的微生物和胶体化过程而引起的。

面包在烘烤中的体积变化,可分为两个阶段:第一个是体积增大阶段;第二个是体积不变阶段。在第二阶段中,面包的体积不再增长,显然是受到面包皮的形成和面包瓤加厚的限制。

在烘烤中,当面包皮形成以后,开始丧失延伸性,降低了透气性,阻碍了面包体积的增长。而且蛋白质凝固和淀粉糊化构成的面包瓤的厚度增加,也限制了里边面包瓤层的增长。

所以,烘烤开始时,如果温度过高,面包体积的增长很快停止,就会使面包体积度小或造成表面的断裂。如果炉温过低而过多地延长了体积变化的时间,将会引起面包外形的凹陷或面包底部的粘连。由于没有遵守操作规程,都会导致面包质量变坏。

面包的重量越大,它们的单位体积越小,听型面包比非听型面包的体积增长值要大些。用喷水湿润的烤炉制出来的面包,由于面包皮形成慢,厚度小,使面包的高度和体积都有所增加。此外,影响面包体积变化的还有烤炉温度,面团的产气能力和面团的稠度等。

14. 冷却

面包冷却不可少,因为面包刚出炉时表皮干脆而内心柔软,还要让其在常温下自然散热。如果用电风扇直接吹,会使面包表皮的温度急速下降,面包内部的水分不能自然排出,水分就会回流而使底部含水量不稳定,最终会使面包粘牙及保质期变短(底部发霉)。当面包充分冷却后就要及时进行包装。

15. 切片

一些面包在充分冷却后,还要进行切片操作。例如:切片面包等。因为刚刚烤好的面包表皮高温低湿,硬而脆,内部组织过于柔软易变形,不经冷却,切片操作会十分困难。

16. 包装

包装的目的一是为了卫生避免面包在运输、储存和销售过程中受到污染;二是可以防止面包的水分过分损失,防止面包老化,使面包保鲜期延长;三是美观漂亮的包装也能增加消费者的食欲。

第四节 面包装饰技术

面包装饰通常有两种方法:一种是面包表面装饰;另一种是面包馅心装饰。

1.面包表面装饰

给面包皮润色可以让你的面包看起来非常诱人,并且增加面包的风味,给面包皮润色的方法很多,例如:为了使装饰材料能够黏附在面包表皮上,最好的办法就是刷蛋液。在刷蛋液的时候,蛋液中可以加上水、牛奶、黄油、植物油、糖、芝麻、葵花子、小麦麸、洋葱、香草等,既可以美化面包表面,又可以增加面包的风味。

2.面包馅心装饰

面包馅心装饰就是利用馅心的可食性、可塑性、装饰性和色泽鲜艳的特点,采用不同的上馅手法,使面包具有不同的装饰效果。

常见的装饰用馅心主要有以下几种。

(1)黄金酱

原料配方:鸡蛋250克,糖粉200克,食盐5克,清水250毫升,玉米淀粉100克,黄油15克,熔化酥油750克,白醋5克。

制作工具或设备:煮锅,榴板,打蛋器。

制作过程:

①取一部分清水先溶化玉米淀粉,其他水和糖粉、食盐、黄油煮开,再加入玉米淀粉稀浆冲成糊状。

②冷却后和鸡蛋加在一起用打蛋器边打边加入熔化酥油,打好后加入白醋即可。

风味特点:色泽浅黄,口感细腻,可塑性强。

(2)奶酥馅

原料配方:黄油150克,细砂糖100克,鸡蛋50克,玉米淀粉15克,奶粉120克,蛋奶香粉5克。

制作工具或设备:搅拌桶,榴板,搅拌机。

制作过程:

①将黄油加上细砂糖,放入搅拌桶,用搅拌机搅打均匀发泡。

②然后分次加入鸡蛋搅打均匀。

③最后加入玉米淀粉、奶粉和蛋奶香粉拌匀。

风味特点:色泽浅白,奶香味浓。

(3)巧克力酥粒馅

原料配方:黄油100克,糖粉75克,低筋粉200克,可可粉50克,巧克力色香油15克。

制作工具或设备:搅拌桶,榴板,搅拌机。

制作过程:

①将黄油加上糖粉,放入搅拌桶,用搅拌机搅打均匀发泡。

②加入低筋粉低速拌匀。

③再加上可可粉和巧克力色香油拌匀,最后用手搓成细粒状。

风味特点:色泽褐色,具有巧克力的香味。

(4)麦提沙馅

原料配方:黄油250克,糖浆250克,巧克力酱25克。

制作工具或设备:搅拌桶,榴板,搅拌机。

制作过程:

①先将黄油放入搅拌桶内快速打至充分起发,呈膨松状。

②将糖浆缓缓加入,慢速搅拌至均匀,再加入巧克力酱慢慢拌匀。

风味特点:色泽褐色,具有黄油的奶香味。

(5)沙拉酱

原料配方:鸡蛋黄4个,糖粉50克,食盐5克,白醋10克,色拉油500克,玉米淀粉15克。

制作工具或设备:搅拌桶,榴板,搅拌机。

制作过程:

①将鸡蛋黄放入搅拌桶中,加入糖粉、食盐,慢速搅拌均匀,然后慢慢加入色拉油和白醋打至细腻糊状。

②最后均匀拌入玉米淀粉即可。

风味特点:色泽浅黄,细腻味香。

(6)毛毛虫馅

原料配方:清水 250 毫升,砂糖 50 克,色拉油 100 克,蛋糕油 25 克,高筋粉 120 克,玉米淀粉 25 克,鸡蛋 300 克。

制作工具或设备:煮锅,搅拌桶,榴板,搅拌机。

制作过程:

①将清水、砂糖、色拉油、蛋糕油放入煮锅中烧开,然后放入高筋粉和玉米淀粉用榴板搅拌均匀。

②将熟面糊倒入搅拌桶中快速搅拌至冷却。

③以快速分次慢慢加入鸡蛋打匀,再搅拌均匀即可。

风味特点:嫩黄细腻,口味香甜。

(7)香蕉馅

原料配方:黄油 200 克,糖粉 200 克,鸡蛋 60 克,香蕉糊 300 克,速溶吉士粉 25 克,低筋粉 100 克。

制作工具或设备:搅拌桶,榴板,搅拌机。

制作过程:

①将在室温下化软的黄油放入搅拌桶,加入糖粉搅打膨松,然后加入鸡蛋继续打匀。

②加入香蕉糊搅拌均匀。

③最后加入速溶吉士粉和低筋粉在搅拌机中低速拌匀即可。

风味特点:色泽嫩黄,具有香蕉的香甜味。

(8)椰丝馅

原料配方:砂糖 350 克,椰丝 150 克,黄油 50 克,柠檬色香油 15 克。

制作工具或设备:搅拌桶,榴板。

制作过程:将所有原料混合即可。

风味特点:色泽浅黄,椰丝香甜。

(9)菠萝皮

原料配方:酥油 250 克,猪油 250 克,糖粉 250 克,蛋糕油 5 克,鸡蛋 75 克,低筋粉 350 克,高筋粉 250 克,香兰素 2 克。

制作工具或设备:搅拌桶,榴板,搅拌机。

制作过程:

①将酥油、猪油、糖粉和蛋糕油放入搅拌桶中,用搅拌机搅拌至发白,加入鸡蛋打匀。

②最后加入低筋粉、高筋粉和香兰素搅拌均匀。

风味特点:色泽浅黄,酥香味甜。

(10)卡士达馅

原料配方:蛋黄3个,砂糖75克,面粉25克,牛奶120毫升。

制作工具或设备:搅拌桶,榴板,打蛋器。

制作过程:

①3个蛋黄加上75克砂糖打成乳白色。

②加入面粉,以切拌方式搅拌。

③将加热后的牛奶慢慢倒入其中,并迅速搅拌,防止蛋黄结块。并在火上加热搅拌,直至黏稠。

④关火放凉并放入冰箱冷藏。

风味特点:色泽嫩黄,口感软香细腻。

第五章 面包的质量鉴定与质量分析

第一节 面包的质量鉴定标准

由于受地区、民族习惯、原辅料来源和质量、工艺配方和设备等方面的影响,各地区、各国家生产的面包在质量上存在很大的差异。一般情况下,完整面包的质量鉴定标准如下。

(1)面包表面 光滑、清洁、无明显撒粉粒,没有气泡、裂纹、黏边和变形等。

(2)面包形状 具有各品种应有的形状,两头大小应相同。

(3)面包色泽 表面呈金黄或棕黄色,色泽均匀一致,有光泽,无烧焦或发白的现象。

(4)面包内部组织 从面包断面观察,气孔细密均匀,色泽洁白,无大的孔洞,富有弹性;果子面包果料要均匀,无变色现象。

(5)面包味道 应具有产品特有的香味,无酸或其他异味。

(6)卫生情况 表面整洁,内外无杂质,符合卫生要求。

(7)面包水分 一般含水量应为 30% ~ 40%,最高不超过 40%。

(8)面包酸度 发酵正常的甜面包,酸度在六度以下,咸面包则在五度以下。

第二节 面包的质量分析与改进措施

面包制作是一项工艺性能强,操作比较繁杂的技术,材料的合理搭配也十分重要,学会了解、检验和分析制品的质量,掌握解决质量问题的技巧才能不断改进工艺性能,提高面包产品的质量。下面从面包的表面、内部和整体三方面对面包质量进行分析并提出改进措施。

1. 面包表面

面包表面案例分析见表 5 – 1。

表 5 – 1 面包表面案例分析

案　例	原 因 分 析	相应的改进措施
面包体积过小	酵母用量不足,酵母失去活力	增加酵母的用量,对于新购进的或贮存时间较长的酵母要在检验其发酵力后再进行使用,失效的酵母不用
	面粉筋力不足	选择面筋含量高的面粉
	搅拌时间过长或过短	正确掌握搅拌的时间,时间短则筋打不起来,时间长易把形成的面筋打断
	盐的用量不足或过量	盐的用量应控制在面粉用量的 1% ~ 2.2%
	缺少改良剂	加入改良剂
	糖分过多	减少配方中糖的用量配比
	最后饧发时间不够	饧发的程度以原体积的 2 ~ 3 倍为宜
面包体积过大	面粉质量差,盐量不足	选用合适的面粉品种
	发酵时间太久	控制发酵时间
	焗炉温度过低	把握烤制温度
	烤炉上火不足或烘烤时间不足	调整好烤箱温度,掌握好烤制时间
面包表皮颜色太浅	最后发酵室温过低	提高最后发酵温度
	面团发酵太久	缩短发酵时间
	整形时撒面粉太多	整形时尽量减少撒面粉量
	糖量不足	提高糖的使用量
	搅拌不适当	注意整个搅拌过程
	水质硬度太低(软水)	用硬度大点的水
	改良剂使用过多	减少改良剂的使用量

续表

案　例	原因分析	相应的改进措施
面包表皮颜色过深	烤箱的温度过高,尤其是上火	按不同品种正确掌握烤箱的使用温度,减少上火的温度
	发酵时间不足	延长发酵的时间
	糖的用量太多	减少糖的用量,糖的用量应控制在面粉用量的6% ~8%
	烤箱内的水汽不足	烤箱内加喷水蒸气设备或用烤盘盛热水放入烤箱内以增加烘烤湿度
面包头部有顶盖	使用的是刚磨出来的新面粉,或者筋度太低,或者品质不良	根据面包品种选用合适的面粉
	面团太硬	控制面包面团的软硬度
	发酵室内湿度太低	用烤盘盛热水放入烤箱内以增加烘烤湿度
	焗炉蒸汽少	烤箱内加喷水蒸气设备
	时间不足	掌握烤制时间
表皮有气泡	面团软	控制面包面团的软硬度
	发酵不足	增大酵母的用量或适当延长发酵时间
	搅拌过度	注意整个搅拌过程
	发酵室湿度太高	减少蒸汽喷出量

案　例	原　因　分　析	相应的改进措施
表皮裂开	配方成分低	严格按照面包配方制作,不要擅自增减原辅料
	老面团	面团存放时间不宜过长
	发酵不足,或发酵湿度、温度太高	掌握酵母的用量、发酵湿度和发酵温度
	烤焗时火力大	控制烤制温度
表面无光泽	缺少盐	盐的用量应控制在面粉用量的 1% ~ 2.2%
	配方成分低,改良剂太多	适量使用改良剂
	老面团,或撒粉太多	面团存放时间不宜过长,减少撒粉量
	发酵室温度太高,或缺淀粉酵素,焗炉蒸汽不足,炉温低	调整温度,增加蒸汽喷气量
表面有斑点	奶粉没溶解或材料没拌匀,或沾上糖粒	在调制面团的过程中,使用颗粒细、便于溶解的原辅料
	发酵室内水蒸气凝结成水滴	表面做好清洁工作,改善发酵室的设备条件
面包表皮过厚	烤箱温度过低	提高烤箱的温度
	基本发酵时间过长	减少基本发酵的时间
	最后焗发不当	严格控制焗发室的温度和湿度,焗发的时间过久或无湿度焗发,表皮会因失水过多而干燥
	糖、奶粉的用量不足	加大糖及奶粉的用量
	油脂不足	增加油脂 4% ~ 6%
	搅拌不当	注意搅拌的程序

2. 面包内部

面包内部案例分析见表 5 - 2。

表 5 - 2　面包内部案例分析

案　　例	原 因 分 析	相应的改进措施
面包内部组织粗糙	面粉筋力不足	使用高筋面粉
	搅拌不当	将面筋充分打起,并正确掌握搅拌时间
	造型时使用干面粉过多	造型、整形时所使用的干面粉越少越好
	面团太硬	加入足够的水分
	发酵的时间过长	注意调整发酵所需的时间
	油脂不足	加入4% ~6%的油脂润滑面团
面包内部有硬质条纹	面粉质量不好或没有筛匀,与其他材料如酵母搅拌不匀,撒粉多	选用优质原辅料,按照配方制作
	改良剂、油脂用量不当	适量使用改良剂和油脂
	烤盘内涂油太多	减少烤盘内涂油
	发酵湿度大或发酵效果不好	控制发酵全过程
面包内部有空洞	刚磨出的新粉	选用优质面粉原料
	水质不合标准	改善水质,控制软硬度
	盐少或油脂硬、改良剂太多	改用优质辅料
	搅拌不均匀,过久或不足,速度太快	控制面团搅拌全过程
	发酵太久或靠近热源,温度、湿度不正确	把握发酵全过程
	撒粉多	减少撒粉
	烤焗温度不高,或烤盘大	选择合适的机械设备
	整形机滚轴太热	合理使用设备

续表

案　　例	原 因 分 析	相应的改进措施
面团发酵缓慢	酵母用量不足,处理不当或品质不佳	增加酵母的使用量,正确掌握酵母的使用方法,同时注意酵母的质量
	盐、糖的使用量过多	相应减少糖、盐的使用量
	奶粉的使用量过多或品质不佳	相应减少奶粉的使用量
	水分不足或水质不合	增加水的用量,同时也要注意水质
	油脂的使用量过多	相应减少油脂的使用量
	搅拌不足	搅拌要充分
	面团本身温度太低	控制好面团的温度,可通过加温水的方法来提高面团温度
	发酵室温度过低	提高发酵室的温度,但不能过高
面团发酵太快	酵母用量太多	减少酵母的用量
	改良剂用量太多	减少改良剂的用量
	食盐用量太少	相应增加盐的用量
	搅拌过度	掌握好搅拌程度
	面团本身温度人高	控制面团温度,可通过加冰的方法来降低面团的温度
	发酵室温度过高	适当降低发酵室的温度
面团太黏手	面粉筋度太差	尽量使用高筋面粉
	糖的使用量太足	适当减少糖的用量
	食盐使用量太少	增加盐的用量
	水分使用过量	适当减少水的用量
	油脂用量不足	增加油脂的用量
	鸡蛋用量过多	适当减少鸡蛋的用量
	搅拌不足	搅拌要充分

3. 面包整体

面包整体案例分析见表 5 – 3。

表 5 – 3　面包整体案例分析

案 例	原 因 分 析	相应的改进措施
面包在入烤箱前或进烤箱初期下陷	面粉筋力不足	选用高筋面粉
	酵母用量过大	减少酵母的用量
	盐太少	增加盐的用量
	缺少改良剂	增加改良剂
	糖、油脂、水的比例失调	糖、油为柔性材料,有降低面筋的骨架作用,应正确掌握其比例
	搅拌不足	增加搅拌时间将面筋打起
	面包的饧发时间过长	缩短最后饧发的时间
	移动时拌动太大	面包在入烤箱时动作要轻
面包的口味不佳	原材料质量不佳	应选用品质较好的新鲜原材料
	发酵所需的时间不足或过长	根据不同制品的要求正确掌握发酵所需的时间。如发酵的时间不足则无香味,发酵过度则产生酸味
	最后饧发过度	严格控制饧发的时间及面团胀发的程度,一般面团饧发后的体积以是原体积的 2 ~ 3 倍为宜
	生产用具不清洁	经常清洗生产用具
	面包变质	注意面包的储藏温度及存放的时间

续表

案　　例	原　因　分　析	相应的改进措施
不易贮藏,易发霉	面粉质劣或储放太久	选用优质原料制作
	糖、油脂、奶粉用量不足	按照配方制作,不随意增减原辅料
	面团不软或太硬,搅拌不均匀	掌握面包面团的软硬度
	发酵湿度不当,湿度高,时间久	控制发酵湿度环境,控制发酵时间
	撒粉太多	减少撒粉
	烤焗出炉冷却太久,烤炉温度低,缺蒸汽	掌握烤制整个过程
	包装、运输条件不好	改善包装、运输条件

第六章 面包配方案例

第一节 主食面包

1. 法国面包（法棍）

法国面包（Baguette），因外形像一条长长的棍子，所以俗称法棍，是法国特产的硬式面包。其被作为主食面包的特点就是低糖量、低脂肪而且表皮香脆，内里松软，弹性佳，咬劲十足。

（1）原料配方 高筋粉 800 克，低筋粉 200 克，酵母 12 克，盐 20 克，改良剂 10 克，水 640 毫升。

（2）制作工具或设备 搅拌桶，和面机，笔式测温计，西餐刀，饧发箱，擀面杖，烤盘，烤箱。

（3）制作过程

①搅拌。将所有材料放入搅拌桶，搅拌好的面团温度在 26℃ 左右，法式面团要控制搅拌时间，面筋不必完全扩展。

②饧发。面团基本发酵 30 分钟，温度设定 28℃，湿度 40%。面团在 28~30℃ 温度范围内饧发。由于法国面包面团中不含糖、蛋、油脂等柔性材料，为了使面团更为柔软，整形时容易延展，所以基本饧发要柔和地进行，在 28℃ 环境内饧发 60 分钟。过度搅拌会使面团过度伸展，以致使烤制好的面包味道过于清淡。延长饧发时间以求保持面团的最低膨胀度，最大限度地发挥出材料原有的风味，使法国面包具有独特的麦香味。

③分割滚圆。分割每个面团重量约为 350 克，共可分割 5 个面团。滚圆时面团不要滚太紧，避免成形时面团难以延伸。分割滚圆后面团松弛 30 分钟，根据面团的收缩伸展状况以及面团筋性的强弱

可适度延长松弛时间。

④成形。棍状面包的长度一般约为 55 厘米,接缝处朝下放入烤盘。

⑤发酵。面团最后饧发 60 分钟左右。

⑥烤焙。发酵好的面团需割刀后再烘烤,所划刀数没有规定,但要从面团的一端到另一端均匀分布。割刀时刀片呈 45 度角,第一刀刀尾的前 1/3 是第二刀的刀头,两刀之间的间隔不超过 1 厘米。进炉喷蒸汽,法国面包急速膨大,表皮由于蒸汽喷入,形成一层薄薄的焦皮,面包烤至成熟时焦皮就会变得很脆,出炉后表面会有龟裂现象,面包进炉如果不是喷入蒸汽,而是采用喷水,会使烤炉内热能减少,温度降低,面包的体积膨胀性变差,表面坚硬而非酥脆,也不会有龟裂。

焙烤温度:上火 190℃,下火 210℃,喷蒸汽 6～10 秒,25～30 分钟。

⑦面包出炉,自然冷却即可。

(4)风味特点 表皮香脆,内里松软,弹性佳,咬劲十足。

2. 意大利面包

(1)原料配方 色拉油 5 克,黄油 15 克,发酵粉 5 克,高筋面粉 450 克,温水 200 毫升,砂糖 5 克,盐 5 克,茴香 0.5 克,洋葱粒 15 克。

(2)制作工具或设备 小碗,搅拌桶,和面机,笔式测温计,西餐刀,饧发箱,擀面杖,烤盘,烤箱。

(3)制作过程

①把发酵粉、砂糖、50 毫升水倒入小碗中搅拌均匀,发酵 5 分钟。

②将剩下的温水中倒入搅拌桶中,加入色拉油、发酵粉水、盐、高筋面粉。用搅拌机搅拌均匀,搅到水与面粉融合。

③用保鲜膜封好,放 1 小时左右(室温低可以延长发酵时间)。

④在烤盘内涂上色拉油,把发酵好的面团放到烤盘里,用手把面团压扁,烤盘多大就把面团按成多大。静放 10 分钟,再按一遍,再次发酵 20 分钟。

⑤在面坯上刷上黄油,撒上用色拉油浸湿的茴香、洋葱粒。

⑥放入烤箱中层,175℃,烤制25分钟左右。用手指敲一敲面包顶部,听起来好像内部中空了,就可以将其取出,冷却10分钟后切块。

(4)风味特点 具有轻微焦黄的外皮和淡淡的咸味,香脆且有嚼头。

3.荷兰面包

(1)原料配方 温水280毫升,活性干酵母5克,鲜牛奶50毫升,白糖20克,盐7克,黄油15克,高筋面粉450克,米粉100克,鲜酵母8克,色拉油40克。

(2)制作工具或设备 微波碗,和面机,笔式测温计,西餐刀,饧发箱,擀面杖,烤盘,烤箱。

(3)制作过程

①面包面团制作。将鲜牛奶倒入微波碗中,高火加热1分30秒。取出放至室温,放入5克活性干酵母搅匀,静置8分钟。高筋面粉加上发酵奶、盐3克、温水200毫升、白糖5克揉成面团,15分钟加入黄油揉至扩展阶段。

②脆皮米浆制作。先将15克白糖和鲜酵母溶解于80毫升温水中,再加入米粉拌匀,30℃发酵30分钟,再加入色拉油40克和盐4克拌匀。

③面包面团分割成坯,刷上厚厚一层米浆,再入饧发箱继续饧发10分钟左右,即可进入带蒸汽烤箱烘烤,210℃,烤制30分钟,出炉后自然冷却。

(4)风味特点 色泽浅黄,表面具有龟裂条纹。

4.维也纳面包

(1)原料配方 高筋面粉1000克,糖80克,盐20克,奶粉50克,干酵母13克,改良剂3克,黄油50克,鸡蛋120克,水550毫升。

(2)制作工具或设备 搅拌桶,和面机,笔式测温计,西餐刀,饧发箱,擀面杖,烤盘,烤箱。

（3）制作过程

①搅拌过程。将高筋面粉、糖、盐、奶粉、干酵母、改良剂等放入搅拌桶，用搅拌机慢速搅拌 1 分钟，加入黄油、鸡蛋和水再搅拌 2 分钟，后改用快速搅拌 7 分钟，即完成。

②基本发酵。环境温度 26℃，相对湿度 75％～80％，基本发酵时间 60 分钟，分割，滚圆。

③中间饧发。时间 20 分钟，造型按需要而定。

④最后饧发。温度 32℃，相对湿度 85％，最后饧发时间 60 分钟。

⑤烘烤温度：上火 210℃，下火 210℃（重量 100 克面团）。烘烤时间：30 分钟。

（4）风味特点　少油、少糖、少盐，具有麦子的香味。

5.英国白面包

（1）原料配方　高筋面粉 1000 克，砂糖 40 克，食盐 15 克，植物油 50 克，脱脂奶粉 30 克，酵母 25 克，改良剂 10 克，蜂蜜 100 克，水 550 毫升，酵母营养液 10 克。

（2）制作工具或设备　搅拌桶，和面机，笔式测温计，西餐刀，饧发箱，擀面杖，烤盘，烤箱。

（3）制作过程

①将原料放在一起先慢速搅拌 4～5 分钟，再快速搅拌 6～7 分钟，面团温度在 27℃左右。

②在 28℃条件下发酵 2 小时，面团温度达到 28～29℃。

③切块、揉圆、成型后在 37～38℃条件下饧发 40～45 分钟。

④在 200～205℃条件下，烘烤 35～40 分钟（面包较大，一般 350～400 克重）。

（4）风味特点　味甜香，松软可口，易于消化，营养丰富。

6.德国黑面包

（1）原料配方　粗磨黑麦粉 500 克，小麦粉 500 克，糖 5 克，温水

500 毫升,黄油乳浆或者奶渣浆 25 克,盐 10 克,酵母 10 克。

(2)制作工具或设备　搅拌桶,和面机,笔式测温计,西餐刀,饧发箱,擀面杖,烤盘,烤箱。

(3)制作过程

①先将两种面粉进行搅拌,和匀,在中央挖一个洞,加入糖、盐、酵母、温水 400 毫升和成面团,用干净毛巾包住面团,在温暖的地方放置 20 分钟。

②加入剩下的温水、黄油乳浆或奶渣浆,和面 20 分钟,将面团塑成想要的形状,再放置 1 小时。

③随后将其放入烤箱,记住烤盘底一定要抹上一层油,用中温烘烤约 1 个半小时。

④将火慢慢关小。热腾腾的面包可以就着黄油和蜂蜜一并食用。

(4)风味特点　松脆外皮,营养丰富。

7. 日本主食面包

(1)原料配方　高筋面粉 1000 克,鲜酵母 20 克,砂糖 50 克,油脂 40 克,食盐 20 克,脱脂奶粉 20 克,乳化剂 3 克,酵母营养剂 3 克,水 650 毫升。

(2)制作工具或设备　搅拌桶,和面机,笔式测温计,西餐刀,饧发箱,烤盘,烤箱。

(3)制作过程

①第一次调粉用 70% 面粉、60% 水、砂糖、食盐、脱脂奶粉、乳化剂和全部酵母及酵母营养剂,搅拌 5 分钟,面团温度 24℃ 左右。调好的面团在 26℃ 左右发酵 3.5 ~ 4 小时。

②第二次调粉加入油脂搅拌 14 分钟,面团温度 27℃,在室温下静置 20 ~ 30 分钟。

③切块、揉圆后的面团在 25 ~ 27℃ 条件下预饧发 10 ~ 15 分钟。

④整形后在 38℃,相对湿度 85% 条件下最后饧发 30 ~ 50 分钟。

⑤在 230℃ 条件下烘烤 15 分钟。

(4)风味特点　蓬松酥软,口味香甜。

8.墨西哥甜面包

（1）原料配方　黄油50克,砂糖30克,猪油50克,富强粉500克,粟粉20克,精盐5克,香兰素0.05克,水200毫升,鸡蛋60克。

（2）制作工具或设备　搅拌桶,和面机,笔式测温计,西餐刀,饧发箱,烤盘,烤箱。

（3）制作过程

①将黄油、砂糖放入搅拌桶,搅拌至白色,加入猪油、精盐,再继续搅拌至白色,此时加了余下的全部用料,充分混合均匀形成面团。

②将面包底搓成圆形,饧发后在面包坯上扫上鸡蛋浆,待自然干后,将部分面坯原料沾在面包坯上,成螺旋形,然后入炉烘烤,面火175℃,底火185℃。

③烘烤30分钟,出炉后自然晾凉。

（4）风味特点　色泽微红带白色,有明显的砂皮面,油润绵软,酥香美味。

9.俄罗斯面包

（1）原料配方　高筋面粉350克,低筋面粉250克,清水100毫升,三花蛋奶40克,啤酒50克,鸡蛋120克,白糖3克,改良剂5克,奶粉20克,酵母6克,黄油40克,精盐3克,提子干20克,核桃仁35克,白兰地酒20克。

（2）制作工具或设备　搅拌桶,和面机,笔式测温计,西餐刀,擀面杖,饧发箱,烤盘,烤箱。

（3）制作过程

①把提子干先用白兰地酒浸渍大约2小时,把核桃仁用油炸香备用。

②将清水、三花蛋奶、啤酒、鸡蛋、白糖和精盐放入搅拌桶拌匀。

③再加入高筋面粉、低筋面粉、奶粉、改良剂和酵母搅拌均匀,加入黄油搅拌均匀取出。

④经过压面机,压至光滑,分割面团（分割重量250克）,滚圆,松

弛 40 分钟。

⑤把松弛好的面团擀开,放入提子干和核桃仁卷成圆桶型放入烤盘饧发,焙烤之前刷蛋液,切口。

⑥上火 170℃,下火 170℃,烘烤 30 分钟。

(4)风味特点 色泽金黄,外脆内软。

10.比利时皇冠面包

(1)原料配方 高筋面粉 1000 克,水 250 毫升,干酵母 12～15 克,盐 15 克,白糖 100 克,鸡蛋 200 克,改良剂 3～5 克,高级无水黄油 250 克。

(2)制作工具或设备 搅拌桶,和面机,笔式测温计,西餐刀,饧发箱,烤盘,烤箱。

(3)制作过程

①把配方中的所有原料混合,用搅拌机低速搅拌 4 分钟,然后用高速搅拌 6 分钟,再转低速搅拌,此时慢慢加入黄油,一直搅拌至形成一个光滑的面团,搅拌完成时面团的理想温度为 28℃。

②让面团松弛 20 分钟上,然后分割、滚圆。

③放在容器里再松弛 20 分钟。

④皇冠环状造型,最后饧发 90 分钟,饧发温度为 35℃,相对湿度为 75%～80%。

⑤烘烤温度:上火 200℃,下火 180℃。

⑥面包出炉后,自然晾凉。

(4)风味特点 色泽金黄,形状美观。

11.阿拉伯口袋面包

(1)原料配方 高筋面粉 1700 克,低筋面粉 300 克,盐 15 克,牛奶 1400 毫升,糖 75 克,黄油 140 克,酵母 25 克。

(2)制作工具或设备 搅拌桶,和面机,笔式测温计,西餐刀,饧发箱,擀面杖,烤盘,烤箱。

(3)制作过程

①除黄油外其余原料一起,放入搅拌桶,用搅拌机搅拌至筋性完

成后再加入软化的黄油后慢速拌匀。

②基本发酵 50 分钟后，每个分割成 150 克左右。

③用擀面杖将面团擀制成圆形。

④烘烤温度：上火 180℃，下火 200℃。

⑤烘烤完成充填各式馅心。

（4）风味特点　色泽金黄，形似口袋。

12.意大利面包杖

（1）原料配方　高筋面粉 250 克，乳酪粉 15 克，糖 5 克，速发酵母粉 3 克，温水（45℃）150 毫升，橄榄油 3 克，芝麻粒 10 克，鸡蛋 60 克。

（2）制作工具或设备　搅拌桶，笔式测温计，西餐刀，饧发箱，擀面杖，烤盘，烤箱。

（3）制作过程

①将高筋面粉放在搅拌桶内混合均匀，中间面粉往四周拨开成一凹坑，加入温水、糖、乳酪粉，最后撒上速发酵母粉。

②用筷子将高筋面粉逐渐拨入与水搅拌，拨到一半时加入一大匙橄榄油，继续搅拌成一面团。

③将面团在搅拌桶内搅拌 2～3 分钟，等较不黏之后放在桌面上（可撒少许面粉）摔揉 5～10 分钟。揉 5 分钟之后若觉得太过湿黏再加入少许面粉，揉成表面光滑的面团即可。在揉制过程中，面团可用双手揉成条状，再转向折卷成团状，揉数下成均匀团状之后，重复搓揉成长条再卷起，偶尔在桌面摔一摔使表面光滑，这样能比较快地揉出筋性。

④取另一搅拌桶，抹少许橄榄油，将面团放入，翻面，让整个面团都沾上薄薄一层油，盖上湿布巾或保鲜膜（戳数个洞），让面团发酵至 3 倍大（28℃，50～60 分钟）。

⑤预热烤箱至 200℃，将面团放在桌面上，切成两半，用擀面杖擀制成四方形，撒上芝麻粒，再用西餐刀切成长条状。

⑥烤盘上铺上烘焙纸，将条状面条搓揉成细长条之后排盘（间隔至少 1.5 倍距离），面包杖面团不需最后发酵。

⑦面包杖表面刷上蛋液,入炉烘烤 15 分钟左右,若要完全干则再用低温焖至干。

⑧面包出炉后晾凉。

(4)风味特点　色泽金黄,口感酥脆。

13. 牛奶硬面包

(1)原料配方　高筋面粉 300 克,低筋面粉 30 克,砂糖 40 克,酵母 5 克,盐 3 克,牛奶 125 毫升,鸡蛋 60 克,奶粉 20 克,淡奶油 125 克。

(2)制作工具或设备　搅拌桶,笔式测温计,西餐刀,饧发箱,擀面杖,烤盘,烤箱。

(3)制作过程

①将牛奶加热到沸腾,晾温后化开酵母和砂糖,静置 10 分钟。

②将所有的原料和酵母液混合,和成光滑的面团,静置到面团发酵至原来的 2 倍大。

③面团用手揉扁,分割成 8 份,滚圆,盖保鲜膜静置 15 分钟。

④取一份面团,擀成一个长条的面片,然后折 3 折,折叠后翻过去,再擀成一个细长的条,再翻过来,把长条卷起来。

⑤折腾好的面团放入烤盘,每个面团之间要保留很大的空隙,盖上保鲜膜静置到面团发酵到原来的 2 倍大。

⑥烤箱预热至 210℃,面团表面刷上一层蛋液,入烤箱烘烤 20～25 分钟。

⑦面包出炉,自然晾凉即可。

(4)风味特点　色泽金黄,口感蓬松。

14. 牛奶鸡蛋面包

(1)原料配方　高筋面粉 550 克,奶粉 35 克,鸡蛋 120 克,盐 5 克,干酵母 10 克,温水 175 毫升,糖 25 克,黄油 40 克,牛奶 35 毫升。

(2)制作工具或设备　搅拌桶,笔式测温计,西餐刀,饧发箱,擀面杖,烤盘,烤箱。

（3）制作过程

①将糖溶进温水化开,再把干酵母倒入温水中搅拌后静置 5 分钟。

②将高筋面粉和奶粉原料,放入搅拌桶,加入酵母液,中速和成面团,搅拌至表面光滑。

③分割成 16 份,滚圆,放到抹了黄油的烤盘里。

④放 28℃,相对湿度 85% 环境中,发酵 20 分钟。

⑤在表面刷牛奶和蛋液。

⑥烤箱预热至 175℃,烤 20 分钟。

⑦面包出炉,自然晾凉即可。

（4）风味特点　色泽金黄,口感松软。

15. 面包圈

（1）原料配方　高筋面粉250 克,低筋面粉50 克,酵母7 克,蜂蜜10 克,奶粉25 克,鸡蛋60 克,黄油30 克,温水140 毫升,豆沙馅150克,芝麻仁15 克,椰蓉10 克。

（2）制作工具或设备　搅拌桶,笔式测温计,西餐刀,饧发箱,擀面杖,烤盘,烤箱。

（3）制作过程

①除黄油、鸡蛋、椰蓉外的全部材料拌匀,和成面团,这时把黄油一点点地揉进面里,揉至成团起膜,手工揉面 30 分钟左右。

②第一次发酵。揉好的面团装进保鲜袋裹上,放入饧发箱保温保湿,发酵 1 小时成原体积两倍多。

③将发好的面团分成 4 份,轻轻地将里面的空气排出,盖温布静置 20 分钟。

④将一份饧好的面团,用擀面杖稍作擀压后将红豆馅包进面团里,稍压扁后再擀成长舌形,长舌面包坯上划十几条口子,别切断,将面包坯翻个面,卷成长条圆柱状,圆柱收口处捏紧,弯成圆形,头尾相交捏紧。码放在加有烘焙纸的烤盘上,这样一个面包卷就做好了,其他 3 个按步骤做好后,放进饧发箱里第二次发酵,以湿手指轻按表面不弹起为发酵好了。

⑤发酵好的面包坯抹蛋黄汁,撒椰蓉。

⑥烤箱预热至180℃,烤制30分钟左右,时间过半观察上色后,上扣烤盘继续烤到好为止。

⑦面包出炉,自然晾凉即可。

(4)风味特点　色泽金黄,形状美观,馅心味美。

16. 鲜奶油吐司面包

(1)原料配方　高筋面粉300克,鲜奶油30克,牛奶30毫升,酵母10克,鸡蛋120克,白糖30克,盐4克,奶粉20克,黄油25克,水150毫升。

(2)制作工具或设备　面包机,笔式测温计,西餐刀,饧发箱,擀面杖,吐司模,烤盘,烤箱,保鲜膜。

(3)制作过程

①汤种制作。将20克高筋面粉加上100毫升水拌成糊,放火上熬到能搅拌出圈痕,汤种晾凉后,用保鲜膜封口,保持水分。(汤种是将面粉与水一起加热,让淀粉糊化,使得吸水量增多,这样做出来的面包组织柔软,具有弹性,保湿性好。)

②在面包机中放入30克鲜奶油、30毫升牛奶、10克酵母、鸡蛋120克、汤种,再加入280克高筋面粉、30克白糖、4克盐、20克奶粉、50毫升水,启动甜面包程序。

③15分钟后,面团已经成形,将25克黄油切碎放入,35分钟之后停止,然后再次启动该程序,同样是35分钟。

④揉好的面团放入饧发箱容器中发酵。第一次发酵好的面团,用手指头戳一下,小坑不反弹就是发酵成功了。

⑤把面团拿出来,轻轻压压,排出空气,用保鲜膜包裹好,放在室温下发酵15分钟,面团再次蓬松。

⑥将面团轻轻拍压出气体,分割成两个面团,用擀面杖擀成牛舌饼状。

⑦将牛舌饼折叠,翻转使折叠处朝下,擀成长条再次翻转,从一头卷起来成短粗圆筒状,放入吐司模中。

⑧将吐司模放入饧发箱中,第二次发酵,面包坯子涨到吐司盒边

上,表面刷上牛奶蛋液。

⑨烤箱预热,185℃,烤制 30 分钟。

⑩面包出炉晾凉脱模即可。

(4)风味特点　色泽金黄,形似枕头,蓬松软绵。

17. 白吐司面包

(1)原料配方　高筋面粉 500 克,酵母 6 克,水 220 毫升,糖 15
克,牛奶 50 毫升,盐 10 克,改良剂 5 克,黄油 30 克。

(2)制作工具或设备　搅拌桶,笔式测温计,西餐刀,饧发箱,擀
面杖,吐司模,烤盘,烤箱。

(3)制作过程

①将除了黄油之外的原料,放入搅拌桶中慢速搅拌至均匀,理想
面团温度为 26℃,发酵 3 小时。

②在发好酵的面团中加入黄油,最后搅拌至面筋扩展,理想面团
温度为 26℃,进行基本发酵。

③将面团分割成小块,揉搓成形,放入吐司模,置入饧发箱最后
发酵,刷上蛋液。

④放入烤箱,以 210℃,烤焙 25 分钟。

⑤面包出炉后,晾凉即可。

(4)风味特点　色泽金黄,松软香甜。

18. 牛奶吐司面包

(1)原料配方　高筋面粉 450 克,酵母 6 克,白糖 15 克,食盐 7
克,鸡蛋 50 克,炼乳 25 克,牛奶 270 毫升,黄油 50 克。

(2)制作工具或设备　搅拌桶,和面机,笔式测温计,西餐刀,饧
发箱,擀面杖,吐司模,烤盘,烤箱。

(3)制作过程

①除黄油外将其他材料放入搅拌桶内,用和面机进行搅拌,低速
3 分钟,中低速 8 分钟,加入黄油继续搅拌,低速 3 分钟,中低速 5 分
钟。面团温度为 27℃。

②调制后的面团在温度 28℃,湿度 75% 的条件下发酵 90 分钟。

③将面团分割成小块,揉搓成形,放入吐司模,放入饧发箱,在温度 30℃,湿度 80% 的条件下发酵 45 分钟。

④刷上蛋液,在 200℃ 下烘烤 28～30 分钟。

⑤面包出炉后,晾凉即可。

(4)风味特点 色泽金黄,刚刚烤好的制品散发出浓郁的奶香,质地柔软。

19. 红豆吐司面包

(1)原料配方 高筋面粉 300 克,细砂糖 35 克,盐 4 克,全蛋 30 克,牛奶 100 毫升,汤种 120 克,奶粉 15 克,快速干酵母 5 克,无盐黄油 25 克,蜜红豆 120 克。

(2)制作工具或设备 搅拌桶,和面机,笔式测温计,西餐刀,饧发箱,擀面杖,吐司模,烤盘,烤箱。

(3)制作过程

①汤种制作见 16. 鲜奶油吐司面包。

②将除黄油、蜜红豆外的原料依顺序放入和面机内搅拌成团有筋性后,加入黄油搅拌完全。

③基本发酵约 40 分钟,手指蘸粉插入不会回弹即可。

④分割成两份面团滚圆,中间发酵 15 分钟。

⑤整形为擀卷一次法,擀开后收口朝上铺上蜜红豆,卷起,收口朝下放入烤模,发至 9 分满。

⑥刷上蛋液即可入炉烘烤,温度 175℃,烤制 35 分钟。

⑦发现上色后就要加盖锡纸,防止色泽变黑。

⑧面包出炉后,晾凉即可。

(4)风味特点 色泽金黄,暄软蓬松,蜜豆香甜。

20. 咸吐司面包

(1)原料配方

①种子面团配方:高筋面粉 700 克,酵母 10 克,水 450 毫升。

②主面团配方:高筋面粉300克,盐20克,水200毫升,糖50克,黄油80克,奶粉20克,面包改良剂3克。

(2)制作工具或设备 搅拌桶,和面机,笔式测温计,西餐刀,饧发箱,擀面杖,吐司模,烤盘,烤箱。

(3)制作过程

①种子面团制作。将高筋面粉、酵母和水放入搅拌桶,用和面机搅拌,低速3分钟,中低速8分钟,然后放入饧发箱,以26℃,发酵1~3小时,至原体积的2倍大。

②主面团制作。在种子面团中添加高筋面粉、盐、水、糖、黄油、奶粉和面包改良剂,继续搅拌8分钟,至表面光滑。以28℃,发酵20~30分钟,至原体积的2倍大。

③将面团分割成小块,揉搓成形,放入吐司模。

④最后饧发。温度36℃,相对湿度85%~90%,时间45~60分钟。

⑤烘烤温度180~200℃,时间30~40分钟。

⑥面包出炉后冷却,包装。

(4)风味特点 色泽金黄,暄软蓬松味咸。

21. 白面包

(1)原料配方 高筋面粉300克,盐6克,鲜酵母9克,温水174毫升,黄油50克。

(2)制作工具或设备 搅拌桶,和面机,笔式测温计,西餐刀,饧发箱,擀面杖,吐司模,烤盘,烤箱。

(3)制作过程

①把除盐和黄油以外的所有材料搅拌均匀,放入搅拌机打成面团,然后加入盐,最后一点一点放进黄油,面团最后要打到拉起来有薄膜,面团温度为26℃。

②把面团简单滚成圆形或者放在面包模具中(烤盘或者面包模具都要涂一层油)。

③发酵。通常是在温度37~38℃,湿度75%~85%的饧发箱中

发酵45分钟。

④烤箱预热到220℃,烤30分钟左右。

⑤出炉后要放在晾架上散热。

(4)风味特点　色泽金黄,暄软味咸。

22. 奶酪面包

(1)原料配方

①面团配方:高筋面粉250克,砂糖35克,盐2克,鸡蛋50克,酵母4克,温水110毫升,黄油25克。

②奶酪馅配方:奶油奶酪200克,砂糖75克,黄油50克,鸡蛋60克,玉米粉10克。

③香酥粒配方:砂糖25克,低筋面粉50克,奶油35克。

(2)制作工具或设备　搅拌桶,和面机,笔式测温计,西餐刀,饧发箱,擀面杖,烤盘,烤箱。

(3)制作过程

①面团制作。把除盐和黄油以外的所有材料搅拌均匀,放入和面机打成面团,然后加入盐,最后一点一点放进黄油,以能拉出薄膜为止。在温度26℃,湿度75%的饧发箱中发酵30分钟。

②奶酪馅制作。将奶酪、砂糖充分拌匀,加入黄油搅拌均匀,分次加入鸡蛋,拌至硬性发泡,最后加入玉米粉拌匀即成奶酪馅。

③香酥粒制作。将砂糖和黄油拌匀后加入低筋面粉,用叉子碾搓匀呈颗粒,即成香酥粒。

④面团成形、发酵。将面团用擀面杖擀开和烤盘大小一致,放入烤盘整理平整,在面团上扎洞,最后进饧发箱发酵,温度35℃,湿度75%。

⑤面团上馅、烘焙。将奶酪馅倒在发酵好的面团上,用刮板将奶酪馅抹平整,撒上香酥粒,入烤箱中层,170℃烘烤15～20分钟。

⑥出炉后要放在晾架上散热。

(4)风味特点　色泽金黄,奶酪味香。

23.椰丝芝麻面包

（1）原料配方

①种子面团配方:高筋面粉400克,糖50克,水250毫升。

②主面团配方:高筋面粉100克,糖50克,盐6克,奶粉30克,鸡蛋60克,水20毫升,黄油50克,芝士粉6克。

③椰子馅配方:黄油15克,糖35克,鸡蛋15克,椰丝35克。

④芝麻馅配方:芝麻75克,糖25克,黄油25克。

（2）制作工具或设备　搅拌桶,和面机,打蛋器,笔式测温计,西餐刀,饧发箱,擀面杖,烤盘,烤箱。

（3）制作过程

①种子面团调制。将所有种子面团配方中的原料放入搅拌桶中,用和面机搅拌、揉搓至拉开破裂处呈锯齿状的扩张阶段,放入饧发箱发酵至原体积的2倍大。

②主面团调制。将除黄油外的主面团材料放入另一搅拌桶中,加入分成小块的中种面团,揉搓均匀,然后加入黄油揉至面团可以拉出薄膜的完成阶段,滚圆继续发酵至2倍大。

③将面团分成大小一样的小面团(大小按自己的烤箱大小及喜好定)分别滚圆,松弛约15分钟。

④椰子馅调制。将黄油、糖放入搅拌桶中用打蛋器打匀,将鸡蛋分次加入,最后加入椰丝拌匀,即可。

⑤芝麻馅调制。将芝麻淘洗干净,炒熟,趁热擀成末,然后加上白糖拌匀,最后拌入黄油即可。

⑥将松弛好的小面团压扁,包入适量的芝麻馅,摆入烤盘,注意要留有空隙让面团最后发酵至原来的1.5倍大。

⑦将最后发酵好的面包坯刷上蛋液,并均匀撒上椰子馅,放入烤箱,烤箱温度160℃,烤制40分钟。

⑧面包出炉后,自然晾凉即可。

（4）风味特点　色泽金黄,椰丝芝麻味香甜。

24.芝麻面包棒

（1）原料配方　高筋面粉400克,低筋面粉50克,黄油50克,细砂糖35克,盐5克,干酵母10克,水250毫升,鸡蛋1个,黑白芝麻各25克。

（2）制作工具或设备　搅拌桶,和面机,笔式测温计,西餐刀,饧发箱,擀面杖,保鲜膜,烤盘,烤箱。

（3）制作过程

①将除黄油、黑白芝麻、鸡蛋外的原料放入搅拌桶中,揉搓均匀,然后加入黄油揉至面团可以拉出薄膜的完成阶段,滚圆继续发酵至2倍大。

②发好的面团挤压出空气来盖上保鲜膜静置松弛20～30分钟,然后将面团平均分成2份滚圆,再次盖上保鲜膜静置松弛10分钟。

③用擀面杖把面擀成厚度约1厘米的长方形薄片,撒少许高筋面粉,切割成1厘米宽的长条状,排列在烤盘上。抹上蛋清液.撒黑白芝麻,略扭转后盖保鲜膜,静置20分钟最后发酵。

④烤箱预热至180℃,在烤炉的内壁喷水产生水汽,然后把面团放进烤箱,烤制30分钟。

⑤面包出炉后,自然晾凉即可。

（4）风味特点　色泽金黄,微咸酥脆。

25.荞麦芝麻面包

（1）原料配方　荞麦面粉100克,高筋面粉150克,黑芝麻粉20克,速溶燕麦片25克,酵母3克,黄油25克,鸡蛋60克,盐3克,糖30克,温水120毫升。

（2）制作工具或设备　搅拌桶,笔式测温计,西餐刀,饧发箱,擀面杖,保鲜膜,烤盘,烤箱。

（3）制作过程

①将荞麦面粉、高筋面粉、黑芝麻粉、一半的速溶燕麦片,混合在一起,加入盐、鸡蛋混合。

②酵母放入少许温水(60毫升左右)溶解,放入糖溶化,慢慢倒入面粉里面,边倒入边搅拌,看看面粉的浓稠度,如果觉得面粉太硬可以再加温水,最后加入黄油揉搓,揉成光滑的面团,盖上保鲜膜,放入饧发箱发酵到原体积的2倍大。

③面团发酵好取出,用擀面杖压出里面的气泡,分成合适大小的圆堆。

④烤盘涂油,将面坯放在烤盘上,再放入饧发箱发酵30分钟,表面上撒上燕麦片。

⑤烤箱预热170℃,上下火烤8分钟,改下火150℃烤5分钟,直到烤熟为止。

(4)风味特点　色泽金黄,口感酥脆,营养搭配合理。

26. 井字葵花面包

(1)原料配方　高筋面粉400克,低筋面粉50克,黄油50克,细砂糖35克,盐5克,干酵母10克,牛奶250毫升,椰蓉25克,红豆馅100克。

(2)制作工具或设备　搅拌桶,笔式测温计,西餐刀,饧发箱,擀面杖,保鲜膜,烤盘,烤箱。

(3)制作过程

①将除黄油、红豆馅、椰蓉外的原料放入搅拌桶中,揉搓均匀,然后加入黄油揉至面团可以拉出薄膜,滚圆继续发酵至原体积的2倍大,等手指按下去不反弹即可。

②发好的面团挤压出空气来盖上保鲜膜静置松弛20~30分钟,然后将面团平均分成2份,滚圆,再次盖上保鲜膜静置松弛10分钟。

③用擀面杖把面擀成厚度约1厘米的长方形薄片,撒少许高筋面粉,包进红豆馅,揉搓成圆面包状。

④切井字葵花样,刷上蛋液,撒上椰蓉。

⑤静置,待其二次发酵,发成2倍大小,烤盘上铺锡低,放上生面坯,置烤箱上下火180℃,烤制28分钟。

⑥面包出炉后,自然晾凉即可。

(4)风味特点　色泽金黄,形状美观。

27.十字花小面包

（1）原料配方　高筋面粉380克,低筋面粉70克,黄油50克,细砂糖35克,盐5克,干酵母10克,牛奶250毫升,黑芝麻25克,红豆馅100克。

（2）制作工具或设备　搅拌桶,笔式测温计,西餐刀,饧发箱,擀面杖,保鲜膜,烤盘,烤箱。

（3）制作过程

①将除黄油、黑芝麻、红豆馅外的原料放入搅拌桶中,揉搓均匀,然后加入黄油揉至面团可以拉出薄膜,滚圆继续发酵至2倍大,等手指按下去不反弹即可。

②发好的面团挤压出空气来盖上保鲜膜静置松弛20~30分钟,然后将面团平均分成两份,滚圆,再次盖上保鲜膜静置松弛10分钟。

③用擀面杖把面擀成厚度约1厘米的长方形薄片,撒少许高筋面粉,包进红豆馅,揉搓成圆面包状。

④切十字花样,刷上蛋液,撒上黑芝麻。

⑤静置,待其二次发酵,发成2倍大小,烤盘上铺锡纸,放上生面坯,置烤箱上下火200℃,烤制20分钟。

⑥面包出炉后,自然晾凉即可。

（4）风味特点　色泽金黄,形状美观。

28.日本口袋面包

（1）原料配方　高筋面粉800克,低筋面粉200克,酵母10克,清水580毫升,砂糖25克,食盐20克,黄油20克。

（2）制作工具或设备　搅拌桶,笔式测温计,西餐刀,饧发箱,擀面杖,烤盘,烤箱。

（3）制作过程

①将高筋面粉、低筋面粉、酵母、砂糖、食盐放于搅拌桶中搅拌均匀。

②将水倒至桶中搅拌,先慢速搅拌 2 分钟、中速搅拌 12 分钟,黄油加入后再慢速搅拌 2 分钟、中速搅拌 4 分钟,搅拌至面团的面筋完全扩展为止,搅拌后面团温度为 24~25℃。

③每个面团分割为 60~70 克,将面团滚圆,松弛 15 分钟。

④面团用擀面杖压延,厚度为 2.2~2.5 毫米。

⑤最后发酵温度 28℃,湿度 80%~85%,时间 40 分钟。

⑥烤焙温度上火 200~220℃,下火 190℃。

⑦面包出炉后,自然晾凉即可。

(4)风味特点 色泽金黄,形似口袋。

29.不带盖红豆吐司

(1)原料配方 高筋面粉 380 克,温开水 250 毫升,盐 4 克,糖 25 克,脱脂奶粉 10 克,黄油 30 克,酵母 2 克,鸡蛋 60 克,蜜红豆 150 克。

(2)制作工具或设备 搅拌桶,笔式测温计,西餐刀,饧发箱,擀面杖,吐司模,烤盘,烤箱。

(3)制作过程

①除黄油、蜜红豆、鸡蛋外其余原料一起放入搅拌桶,用搅拌机搅拌至筋性完成后再加入软化的黄油后慢速拌匀。

②面团搅拌完成后,加入蜜红豆,慢速搅拌均匀(不可将红豆粒打碎)。

③分割面团,每个面团 225 克,共 4 个,滚圆放置,"中间发酵"15 分钟。

④整形方式为擀卷 2 次。

⑤将每个面团放入模具中排列整齐,进行"最后发酵"(55~60 分钟),发酵至面团与模具同高。

⑥表面刷蛋液,放入烤箱烘烤。

⑦炉温上火 180℃,下火 200℃,放进炉里,上火关掉,烤至表面着色。

⑧出炉后,趁热脱模,防止面包收缩,表面均匀刷油。

(4)风味特点 色泽金黄,质地松软,蜜豆香甜。

30.带盖全麦吐司

（1）原料配方　高筋面粉220克,全麦面粉150克,温开水240毫升,盐3克,糖20克,脱脂奶粉12克,奶油30克,酵母2克。

（2）制作工具或设备　搅拌桶,笔式测温计,西餐刀,饧发箱,擀面杖,吐司模,烤盘,烤箱。

（3）制作过程

①除黄油外其余原料一起放入搅拌桶,用搅拌机搅拌至筋性完成后再加入软化的黄油后慢速拌匀。

②基本发酵,用手指压入面团,不弹回即表示完成。

③分割面团,每个面团重200克共3个,滚圆放置"中间发酵"15分钟。

④整形方式为将面团擀开,卷成长条形状,放置松弛约10分钟（擀一次）。

⑤第二次擀开后,再卷成短圆筒状。

⑥取3个面团,接口朝下,平均排列于烤模中,进行"最后发酵"（约55~60分钟）。

⑦面团发酵至模具九分满,盖上盖子,放入烤箱烘烤。

⑧炉温210℃,面包烤焙约30分钟后熄火,焖10分钟,共烤40分钟。

⑨出炉后趁热立即脱模,倒在架上冷却。

（4）风味特点　色泽金黄,质地松软。

31.五瓣面包

（1）原料配方　高筋面粉400克,红薯泥180克,糖40克,盐4克,酵母5克,牛奶150毫升,鸡蛋1个,黄油40克。

（2）制作工具或设备　搅拌桶,搅拌机,笔式测温计,西餐刀,饧发箱,保鲜膜,擀面杖,烤盘,烤箱。

（3）制作过程

①除黄油、鸡蛋外其余原料一起,放入搅拌桶,用搅拌机搅拌至

筋性完成后再加入软化的黄油后慢速拌匀。

②面团搅拌好后,放置基本发酵(面团基本发酵时间为60分钟,是装饰用面团,因较好成形搓长。若要食用时,基本发酵时间为90分钟,口感会较佳。)完成后分割100克×8个,用手搓并滚圆成球形,排至烤盘内,用保鲜膜盖上,放置"中间发酵"15～20分钟。

③取滚圆面团,用手搓成长条状后,用擀面杖擀开成长椭圆形扁平状,稍松弛后,用手边挤紧边卷成长条状,再用手前后搓动至长度为40～43厘米,防止稍微松弛备用。

④整形取5条,面带先行排成扇子形状,接头依序用力粘压在一起,不可松脱。

⑤编辫口诀1:2上3,将第2条压过第3条。

⑥编辫口诀2:5上2,将第5条压过第2条。

⑦编辫口诀3:1上3,将第1条压过第3条。

⑧依口诀1、2、3,重复动作完成五瓣面包。注意面团上下的接头要紧密,但编结成辫时不可太紧,否则发酵后易爆裂开来。

⑨编完后,选定最佳辫纹当做表面,切记编辫时要紧密不要有空洞产生,表面先刷一次蛋液,待干。

⑩烤盘刷油,面包入烤炉前再刷一次蛋液,烤出的成品会较光亮。

⑪面包入烤箱,以210℃烤制20分钟。

⑫出炉后趁热立即脱模,倒在架上冷却。

(4)风味特点　色泽金黄,形似辫子。

32．沙菠萝面包

(1)原料配方

①面团配方:高筋面粉400克,低筋面粉100克,细砂糖100克,盐7.5克,酵母20克,奶粉20克,鸡蛋40克,水270毫升,黄油35克,豆沙馅150克。

②香酥粒配方:砂糖25克,低筋面粉50克,黄油35克。

(2)制作工具或设备　搅拌桶,搅拌机,笔式测温计,西餐刀,饧

发箱,擀面杖,保鲜膜,烤盘,烤箱。

（3）制作过程

①香酥粒制作。将砂糖和黄油拌匀后加入低筋面粉,用叉子碾搓均匀呈颗粒状,即成香酥粒。

②除黄油、鸡蛋和豆沙馅外其余原料一起,放入搅拌桶,用搅拌机搅拌至筋性完成后再加入软化的黄油慢速拌匀。

③面团搅拌好放置基本发酵完成后,分割成60克的面团若干个,用手搓滚圆,用保鲜膜盖好,中间发酵15~20分钟完成。

④取出搓圆面团,左手轻揉压扁,将豆沙馅心放上去用右手将面皮口包紧。

⑤包好馅心搓圆,表面刷蛋液,稍等一下使蛋液与面皮产生黏性,再将香酥粒撒于表面排列于烤盘上,放进最后发酵箱至原体积的2.5~3倍大后,取出。

⑥以185℃,烤制25分钟,完成出炉后,在架上轻敲排出剩余气体。

（4）风味特点　色泽金黄,表面酥脆。

33.菠萝甜面包

（1）原料配方

①种子面团配方:高筋面粉300克,白砂糖40克,酵母10~15克,水175毫升。

②主面团配方:高筋面粉600克,白砂糖100克,黄油60克,鲜奶50毫升,水280毫升,改良剂3克,盐3克。

③菠萝皮料配方:面粉100克,白砂糖50克,黄油30克,鸡蛋30克,碳酸氢钠2克,碳酸氢铵0.5克,黄色素0.005克,菠萝香精0.005克,刷面蛋20克,植物油10克。

（2）制作工具或设备　搅拌桶,搅拌机,笔式测温计,西餐刀,饧发箱,擀面杖,烤盘,烤箱。

（3）制作过程

①菠萝皮调制。按配方将面粉置于操作台上,围成圈,投入白砂

糖、鸡蛋、碳酸氢钠、碳酸氨铵搅拌溶化,再投入已溶化的黄油充分搅拌混合,再加入面粉,调制成软硬适宜的酥性面团,将面团分成 10 块备用。

②种子面团调制。将高筋面粉、酵母和水放入搅拌桶,用搅拌机搅拌,低速搅拌 3 分钟,中低速搅拌 8 分钟,然后放入饧发箱,以26℃,发酵 1~3 小时,至原体积 2 倍大。

③主面团制作。在种子面团中添加高筋面粉、盐、水、糖、黄油、鲜奶和面包改良剂,继续搅拌 8 分钟,至表面光滑。以 28℃,发酵20~30分钟,至原体积 2 倍大。

④将面团分割成小块,揉搓成形,备用。

⑤在桌面撒粉,轻轻将菠萝皮压匀后,分割称重,每个称重 30 克预备使用。

⑥包菠萝面包时,左手取皮,右手拿面包坯,将面团粘在菠萝皮上,用右手由外往内挤捏压紧,最后用手指收口完成。

⑦将包好的菠萝面包间隔排放,排列在烤盘中,表面用西餐刀切出交叉纹路格子后,表面刷蛋液,“最后发酵”,发酵至原体积的2.5~3 倍。

⑧调整好炉温,上火 150℃,底火 185℃。烤成表面金黄色,底面褐色,熟透出炉,冷却包装,即为成品。

(4)风味特点　色泽金黄,形似菠萝。

34.墨西哥面包

(1)原料配方

①面团配方:高筋面粉 220 克,低筋面粉 50 克,奶粉 20 克,细砂糖 40 克,盐 1/2 茶匙,鸡蛋 30 克,水 85 毫升,汤种 80 克,快速干酵母6 克,无盐黄油 25 克,奶酥馅 150 克。

②墨西哥糊配方:无盐黄油 50 克,糖粉 40 克,全蛋 60 克,盐 1克,低筋面粉 50 克。

(2)制作工具或设备　搅拌桶,搅拌机,笔式测温计,西餐刀,饧发箱,保鲜膜,裱花袋,擀面杖,烤盘,烤箱。

（3）制作过程

①除黄油和奶酥馅外其余原料一起,放入搅拌桶,用搅拌机搅拌至筋性完成后再加入软化的黄油后慢速拌匀。

②面团搅拌好,放置"基本发酵"完成。

③分割面团60克×9个,用手搓滚圆取保鲜膜盖好,"中间发酵"15～20分钟。

④取面团轻轻滚圆,稍微压扁后,将25克奶酥馅放在左手面团上,用右手将馅包入,再进行"最后发酵"55～60分钟。

⑤墨西哥糊调制。将无盐黄油加上糖粉,用搅拌机打发,加入鸡蛋打匀,最后加上过筛的盐和低筋面粉低速拌匀即可。

⑥将墨西哥面糊装入裱花袋中,呈螺旋状挤在发酵完成的面团上,约占表面积的2/3。

⑦放入烤箱,以185℃,烤制25分钟。

⑧烘烤完成后取出自然晾凉。

（4）风味特点　色泽金黄,外酥脆内松软。

35. 杂粮吐司

（1）原料配方　高筋面粉700克,水480毫升,酵母15克,盐10克,白糖80克,鸡蛋150克,杂粮面包预拌粉300克,改良剂10克,高级黄油80克。

（2）制作工具或设备　搅拌桶,搅拌机,笔式测温计,西餐刀,饧发箱,擀面杖,烤盘,烤箱。

（3）制作过程

①将配方中所有原料(除黄油外)一起用搅拌机低速搅拌均匀直至成光滑面团,然后加入黄油拌匀,再改用高速搅拌至面筋完全扩展。

②基本饧发20分钟,分割、滚圆,再松弛15分钟。

③造型:装入吐司模具,最后饧发100分钟,饧发温度为38℃,相对湿度为75%,直至体积涨大为与模具齐平。

④烘烤温度:上火220℃,下火200℃;时间为50分钟左右。

（4）风味特点　色泽金黄,甜香松软。

36. 黄豆吉士吐司

（1）原料配方　高筋面粉 1500 克，黄豆面包预拌粉 500 克，吉士粉 60 克，水 1200 毫升，白砂糖 300 克，鸡蛋 200 克，盐 10 克，酵母 20 克，改良剂 8 克，黄油 200 克。

（2）制作工具或设备　搅拌桶，搅拌机，笔式测温计，西餐刀，饧发箱，擀面杖，烤盘，烤箱。

（3）制作过程

①将配方中所有原料（黄油除外）用搅拌机慢速搅拌至面筋形成，然后加入黄油搅拌均匀。

②转高速搅拌至面筋完全扩展，面团理想温度为 28℃。

③基本发酵 25 分钟，分割、滚圆，再松弛 20 分钟。

④造型：装入吐司模具，最后饧发 100 分钟，饧发温度为 38℃，相对湿度为 75%～80%，直至体积涨大为与模具齐平。

⑤烘烤温度，上火 190℃，下火 190℃。

（4）风味特点　色泽金黄，甜香松软。

37. 卡布奇诺面包

（1）原料配方

①面团配方：高筋面粉 2000 克，低筋面粉 250 克，酵母 25 克，盐 25 克，白糖 400 克，高级黄油 200 克，鸡蛋 100 克，奶粉 60 克，超软改良剂 8 克，水 1200 毫升。

②卡布奇诺馅心配方：即溶吉士粉 250 克，水 250 毫升，高级无水酥油 400 克，松饼粉 200 克，鸡蛋 80 克，色拉油 80 克，即溶咖啡 10 克。

（2）制作工具或设备　搅拌桶，搅拌机，笔式测温计，西餐刀，饧发箱，擀面杖，裱花袋，烤盘，烤箱。

（3）制作过程

①将配方中所有原料（除黄油外）一起用低速搅拌 2 分钟，然后转高速搅拌 4 分钟，形成面筋。

②加入黄油用低速搅拌均匀，面团温度为 28℃。

③让面团松弛 20 分钟,分割、滚圆,再松弛 30 分钟。(最好放置在 5℃左右的低温环境中。)

④揉搓成圆形,最后饧发 90 分钟(温度为 35℃,相对湿度为 75% ~80%),备用。

⑤卡布奇诺馅心调制。高级无水酥油放入搅拌桶搅打蓬松,分次加入鸡蛋打发,然后加入搅拌均匀的即溶吉士粉和水,最后加入松饼粉、色拉油和即溶咖啡搅拌均匀。

⑥将馅心装入裱花袋,在面包坯表面挤注成双"S"形状装饰。

⑦烘烤,上火 200℃,下火 180℃,时间约 25 分钟。

(4)风味特点　色泽金黄,外脆里嫩。

38.黑麦面包

(1)原料配方　高筋面粉 150 克,黑裸麦粉 150 克,水 130 毫升,酵母 5 克,砂糖 10 克,盐 5 克,葡萄干 100 克,核桃仁 100 克,糖粉 15 克。

(2)制作工具或设备　搅拌桶,搅拌机,笔式测温计,西餐刀,饧发箱,擀面杖,保鲜膜,烤盘,烤箱。

(3)制作过程

①先将核桃仁切碎,备用。

②将高筋面粉、黑裸麦粉、酵母、水、盐、砂糖混合在一起,搅拌均匀。

③放入搅拌机中混合好,然后 20 分钟内搅打 3 次。第 3 次时搅打加入核桃碎屑至面团表面光滑即可。

④盖上保鲜膜放入饧发箱饧发 50 分钟左右,至原来体积的 2 倍大。

⑤将面团分成 2 份,擀长铺上葡萄干,卷成长条放入烤盘。

⑥继续放入饧发箱饧发 30 分钟左右,至原来体积 2 倍大。

⑦在面包坯上撒上糖粉,用西餐刀在表面划出格子花纹即可烘烤。

⑧温度 180℃,烤 20 分钟左右,出炉后自然晾凉。

(4)风味特点　色泽红亮,富含纤维素,口感略粗糙。

39. 胚芽面包

(1)原料配方　高筋面粉 470 克,胚芽粉 30 克,酵母 10 克,糖 10 克,奶粉 20 克,水 300 毫升,黄油 30 克,盐 2 克。

(2)制作工具或设备　搅拌桶,立式调粉机,笔式测温计,西餐刀,饧发箱,擀面杖,烤盘,烤箱。

(3)制作过程

①面团的调制与发酵。将全部材料放入立式调粉机中进行搅拌,低速 10 分钟,中速 2 分钟,面团温度为 24℃。调制后的面团在温度 26~27℃,湿度 65%~70% 的条件下发酵 45 分钟,进行揿粉后继续发酵 45 分钟。

②面团的分割与成形。经发酵的面团进行分割,大制品每块 400 克,小制品每块 100 克,分别搓圆后在室温下静置 20 分钟,然后成形为长方形,封口向下摆放在烤盘上。

③成形发酵与烘烤。成形后的面包坯在温度 28℃,湿度 80% 的条件下发酵 1 小时。放入已经喷入蒸汽的烤炉中进行烘烤。在 230℃下烘烤 25 分钟后,将炉温调整至 190~180℃,继续烘烤 10 分钟。

④面包出炉后自然晾凉即可。

(4)风味特点　色泽金黄,口感蓬松。

40. 全麦面包

(1)原料配方　高筋面粉 220 克,全麦面粉 150 克,干酵母 5 克,糖 20 克,盐 5 克,温水 180 毫升,黄油 35 克。

(2)制作工具或设备　搅拌桶,搅拌机,笔式测温计,西餐刀,饧发箱,擀面杖,保鲜膜,烤盘,烤箱。

(3)制作过程

①于酵母溶于温水,把除黄油以外的其他材料放到一起,搅拌成面团,再将黄油加入,慢慢搅拌进入面团。

②将面团盖上保鲜膜,放到饧发箱进行第一次发酵,发酵至原来

体积的 2.5~3 倍大(用手指蘸干面粉,插进面团,若小坑很快回缩则发酵未完成,反之则发酵完成),即可。

③发酵好的面团,取出,滚圆,盖上保鲜膜松弛 15 分钟。

④松弛好的面团取出,搓圆,放到烤盘上,用手轻轻压扁,然后放到饧发箱进行二次发酵,至原来体积的 2~2.5 倍大即可。

⑤二次发酵完成,面团取出,用锋利的西餐刀,在面包顶部交叉划四刀,在面团上撒一层薄薄的全麦面粉。

⑥烤箱预热 200℃,放入烤箱中层,烤制 25 分钟左右。

(4)风味特点　色泽金黄,口感蓬松,营养全面。

41. 红薯全麦面包

(1)原料配方　高筋面粉 220 克,全麦面粉 30 克,干酵母 5 克,砂糖 20 克,全蛋液 25 克,盐 3 克,温水 130 毫升,黄油 25 克,红薯泥 150 克。

(2)制作工具或设备　搅拌桶,搅拌机,笔式测温计,西餐刀,饧发箱,擀面杖,保鲜袋,保鲜膜,烤盘,烤箱。

(3)制作过程

①红薯泥的制备:红薯蒸熟放凉,放到保鲜袋里,用擀面杖擀压成红薯泥,备用。

②干酵母溶于温水,与除黄油以外的其他材料放一起揉成面团,再加入黄油,慢慢揉进面团,至面团基本光滑即可。

③揉好的面团放到饧发箱里进行第一次发酵至原来体积的 2.5 倍大左右。

④发酵好的面团取出,分割成 10 份,每个大约 50 克,滚圆,盖上保鲜膜松弛 10 分钟左右。

⑤取一份面团,略压扁,用擀面杖擀成一个椭圆形的长面片,放上 20 克红薯泥,抹在面片 2/3 左右的面积上,卷起有红薯泥的一边,再把另外一边也卷过来,捏拢所有面片接口,把面团翻转,用利刀蘸水,在中间划一刀。

⑥整理好的面团,放到饧发箱里进行第二次发酵至原来 2 倍大左右。

⑦面团表面刷全蛋液,烤箱预热至 185℃,烤箱中层 20 分钟左右。

(4)风味特点　色泽金黄,口感蓬松,具有麦香和红薯的甜香。

42. 粗粮果仁面包

(1)原料配方　全麦面粉 600 克,高筋面粉 400 克,盐 20 克,黄油 30 克,新鲜酵母 30 克(或者干酵母 15 克),温水 680 毫升,核桃 30 克,杏仁片 30 克,榛子仁 30 克,葡萄干 20 克。

(2)制作工具或设备　搅拌桶,搅拌机,笔式测温计,西餐刀,饧发箱,擀面杖,保鲜膜,烤盘,烤箱。

(3)制作过程

①把除黄油和盐外的所有配料一起搅打成面团,然后加入黄油和盐,最后面团温度应该在 26℃ 左右(用笔式测温计测量)。

②盖上一层保鲜膜,放在饧发箱中发酵 60 分钟。然后把面团取出,用手轻压翻面,使面团吐出二氧化碳,吸入新鲜氧气。这样更有利于发酵,再放回搅拌桶中发酵 40 分钟。

③加切碎的核桃、榛子仁、烤制过的杏仁片和葡萄干揉搓均匀。

④把揉好的果仁面团放在长方形面包模具中,放在饧发箱(温度 30℃,湿度 70%)中发酵,通常发到面包原体积的 2 倍大即可。

⑤然后,在面包上刷一层蛋液,放在预热到 210℃ 的烤箱中,烤制 30 分钟(以面包顶部已经焦黄,底部已经上色为好)。

⑥出炉后要放在凉架上散热,面包上面可以刷一层糖水来增加亮度和甜味。

(4)风味特点　色泽金黄发亮,口感松软酥脆。

43. 麸皮面包

(1)原料配方　高筋面粉 700 克,低筋面粉 300 克,盐 10 克,奶粉 30 克,糖 30 克,麸皮 200 克,酵母 10 克,可可粉 15 克。

(2)制作工具或设备　搅拌桶,搅拌机,笔式测温计,西餐刀,饧发箱,擀面杖,烤盘,烤箱。

（3）制作过程

①把除黄油和盐外的所有配料一起搅打成面团,然后加入黄油和盐,搅拌至面团光滑,能拉起薄膜。

②将搅拌好的面团,基础饧发后搓圆,稍松弛后成形。

③进饧发箱发至原来体积的2.5～3倍大。

④在表面划刀,并大量喷气进炉烘烤,上火190℃,下火170℃。

⑤烤制25分钟,出炉自然晾凉。

（4）风味特点　色泽微褐,口感蓬松。

44. 燕麦面包

（1）原料配方　高筋面粉1000克,燕麦粉100克,糖100克,盐15克,鸡蛋80克,干酵母10克,奶粉40克,改良剂3克,鲜奶75毫升,蜂蜜40克,水540毫升,黄油80克。

（2）制作工具或设备　搅拌桶,搅拌机,笔式测温计,西餐刀,饧发箱,擀面杖,烤盘,烤箱。

（3）制作过程

①搅拌过程,将高筋面粉、燕麦粉、糖、盐、鸡蛋、干酵母、奶粉、改良剂等原料放入搅拌桶中,用搅拌机慢速搅拌1分钟,加入鲜奶、蜂蜜和水再搅拌2分钟,后转用快速搅拌3分钟,再加入黄油用慢速搅拌2分钟,后改用快速搅拌约5分钟至面团扩展完成。面团理想温度28℃（用笔式测温计测量）。

②基本发酵环境温度30～33℃,相对湿度75%～80%。基本发酵时间45～60分钟,分割,滚圆。

③用手掌轻轻压发酵好的面团,以排掉大部分气体;然后整理面团形状,进行第二次发酵,至原来体积的2～2.5倍大,饧发箱温度36℃,相对湿度75%～85%。最后饧发时间45～60分钟。

④烘烤温度:上火180℃,下火190℃。烘烤时间:20～25分钟。

（4）风味特点　色泽金黄,口感蓬松。

45.奶香杂粮面包

（1）原料配方　高筋面粉220克,荞麦粉30克,牛奶130毫升,砂糖50克,黄油20克,奶粉15克,鸡蛋120克,酵母3克,盐1克,芝麻20克。

（2）制作工具或设备　搅拌桶,搅拌机,笔式测温计,西餐刀,饧发箱,擀面杖,保鲜膜,烤盘,烤箱。

（3）制作过程

①牛奶放入微波炉中用高火加热25秒,加入酵母,稍搅,静置备用。

②先将蛋液、盐、砂糖、奶粉倒入搅拌桶中,再倒入酵母牛奶,接着倒入高筋面粉和荞麦粉,中速搅拌10分钟成面团,加入黄油,继续搅拌10分钟后停下,把面团撑开,看是否能撑成薄膜(如果能就表示面团已经揉出筋了)。

③将面团盖上保鲜膜,放入饧发箱进行发酵,至原来体积的2倍大。

④分割成几个小面团,滚圆,静置10分钟。

⑤在面包坯上刷蛋液,再撒点芝麻。

⑥烤箱预热至180℃,将面包坯烤盘放入下层,先烤10分钟,拿出来再刷一次蛋液,接着再烤10分钟即可。

（4）风味特点　色泽金黄,营养丰富,芝麻味香。

46.黑米面包

（1）原料配方

①种子面团配方:高筋面粉100克,温水65毫升,干酵母2克。

②主面团配方:高筋面粉200克,温水120毫升,砂糖25克,盐2克,干酵母4克,黑米饭80克,黄油15克。

（2）制作工具或设备　搅拌桶,搅拌机,笔式测温计,西餐刀,饧发箱,擀面杖,烤盘,烤箱。

（3）制作过程

①种子面团调制。将种子面团配方中的干酵母溶于温水,再加入100克高筋面粉中,揉成面团,将此面团放在室温下发酵6~8小时,至原来体积的2~2.5倍大,排去大部分气体,备用。

②主面团调制。将提前制作好的种子面团取出,撕成小块或者搓成长条,用刀切成小块,再将主面团中除黄油和黑米饭以外的其他材料和撕成小块的种子面团放在一起,揉成团,再把黄油加入,慢慢揉进面团,待黄油完全吸收进面团了,将黑米饭加入,揉进面团即可。

③揉好的面团放到饧发箱中进行第一次发酵,至原来体积的2.5~3倍大。

④把发酵好的面团取出,分割成4份,整理成两头尖中间大的橄榄状,在面团表面扑上薄薄一层高筋面粉,将面团排上烤盘,放到饧发箱中进行第二次发酵至原来体积的2倍大左右,用西餐刀在面团表面左右各斜着划几刀。

⑤烤箱预热至200℃,将面团放至烤箱中层15~18分钟左右。

（4）风味特点　色泽金黄,营养互补,质地蓬松。

47. 大豆面包

（1）原料配方　高筋面粉850克,大豆预拌粉150克,酵母12克,改良剂10克,砂糖80克,食盐16克,葡萄干120克,水550毫升,黄油40克。

（2）制作工具或设备　搅拌桶,搅拌机,笔式测温计,西餐刀,饧发箱,擀面杖,烤盘,烤箱。

（3）制作过程

①先用水浸泡大豆预拌粉10分钟,加入高筋面粉、酵母、改良剂、食盐、砂糖搅拌至面团扩展,再加入黄油搅拌至面团完全扩展,最后加入葡萄干慢速拌匀即可。

②发酵15分钟,分割面团300克/个,搓圆后发酵10分钟,成形。

③最后发酵温度38℃,湿度75%,时间60分钟,表面撒粉,以西餐刀划口,即可入炉烘烤。

④以 185℃，烤制 25 分钟。

（4）风味特点　色泽金黄，口味浓郁，大豆风味在葡萄干的甘甜细致中蔓延。

48. 麦片面包

（1）原料配方　精制面粉 200 克，麦片 50 克，砂糖 10 克，酵母营养液 2 克，食盐 4 克，蜂蜜 20 克，酵母 5 克，脱脂奶粉 10 克，起酥油 10 克，水 75 毫升。

（2）制作工具或设备　搅拌桶，搅拌机，笔式测温计，西餐刀，饧发箱，擀面杖，烤盘，烤箱。

（3）制作过程

①采用一次发酵法，将配方中所有原料放入搅拌桶中，搅拌均匀呈光滑的面团。

②搅拌好后的面团温度为 26～27℃，发酵室温度为 28℃，发酵时间为 2 小时，饧发结束时的温度为 28.5～29℃。

③分割面团，逐个搓圆，装入刷油的烤盘松弛 10 分钟，烘烤温度 200～205℃，烤制 15 分钟。

（4）风味特点　色泽金黄，具有麦片和蜂蜜的香味。

49. 蛋黄面包

（1）原料配方　富强粉 500 克，鸡蛋黄 100 克，白糖 70 克，花生油 5 克，鲜酵母 10 克，温水 180 毫升，盐 4 克。

（2）制作工具或设备　搅拌桶，搅拌机，笔式测温计，西餐刀，饧发箱，擀面杖，烤盘，烤箱。

（3）制作过程

①鲜酵母放入温水中搅匀。将鸡蛋黄加入白糖和盐搅匀后放入水中，再加进富强粉，和成软面团。

②将面团放进饧发箱，30 分钟之后面团涨发。

③分割面团，搓条下剂。使每个剂子重 165 克左右。

④将剂子揉成椭圆形的面坯，放入烤盘，盖上湿布，在 30℃的饧

发箱放置 1 小时。待面团涨发至原来体积的两倍时,进烤炉烘烤即可。

⑤放入烤箱以 185℃,烤制 25 分钟。

(4)风味特点　色泽金黄,蓬松酥软。

50．奶油黄酱小面包

(1)原料配方

①种子面团配方:高筋面粉 350 克,白砂糖 20 克,鲜酵母 12 克,温水 200 毫升。

②主面团配方:高筋面粉 650 克,白砂糖 100 克,黄油 80 克,鸡蛋 300 克,水 80 毫升。

③牛奶黄酱配方:面粉 25 克,白砂糖 40 克,牛奶 100 毫升,香兰素2 克。

④刷糖水配方:白砂糖 50 克,水 50 毫升。

(2)制作工具或设备　煮锅,搅拌桶,搅拌机,笔式测温计,西餐刀,饧发箱,擀面杖,烤盘,烤箱。

(3)制作过程

①原辅料准备与处理。将原辅料称量,面粉过罗,白砂糖过筛,去除杂质,鸡蛋用水洗净。

②牛奶黄酱调制。将煮锅内的糖与鸡蛋混合,搅拌均匀,加入面粉(或糖与面粉混合,搅入鸡蛋)搅均匀,冲入煮沸的牛奶。再搅均匀后,置于火炉上加热至熟,边加热边搅拌,以防糊底。

③熬糖水。在锅内加水和糖,放在火炉上熬沸,过滤,冷却后作刷成品表面用。

④种子面团调制。将种子面团配方中的鲜酵母溶于温水,再加入高筋面粉中,揉成面团,将此面团放在饧发箱中发酵 6 ~ 8 小时,至原来体积的 2 ~ 2.5 倍大,排去大部分气体,备用。

⑤主面团调制。将提前制作好的种子面团取出,撕成小块或者搓成长条,用刀切成小块,再将主面团中除黄油以外的其他材料和撕成小块的种子面团放在一起,揉成团,再把黄油加入,慢慢揉进面团,

待黄油完全吸收进面团即可。

⑥面团继续放入饧发箱发酵,至原来体积的 2 ~ 2.5 倍大。

⑦成形与饧发。将二次发酵并成熟的面团,按设计重量切成规格小剂,搓成有光滑面的小圆球形,摆入已涂油的烤盘中,按扁,放入饧发室饧发,饧发室温度在 40℃ 左右,相对湿度在 85% 以上。待面包坯体积增大适宜,出饧发室,刷蛋液,表面挤牛奶黄酱细条纹等图案,入炉烘烤。

⑧用 185℃ 烘烤 25 分钟,烘烤时要轻拿轻放,否则塌架。熟透出炉,趁热在面包表面刷糖水,冷却,装箱即为成品。

(4)风味特点　色泽金黄,黄酱软嫩。

51. 奶豆腐小面包

(1)原料配方

①面团配方:高筋面粉 380 克,温开水 250 毫升,盐 4 克,糖 25 克,脱脂奶粉 10 克,黄油 30 克,酵母 2 克,鸡蛋 60 克。

②奶豆腐馅心配方:奶豆腐 200 克,黄油 100 克,白砂糖 100 克,鸡蛋 100 克,面粉 50 克,香草粉 3 克,柠檬汁 5 克,柠檬皮末 3 克。

(2)制作工具或设备　搅拌桶,搅拌机,笔式测温计,西餐刀,饧发箱,擀面杖,裱花袋,烤盘,烤箱。

(3)制作过程

①除黄油外其余原料一起,放入搅拌桶,用搅拌机搅拌至筋性完成后再加入软化的黄油后慢速拌匀。

②面团搅拌完成后,把面团放在操作台上,分成 10 份,逐一揉成面团,间隔一定距离放在擦油的铁烤盘上,送入温室饧发。发起 1 倍时,在每个面剂中间按成圆形凹坑。

③奶豆腐馅心调制。把黄油放入另一搅拌桶内加白砂糖,用搅拌机搅拌蓬松。加入蛋液、香草粉、柠檬汁、柠檬皮末,继续搅拌均匀,最后将奶豆腐和面粉过筛放入,拌和均匀即可。

④将奶豆腐馅心装入带圆嘴子的裱花袋里,挤在面团中间的凹坑里。

⑤在面包坯上面刷一层蛋液。

⑥将面包坯送入 200℃ 烤炉,大约 10 分钟,烤出金黄色,熟透出炉。

(4)风味特点 松软可口,有奶豆腐香味。

52. 什锦面包

(1)原料配方 富强面粉 250 克,葡萄干 25 克,葵花子 25 克,核桃仁 25 克,青梅 10 克,桃脯 25 克,苹果脯 25 克,鸡蛋 75 克,鲜酵母 20 克,盐 5 克,白糖 25 克,温水 130 毫升。

(2)制作工具或设备 搅拌桶,和面机,笔式测温计,西餐刀,饧发箱,擀面杖,烤盘,烤箱。

(3)制作过程

①把各种果料切成 1.3 厘米大小的块待用。

②把鲜酵母切碎,投进 30℃ 的温水中拌匀,投进鸡蛋、盐、白糖,搅拌均匀后再加进面粉,再搅拌均匀后,把 7 种果料加进面团内,用和面机搅拌均匀后拿出,放在案板上饧发 30 分钟。

③烤盘擦净刷油,把发好的面团搓条,揪成每个重 180 克的剂,揉成长圆形放进铁模内或揉成圆形码在烤盘时,刷一层清水,放进饧发箱 1 ~ 1.5 小时,待涨至原体积 2 倍时,送入炉烤 10 分钟(炉温 250 ~ 280℃)出炉。

④面包出炉后,刷上糖水即可。

(4)风味特点 色泽红黄油亮,松软湿润,甜软清香。

53. 果子面包

(1)原料配方 特制粉 250 克,白砂糖 45 克,精盐 3 克,酵母 3 克,鸡蛋 50 克,葡萄干 40 克,水 150 毫升。

(2)制作工具或设备 搅拌桶,搅拌机,笔式测温计,西餐刀,饧发箱,擀面杖,烤盘,烤箱。

(3)制作过程

①先将原、辅料过筛过滤,然后将面粉、酵母、水、白砂糖、鸡蛋等

放入搅拌桶中,搅拌成面团,待发酵成熟后,再把葡萄干放入和好的面团中。

②等发酵成熟后,分割面团,切成小块,揉搓成形后,装入模具。

③放入饧发箱,再次起发后,上面再刷上蛋黄液,入炉烤熟即成。

④烤炉温度185℃,烤制20分钟。

(4)风味特点　色泽金黄,具有葡萄的香味。

54. 芝士面包棍

(1)原料配方　高筋面粉300克,干酵母5克,改良剂2克,细砂糖20克,盐6克,奶粉12克,鸡蛋60克,水220毫升,黄油30克,马苏里拉奶酪50克,小葱5克,阿里根奴香草2克,他那根香草2克。

(2)制作工具或设备　搅拌桶,搅拌机,笔式测温计,西餐刀,饧发箱,擀面杖,保鲜膜,烤盘,烤箱。

(3)制作过程

①将高筋面粉、干酵母、奶粉、改良剂、盐、细砂糖、水和鸡蛋,放入搅拌桶中,用搅拌机搅拌成团后,然后加室温软化的黄油继续摔打成面筋形成即可。

②揉好的面团放到饧发箱里发酵至原来体积的2.5~3倍大。

③发酵好的面团取出,分割成8份,每份大约75克,滚圆,盖上保鲜膜松弛10分钟。

④松弛好的面团,用手掌压扁、卷起,在案板上搓成长条,粗细长短随意,排上烤盘,放到饧发箱里进行第二次发酵至原体积的2~2.5倍大。

⑤马苏里拉奶酪刨成细丝,小葱洗净切成葱花,将二次发酵完成的面条取出,刷上蛋液,撒上适量马苏里拉奶酪和葱花、阿里根奴香草、他那根香草。

⑥烤箱预热180℃,烤箱中层烤制15分钟左右。

(4)风味特点　色泽金黄,具有奶酪和香草的香味。

55.葱香芝士面包

（1）原料配方　高筋面粉 200 克,水 100 毫升,蛋 25 克,糖 10 克,酵母 4 克,盐 2 克,黄油 10 克,马苏里拉芝士碎 25 克,葱末 10 克。

（2）制作工具或设备　搅拌桶,搅拌机,笔式测温计,西餐刀,饧发箱,擀面杖,保鲜膜,烤盘,烤箱。

（3）制作过程

①将配方中除黄油、马苏里拉芝士碎、葱末等以外的原料,放入搅拌桶中混合揉成均匀的面团,然后加入黄油揉至扩展阶段。

②揉好的面团放入容器,盖上保鲜膜,放饧发箱中发酵至 2 倍大小。

③将面团压扁排气,分成均匀的四份,滚圆,盖上保鲜膜松弛 15 分钟。

④逐个将面团擀开,均匀撒上芝士碎和葱末,然后卷起,从中间切开,不要切断。

⑤切口向上翻起,整好形状排上烤盘,表面喷少许水。

⑥再次将面团放至饧发箱中发酵至 2 倍大小,刷上蛋液。

⑦烤箱预热至 175℃,中层烤 20 分钟。

（4）风味特点　色泽金黄,具有小米葱的香味。

56.酥脆面包棒

（1）原料配方　高筋面粉 200 克,白糖 15 克,盐 2 克,水 100 毫升,酵母 2 克,色拉油 10 克,鸡蛋 60 克,黑白芝麻 15 克。

（2）制作工具或设备　搅拌桶,搅拌机,笔式测温计,西餐刀,饧发箱,擀面杖,烤盘,烤箱。

（3）制作过程

①将所有材料（除鸡蛋,黑白芝麻）搅拌成团,发酵至原体积的两倍。

②将面团擀成正方形,上面涂蛋清,撒上芝麻,然后切成小条,并用手扭成卷曲状。

③烤箱预热至 180℃,烤制 15 ~ 20 分钟,上色后,关烤箱闷 10 分钟。

(4)风味特点　色泽金黄,酥脆可口。

57. 甜蜜白糖面包

(1)原料配方

①汤种配方:高筋面粉 10 克,水 50 毫升。

②面团配方:高筋面粉 250 克,白糖 100 克,酵母 2.5 克,奶粉 10 克,鸡蛋 90 克,水 75 毫升,色拉油 10 克。

(2)制作工具或设备　搅拌桶,搅拌机,笔式测温计,西餐刀,饧发箱,擀面杖,保鲜膜,烤盘,烤箱。

(3)制作过程

①汤种制作。将 10 克高筋面粉加上 50 毫升水拌成糊,放火上熬到能搅拌出圈痕,汤种晾凉后,用保鲜膜封口,保持水分。

②在搅拌机中放入高筋面粉 250 克,白糖 60 克,酵母 2.5 克,奶粉 10 克,鸡蛋 90 克,水 75 毫升(看面粉吸湿性加减),汤种全部,色拉油 10 克,搅拌 15 分钟,形成光滑的面团。

③揉好的面团放入饧发箱中发酵 30 分钟,发至原体积的 2 倍大。

④把面团拿出来,轻轻压,排出空气,用保鲜膜包裹好,放在室温下中发酵 15 分钟,面团再次蓬松。

⑤将面团取出,分成 6 个小剂子,滚圆。

⑥取一个面团擀长卷起,发酵 30 分钟,上面刷水撒粗粒白糖。

⑦烤箱 170℃,烤制 15 分钟。

(4)风味特点　色泽金黄,口感酥甜。

58. 花环面包

(1)原料配方　高筋面粉 200 克,低筋面粉 50 克,糖 40 克,盐 2 克,酵母 3 克,鸡蛋 25 克,牛奶 130 毫升,黄油 25 克。

(2)制作工具或设备　搅拌桶,搅拌机,笔式测温计,西餐刀,饧

发箱,擀面杖,烤盘,烤箱。

（3）制作过程

①将配方中除黄油以外的原料放入搅拌机,先放牛奶、蛋液,再放糖、盐,然后将面粉均匀地撒在牛奶上,不要全部没到牛奶里面去。最后在面粉中用手指或小勺挖一个洞,把酵母放进小洞里。搅拌约10分钟后把黄油放进去,一直到面团揉至扩展阶段,面团能拉出薄膜来。放入饧发箱,发至原体积2倍大。

②发酵好的面团,有一点黏手,在案板上撒些干的面粉,把面团在上面揉几下就可消除。

③面团分割成约70克/个的小剂子,以上材料大致可以分成6个,滚圆后松弛15分钟。

④松弛后的面团擀成长方形,然后压薄一个底边,从此底边开始卷起来,卷到下个底边捏紧。

⑤将面条搓长,如果不容易搓长就再松弛一会儿。

⑥松松地打一个单结,面条长的一头从单结下方穿上来,再自下而上穿过单结,与开始的那头捏紧。

⑦整形完成后放入烤盘,放入饧发箱,第二次发酵40分钟。

⑧在面包表面先薄薄地刷上一层全蛋液,再刷上一层油。

⑨预热烤箱至180℃,把面团放入烤箱,烤16分钟。

（4）风味特点 色泽金黄,环状如花。

59.汤种全麦吐司面包

（1）原料配方

①汤种配方:高筋面粉10克,水50毫升。

②面团配方:高筋面粉130克,全麦面粉140克,盐3克,糖25克,奶粉15克,速溶酵母4克,水120毫升,黄油25克。

（2）制作工具或设备 煮锅,搅拌桶,搅拌机,笔式测温计,西餐刀,饧发箱,擀面杖,保鲜膜,烤盘,烤箱。

（3）制作过程

①将汤种配方中材料入煮锅拌匀,上炉边加热边搅拌,煮至65℃

离火,成为汤种面糊,并将面糊覆盖保鲜膜(要完全贴合不留空隙)放凉备用。

②将面团配方中的原料放入搅拌桶中,加上汤种面糊搅拌至有弹性,再加黄油打至扩展接近完成阶段即可。

③将面团放入饧发箱基本发酵 60～90 分钟,至原体积的 2 倍大。

④将面团揉匀,分割成 10 个面剂,滚圆,中间发酵 10～15 分钟。

⑤将面团擀卷两次入模,最后发酵至九分满。

⑥烘烤温度:180℃,烤制 35～40 分钟。(没有加盖用上火 210℃/下火 180℃,加盖就要用上火 230℃/下火 210℃。)

(4)风味特点　色泽金黄,蓬松酥软。

60. 芝麻卷面包

(1)原料配方　高筋面粉 250 克,干酵母 3 克,细砂糖 40 克,盐 2.5 克,全蛋 25 克,牛奶 100 毫升,动物性鲜奶油 30 克,黄油 25 克。

(2)制作工具或设备　搅拌桶,搅拌机,笔式测温计,西餐刀,饧发箱,擀面杖,烤盘,烤箱。

(3)制作过程

①将面团原料中除黄油以外所有的原料放入搅拌桶中,用搅拌机揉至面团出筋,然后加入黄油,搅拌至扩展状态。

②将面团放入饧发箱中进行基础发酵。

③基础发酵结束后,将面团取出,分割成约 70 克/份的小剂子,滚圆后松弛 15 分钟。

④将松弛好的面团擀成长椭圆形,翻面后将长底边压薄。

⑤顺长边自上而下卷成条状,再搓长。(若不容易搓长就再松弛几分钟。)

⑥将面条表面刷蛋液,然后沾上芝麻。

⑦将面条先做出倒"6"的样子,然后把打圈的一边扭一下,将长的一头塞进圈中即成。

⑧整好形的面团放饧发箱中进行最后发酵。

⑨最后发酵结束后,入预热至180℃的烤箱,烤制20分钟。

(4)风味特点 色泽金黄,芝麻味香,质地松软。

61.酥香面包

(1)原料配方

①面团配方:高筋面粉200克,低筋面粉20克,细砂糖30克,盐2克,酵母粉3克,芝士粉5克,鸡蛋15克,水120毫升,无盐黄油20克。

②油酥面糊配方:无盐黄油40克,糖粉25克,低筋面粉15克。

(2)制作工具或设备 搅拌桶,搅拌机,笔式测温计,西餐刀,饧发箱,擀面杖,烤盘,烤箱。

(3)制作过程

①面团制备。除黄油外将其他原料搅拌成团,再加入无盐黄油,搅拌到可拉出透明薄膜的扩展阶段,进行基本发酵约60分钟。

②将面团放入饧发箱中发酵30分钟,至原体积2倍大左右。

③油酥面糊调制。将无盐黄油和糖粉放入搅拌桶搅打发泡蓬松,加入低筋面粉搅拌均匀即可。

④将发酵的面团揉匀,分割成几份,每份逐个用擀面杖擀匀,呈椭圆形,表面涂上油酥面糊,卷成橄榄形(卷成橄榄形后一定要把面团开口处捏紧封好,否则发酵烘烤后容易撑开。)

⑤再次放入饧发箱中发酵。

⑥刷上蛋液,以185℃,烘烤25分钟。

(4)风味特点 色泽金黄,酥香适口,松软有度。

62.椰蓉拧花面包

(1)原料配方

①汤种配方:高筋面粉20克,水100毫升。

②面团配方:高筋面粉250克,鸡蛋50克,牛奶20毫升,盐2克,奶粉30克,糖30克,酵母粉8毫升,黄油25克。

③椰蓉馅配方:椰蓉70克,黄油25克,低筋面粉10克,白糖25克,

黄油25克,蛋黄3个,吉士粉15克,熟糯米粉35克,开水20毫升。

(2)制作工具或设备　搅拌桶,搅拌机,笔式测温计,西餐刀,饧发箱,擀面杖,保鲜膜,烤盘,烤箱。

(3)制作过程

①椰蓉馅调制。白糖用少许开水溶解,加入椰蓉混合均匀静养10分钟,然后加入3个蛋黄拌均匀,加入融化好的黄油拌均匀,再加入吉士粉拌均匀,最后加入熟糯米粉混合均匀即可。

②汤种制作。将20克高筋面粉加上100毫升清水拌成糊,放火上熬到能搅拌出圈痕,汤种晾凉后,用保鲜膜封口,保持水分,做成汤种。

③在汤种中加上鸡蛋50克、牛奶20毫升、盐2克、高筋面粉250克、奶粉30克、糖30克、酵母粉8毫升,进行搅拌,大概15分钟后,面团成形,放入25克黄油,继续搅拌,直到面团能拉出薄膜。

④将揉好的面团放入饧发箱中发酵,用手指头戳一下,小坑不反弹就是发酵成功。

⑤把面团拿出来,轻轻压,排出空气,用保鲜膜包裹好,放在室温下中间发酵15分钟。

⑥将面团分割成5份,搓长压扁用擀面杖擀成片,顺长放入椰蓉馅。

⑦封口,包住馅,再将面棍搓成圆柱形。

⑧将面棍交叉,一头短,搭过去的另一头留长一些,将长端从圆扣中间穿过来,将长端向下翻折,与另一端头交接捏紧。

⑨面包坯子放入烤盘中,表面喷水,放入饧发箱中第二次发酵。

⑩发酵好的面包坯子表面抹上鸡蛋液。

⑪烤箱预热至180℃,烤30分钟。

(4)风味特点　色泽金黄,椰蓉味香。

63.海苔面包

(1)原料配方

①汤种配方:高筋面粉20克,清水100毫升。

②面团配方:高筋面粉270克,鸡蛋60克,鲜奶油40克,盐2克,酵母8毫升,海苔粉10克,黄油25克。

（2）制作工具或设备　搅拌桶,搅拌机,笔式测温计,西餐刀,饧发箱,擀面杖,保鲜膜,保鲜袋,烤盘,烤箱。

（3）制作过程

①汤种制作。将20克高筋面粉加上100毫升清水拌成糊,放火上熬到能搅拌出圈痕,汤种晾凉后,用保鲜膜封口,保持水分,做成汤种。

②在汤种内加入鸡蛋、40克鲜奶油、2克盐、270克高筋面粉、酵母8毫升、10克海苔粉,用搅拌机搅拌,面团成形后,加入25克黄油继续搅拌光滑,直到面团能拉出薄膜。

③将揉好的面团放入饧发箱中发酵,至原来体积的2倍大。

④将面团取出排出空气,装入保鲜袋中,常温松弛15分钟。

⑤将面团分割成10份,逐个用擀面杖擀成牛舌状,卷起,封口。

⑥把面包坯放入饧发箱中发酵。

⑦发酵好的面包坯子上抹蛋液,撒上芝麻。

⑧烤箱预热170℃左右,烤20~25分钟。

（4）风味特点　色泽金黄,海苔味香。

64. 黑糖全麦核桃面包

（1）原料配方　高筋面粉270克,全麦粉30克,奶粉10克,核桃瓜子粉10克,黑芝麻粉20克,鲜奶135毫升,鸡蛋50克,酵母5克,黑糖50克,盐2克,黄油30克。

（2）制作工具或设备　搅拌桶,搅拌机,笔式测温计,西餐刀,饧发箱,保鲜膜,擀面杖,烤盘,烤箱。

（3）制作过程

①鲜奶加热放温,倒入酵母搅拌均匀,制成发酵水,静置5分钟。

②搅拌桶内依次放入高筋面粉、全麦粉、奶粉、核桃瓜子粉、黑芝麻粉、鸡蛋、黑糖、盐,分次加入发酵水,用搅拌机搅拌均匀,最后加入切成小丁的黄油继续搅打,直至面团光滑。

③盖上保鲜膜,放入饧发箱内发酵至原体积大小的 2.5～3 倍。

④取出分割滚圆,盖上保鲜膜松弛 15 分钟。

⑤重新滚圆,排入烤盘,入饧发箱发酵 45 分钟。

⑥取出,筛入少许高筋粉或全麦粉。用西餐刀片划几道刀纹。

⑦放入烤箱中层以 175℃ ,30 分钟。

⑧面包出炉后自然晾凉。

（4）风味特点　色泽金黄,具有全麦和坚果仁的香味。

65．杂粮红豆面包

（1）原料配方　高筋面粉 170 克,黑裸麦预拌粉 30 克,细砂糖 25 克,盐 2 克,干酵母 3 克,鸡蛋 25 克,水 100 毫升,黄油 20 克,蜜红豆 50 克,燕麦片 35 克。

（2）制作工具或设备　搅拌桶,搅拌机,笔式测温计,西餐刀,饧发箱,擀面杖,保鲜膜,烤盘,烤箱。

（3）制作过程

①将面团原料中除黄油以外所有的原料放入搅拌桶中,揉至面团出筋,最后加入黄油,搅拌至扩展状态,成光滑的面团,能拉起薄膜。

②面团盖上保鲜膜,放入饧发箱中进行基础发酵。

③基础发酵结束后,将面团分成 2 份,滚圆后松弛 15 分钟。

④松弛好的面团擀成长椭圆形,翻面后铺上蜜红豆,自下而上卷成橄榄形。

⑤表面醮燕麦片后排入烤盘,送入饧发箱进行最后发酵。

⑥最后发酵结束后,入预热 180℃ 的烤箱中层,以上下火烤制 20 分钟。

（4）风味特点　色泽金黄,红豆味甜,燕麦味香。

66．编花面包

（1）原料配方　高筋面粉 250 克,细砂糖 35 克,盐 2 克,牛奶 100 毫升,鸡蛋 50 克,干酵母 4 克,奶油奶酪 70 克,黄油 20 克,芝士粉 15 克。

（2）制作工具或设备　搅拌桶,搅拌机,笔式测温计,西餐刀,饧发箱,擀面杖,烤盘,烤箱。

（3）制作过程

①室温软化奶油奶酪。

②将牛奶分成2份,1份与奶油奶酪一起搅匀,1份用来泡酵母。

③将除黄油、芝士粉以外的所有原料放在搅拌桶中,搅拌至面团出筋,最后加入黄油,搅拌至面筋扩展,面团表面光滑。

④将面团放在饧发箱中进行基础发酵。当面团体积膨胀至原来体积的2倍大时,手醮高筋面粉插入后小洞不回缩,基础发酵结束。

⑤将面团取出,分割成40克一份,滚圆后松弛15分钟。

⑥松弛后的面团擀成长椭圆形,翻面后沿长边自上而下卷起来,接口处捏紧,形成两头尖、中间鼓的长条。

⑦将五根面条一头捏在一起,另一头分开呈扇形。

⑧将自右向左的第1根压在第4根上面,将第5根压过刚才的第1根,然后与下面的第4根绕一下,如是反复,最后将底端捏紧。

⑨排入烤盘,送入饧发箱中进行最后发酵。

⑩发酵结束后,表面刷蛋液,撒上适量芝士粉。

⑪送入预热180℃的烤箱中层,上下火烤制15分钟。

（4）风味特点　色泽金黄,奶酪味香,形似绳花。

67. 麻花面包

（1）原料配方　高筋面粉270克,细砂糖35克,盐3克,牛奶100毫升,鸡蛋50克,干酵母4克,奶油奶酪100克,黄油35克,白芝麻25克。

（2）制作工具或设备　搅拌桶,搅拌机,笔式测温计,西餐刀,饧发箱,擀面杖,烤盘,烤箱。

（3）制作过程

①室温软化奶油奶酪。

②将牛奶分成2份,1份与奶油奶酪放在一起搅匀,1份用来泡酵母。

③将除黄油、白芝麻以外的所有原料放在搅拌桶中,搅拌至面团出筋,最后加入黄油,搅拌至面筋扩展,面团表面光滑。

④将面团放在饧发箱中进行基础发酵。当面团体积膨胀至原来体积的 2 倍大时,手醮高筋面粉插入后小洞不回缩,基础发酵结束。

⑤将面团取出,分割成 60 克一份,滚圆后松弛 15 分钟。

⑥松弛后的面团擀成长椭圆形,翻面后沿长边自上而下卷起来,接口处捏紧,形成两头尖、中间鼓的长条。

⑦将长条摆成"6"的样子,上面长出的部分穿过下面的圈。

⑧将面团向左扭一下,原来穿过圈的部分再转回来从上面穿入圆洞。

⑨排入烤盘,送入饧发箱中进行最后发酵。

⑩发酵结束后,表面刷蛋液,并饰以白芝麻。

⑪送入预热 180℃的烤箱中层,上下火烤制 18 分钟。

(4)风味特点　色泽金黄,芝麻味香,形似绳花。

68. 红枣面包

(1)原料配方　高筋面粉 250 克,砂糖 40 克,盐 2 克,鸡蛋 120 克,酵母 4 克,黄油 30 克,红枣泥 75 克,温水 100 毫升。

(2)制作工具或设备　搅拌桶,搅拌机,笔式测温计,西餐刀,饧发箱,擀面杖,保鲜膜,锡纸,烤盘,烤箱。

(3)制作过程

①酵母用温水调匀,倒入除黄油、红枣泥之外的所有原料,和成软硬适中的面团,加入黄油继续揉至面能抻出薄膜。

②盖上保鲜膜,放在饧发箱中完成初步发酵。

③面团和入红枣泥揉匀,分割成小块,搓圆,放在垫上锡纸的烤盘上,进行二次发酵约 15 分钟。

④表面刷全蛋液,180℃烤制 15 ~ 17 分钟,即可。

(4)风味特点　色泽金黄,枣香味甜。

69. 全麦酸奶面包

（1）原料配方　全麦面粉 230 克，原味酸奶 100 克，橄榄油 15 克，砂糖 35 克，温水 100 毫升，酵母 4 克，盐 2 克，黄油 15 克。

（2）制作工具或设备　搅拌桶，搅拌机，笔式测温计，西餐刀，饧发箱，擀面杖，保鲜膜，锡纸，烤盘，烤箱。

（3）制作过程

①烤箱预热至 200℃。

②酵母用温水调匀，倒入除黄油、橄榄油之外的所有原料和成软硬适中的面团，最后加入黄油和橄榄油继续揉至面能抻出薄膜。

③盖上保鲜膜，放在饧发箱中完成初步发酵。

④将面团分成 9 份，揉成圆圆的面包形状，放在烤盘里，进行二次发酵约 15 分钟。

⑤面包表面盖上锡纸，放入烤箱，以 200℃，烤 25 分钟即可。

（4）风味特点　色泽金黄，营养丰富。

70. 黄酥面包

（1）原料配方　高筋面粉 260 克，低筋面粉 110 克，奶粉 25 克，鸡蛋 1 个，水 135 毫升，盐 3 克，糖 35 克，酵母 5 克，黄油 15 克，涂抹黄油 60 克。

（2）制作工具或设备　搅拌桶，搅拌机，笔式测温计，西餐刀，饧发箱，擀面杖，保鲜膜，吐司模，烤盘，烤箱。

（3）制作过程

①将除黄油外所有材料加入搅拌机搅拌成团，约 10 分钟。

②加入 15 克黄油继续搅拌到扩展状态，上面盖一层保鲜膜放入饧发箱中进行第一次发酵。

③将面团取出分割成 5 份，整形揉圆，松弛 20 分钟。

④将面剂逐个擀成圆形片状抹上黄油，叠 3 叠擀开后再折 3 折，用刀切成 3 条，编成 3 股放入吐司模具中进行最后发酵至原体积 2 倍大。

⑤表面刷蛋液,放入预热至180℃的烤箱下层,以上下火烤制25分钟。

⑥面包出炉后刷上糖水即可。

(4)风味特点 色泽金黄,口感酥松。

71. 法式软面包

(1)原料配方 高筋面粉500克,细砂糖30克,鲜牛奶280毫升,发酵粉6克,鲜奶油60克,盐3克,草莓馅75克。

(2)制作工具或设备 搅拌桶,搅拌机,笔式测温计,西餐刀,饧发箱,擀面杖,烤盘,烤箱。

(3)制作过程

①鲜牛奶加热后放至室温,放入6克发酵粉搅匀,静置8分钟。

②将高筋面粉、发酵水、盐、细砂糖放入搅拌桶中,用搅拌机搅拌成面团,15分钟后加入鲜奶油揉至扩展阶段。

③放在饧发箱中发酵至原体积的2～2.5倍大。

④轻拍面团,揉去面团中的空气,分割滚圆,松弛20分钟。

⑤松弛完成后,擀卷成长条状,包入草莓馅料,从左卷起。

⑥烤盘内抹油,放入卷好的面团,放在饧发箱中继续发酵45分钟。

⑦取出,西餐刀上沾水,在发好的面团上划几刀,喷水。

⑧烤箱预热至170℃,烤制20分钟。

(4)风味特点 色泽金黄,口感软嫩。

72. 蓝莓软面包

(1)原料配方 高筋面粉400克,干酵母5克,温水210毫升,细砂糖60克,奶粉20克,橄榄油20毫升,盐4克,蓝莓酱75克。

(2)制作工具或设备 搅拌桶,搅拌机,笔式测温计,西餐刀,饧发箱,擀面杖,保鲜膜,烤盘,烤箱。

(3)制作过程

①酵母放在温水中稍加搅拌,静置。

②把除橄榄油外的所有材料放入搅拌桶中,搅拌均匀,倒入酵母水,形成面团后分次倒入橄榄油,搅拌成光滑的面团。

③盖上保鲜膜,放在饧发箱中发酵至原来体积的 2 倍大。

④用手掌轻压在发好的面团上,排去大部分空气,把四周的面折向中间捏紧,然后翻个。盖上保鲜膜,进行第二次发酵,面发好后再压去大部分空气。

⑤将面团分成 3 份,揉圆,盖上保鲜膜,松弛 20 分钟。

⑥将松弛好的面团压扁,用擀面杖擀成长型,在中间铺上蓝莓酱,然后卷好,排在烤盘中,进行最后一次发酵。

⑦当面团发酵成功变成理想形状时,取出烤盘,用西餐刀在面包表面划上 3 刀。

⑧放入烤箱中层,以 190℃烤制 20 分钟。

(4)风味特点 色泽金黄,口感暄软。

73. 菠萝造型面包

(1)原料配方

①面团配方:高筋面粉 300 克,奶粉 25 克,面包改良剂 3 克,水150 毫升,酵母 5 克,细砂糖 55 克,盐 3 克,鸡蛋 30 克,黄油 30 克。

②菠萝皮配方:酥油 50 克,黄油 25 克,糖粉 75 克,盐 1 克,鸡蛋45 克,奶粉 5 克,低筋面粉 125 克。

(2)制作工具或设备 搅拌桶,搅拌机,笔式测温计,西餐刀,饧发箱,擀面杖,保鲜膜,烤盘,烤箱。

(3)制作过程

①菠萝皮调制。酥油、黄油室温软化后加入糖粉和盐稍稍打发,分次加入全蛋液拌匀,最后筛入奶粉、低筋面粉拌匀即可。分成每份30 克,用保鲜膜盖好。

②面团调制。将除黄油以外全部面团原料放进搅拌机揉出筋后,加入黄油,揉到完成阶段。

③基础发酵至面团原体积的 2 倍大(约 50 分钟)。

④取出面团排气后,分割成每个面团 65 克,滚圆,中间发酵 10 分钟。

⑤发酵好的面团用手轻轻压扁排气后,再滚圆,收好收口。

⑥手上蘸些高筋面粉,取一块菠萝皮材料,按扁后覆盖在面团上,面团由外往内捏紧至菠萝皮完全覆盖上面团。

⑦捏好后用西餐刀在菠萝包上切画出格子,然后收口朝下放在烤盘上最后发酵至面团原体积的2倍大(约35分钟)。

⑧烤箱预热,在面团上刷上薄薄一层全蛋液。

⑨以175℃,烤制20分钟左右。

(4)风味特点　色泽金黄,菠萝造型,口感蓬松。

74. 菠萝水果面包

(1)原料配方　高筋面粉250克,干酵母3克,细砂糖40克,盐2.5克,鸡蛋25克,牛奶100毫升,动物性鲜奶油30克,黄油25克,菠萝片250克。

(2)制作工具或设备　搅拌桶,搅拌机,笔式测温计,西餐刀,饧发箱,擀面杖,保鲜膜,烤盘,烤箱。

(3)制作过程

①将面团原料中除黄油以外所有的原料放入搅拌桶中,搅拌至面团出筋,最后加入黄油,连摔带揉至扩展状态。

②将面团放入饧发箱中,盖保鲜膜,进行基础发酵。

③基础发酵结束后,将面团取出,分割成60克左右一份,滚圆后松弛15分钟。

④松弛后的面团压平,擀成长椭圆形,排入烤盘,送入饧发箱中进行最后发酵。

⑤最后发酵结束后,面团表面刷蛋液,再排上菠萝片。

⑥放入预热至180℃的烤箱中层,上下火烤制20分钟。

(4)风味特点　色泽金黄,菠萝味香。

75. 毛毛虫面包

(1)原料配方

①面团配方:高筋面粉540克,绵白糖86克,盐8克,干酵母6

克,鸡蛋86克,鲜奶油60克,鲜奶54毫升,汤种184克,黄油50克,水175毫升。

②奶黄馅配方:黄油50克,糖150克,蛋黄3个,牛奶130毫升,吉士粉15克,淀粉50克。

(2)制作工具或设备 搅拌桶,面包机,笔式测温计,西餐刀,饧发箱,擀面杖,保鲜膜,烤盘,烤箱。

(3)制作过程

①奶黄馅调制。将50克黄油加150克糖打散搅拌均匀,分3次加入3个蛋黄,加牛奶130毫升,筛入吉士粉15克、淀粉50克,隔水加热搅拌大概20分钟,凝结即可。

②汤种制作。将20克高筋面粉加上100毫升清水拌成糊,放火上熬到能搅拌出圈痕,汤种晾凉后,用保鲜膜封口,保持水分。

③将除黄油外所有材料放入面包机,揉15分钟后加入黄油小粒,再揉25分钟,直至面团出筋而且光滑。

④将面团放入饧发箱中发酵,至原来面团体积的2~2.5倍大。

⑤分割面团,滚圆,松弛10分钟。

⑥取一个大面团,擀成长方形,1/3处切条,放上奶黄馅,卷起来,顶端放上2粒提子干做毛毛虫眼睛。

⑦再次放入饧发箱发酵,刷上蛋液。

⑧放入烤箱以185℃烤制25分钟。

(4)风味特点 色泽金黄,口感松软,形似毛毛虫。

76. 椰蓉杏仁面包

(1)原料配方

①面团配方:高筋面粉250克,鸡蛋30克,水130毫升,奶粉15克,干酵母4克,细砂糖40克,盐2.5克,黄油20克,杏仁片35克。

②椰蓉馅配方:黄油50克、细砂糖50克、鸡蛋50克、椰蓉100克、牛奶50毫升。

(2)制作工具或设备 搅拌桶,搅拌机,打蛋器,保鲜膜,笔式测温计,西餐刀,饧发箱,擀面杖,烤盘,烤箱。

（3）制作过程

①椰蓉馅调制。将黄油室温软化，用打蛋器打均匀，然后加入细砂糖搅拌均匀，分次加入全蛋，再搅拌均匀，加入椰蓉拌匀。最后加入牛奶拌匀后稍放一会儿，让椰蓉吸足水分。

②将面团原料中除黄油和杏仁片以外所有的原料放入搅拌桶中，搅拌至面团出筋，最后加入黄油，搅拌至扩展状态。

③将面团盖上保鲜膜，放饧发箱中进行基础发酵。

④发酵结束后，将面团分割成60克左右一份，滚圆后松弛15分钟。

⑤松弛后将面团压扁，翻面后包入椰蓉馅。

⑥将包好馅后的面团压扁，用擀面杖擀成椭圆形。

⑦翻面后自上而下卷成卷，收口向下压扁扭紧。

⑧将面团对折，中间切一刀，顶部勿切断。

⑨将面团打开，任一端从开口处穿过。

⑩排入烤盘，送入饧发箱进行最后发酵。

⑪最后发酵结束后，表面刷蛋液，撒杏仁片作装饰。

⑫放入预热至180℃的烤箱中层，上下火烤制15分钟。

（4）风味特点　色泽金黄，椰蓉杏仁味香。

77. 养生黑豆面包

（1）原料配方　高筋面粉220克，黑豆粉30克，盐2克，牛奶140毫升，鸡蛋20克，酵母5克，糖50克，黄油50克。

（2）制作工具或设备　搅拌桶，搅拌机，笔式测温计，西餐刀，饧发箱，擀面杖，保鲜膜，烤盘，烤箱。

（3）制作过程

①牛奶加热后晾凉至室温，加入酵母溶解，静置5分钟。

②在搅拌桶中加入高筋面粉、黑豆粉、盐、鸡蛋、糖，分次加入酵母水，用搅拌机搅拌成团，加入软化的黄油继续搅拌至光滑有薄膜。

③盖上保鲜膜，放入饧发箱发酵，至原面团体积的2倍大左右。

④取出面团,分割成 10 份,盖上保鲜膜松弛 15 分钟。

⑤擀卷,搓圆,排入刷油的烤盘。

⑥放入饧发箱继续发酵至原面团体积的 2 倍大左右。

⑦取出,筛少许干面粉,用西餐刀划几刀,放入烤箱。

⑧以 175℃烤制 20 分钟即可。

（4）风味特点　色泽金黄,养生佳品。

78. 奶酥面包

（1）原料配方

①面团配方:高筋面粉 210 克,汤种 50 克,干酵母 3 克,细砂糖 40 克,盐 2.5 克,奶粉 20 克,黄油 35 克、鸡蛋 25 克、牛奶 135 毫升,椰蓉 25 克。

②奶酥馅配方:黄油 60 克、糖粉 50 克、鸡蛋 20 克、奶粉 60 克。

（2）制作工具或设备　搅拌桶,搅拌机,笔式测温计,西餐刀,饧发箱,擀面杖,烤盘,烤箱。

（3）制作过程

①奶酥馅调制。将黄油在室温下软化,加入糖粉搅打至颜色变白,体积变大;分 2 次加入蛋液,搅匀;加入奶粉,搅拌均匀即可。

②将面团原料中除黄油和椰蓉以外的所有原料放入搅拌桶中,揉至面团出筋。

③加入黄油,继续搅拌至扩展状态。

④将面团放入搅拌桶中,盖保鲜膜,放饧发箱中进行基础发酵。

⑤基础发酵结束后,将面团分割成 60 克左右一份,滚圆后松弛 15 分钟。

⑥松弛后将面团压扁,翻面后包入奶酥馅,收紧口。

⑦表面刷清水,均匀沾满椰蓉,排入烤盘进行最后发酵。

⑧最后发酵结束后,送入预热至 180℃的烤箱中层,上下火烤制 20 分钟。

（4）风味特点　色泽金黄,馅心酥嫩。

79. 北海道农场面包

（1）原料配方

①种子面团配方：高筋面粉500克，鸡蛋250克，糖30克，酵母10克，鲜牛奶100毫升。

②主面团配方：高筋面粉500克，砂糖220克，盐15克，酵母5克，酥油250克，奶粉40克，鲜牛奶230毫升，改良剂5克。

（2）制作工具或设备 搅拌桶，搅拌机，笔式测温计，西餐刀，饧发箱，吐司模具，烤盘，烤箱。

（3）制作过程

①种子面团调制。将种子面团配方中高筋面粉、酵母、糖、鸡蛋、鲜牛奶放入搅拌桶内搅拌至光滑，然后放入饧发箱发酵至原来面团体积的2~3倍大。

②主面团调制。把主面团配方中的高筋面粉、砂糖、酵母、奶粉、鲜牛奶、改良剂拌匀，加入种子面团慢速拌匀，然后改为快速搅打，改慢速加入酥油和盐拌匀，再改为快速直到面筋完全扩展即可。

③在饧发箱发酵30分钟后，分割成240克/个的小面团，搓圆，再次松弛15分钟。

④将面包坯装入吐司模具，饧发至7成拿出，表面刷蛋液。

⑤炉温：上火170℃，下火190℃；烘烤时间：25分钟。

（4）风味特点 色泽金黄，口感松软。

80. 家庭简易面包

（1）原料配方 高筋面粉300克，干酵母6克，砂糖15克，盐5克，鸡蛋45克，牛奶150毫升，黄油9克，鸡蛋25克。

（2）制作工具或设备 搅拌桶，搅拌机，笔式测温计，西餐刀，饧发箱，擀面杖，保鲜膜，烤盘，烤箱。

（3）制作过程

①牛奶加热后晾凉至室温，融入干酵母，静置10分钟。

②将除黄油、上光用蛋液之外的原料连同牛奶酵母液放入搅拌

桶中,用搅拌机搅拌均匀,然后加入黄油,搅打至光滑面筋扩展阶段。

③盖上保鲜膜,放入饧发箱发酵至原来体积的 2.5 倍大。

④将面团放在案板上,轻轻压掉空气,分块做成自己喜爱的面包造型。

⑤静置 10 ~ 20 分钟作为第二次发酵,等面包发至原来体积的 2 倍左右,刷上蛋液。

⑥烤箱预热至 200℃,放入面团烤制 20 分钟。

(4)风味特点　色泽金黄,造型随意,口感蓬松。

81. 鲜奶油面包

(1)原料配方　高筋面粉 220 克,细砂糖 30 克,盐 2 克,蛋黄 1 个,即溶酵母粉 3 克,动物性鲜奶油 100 克,牛奶 40 毫升,无盐黄油 25 克。

(2)制作工具或设备　搅拌桶,搅拌机,笔式测温计,西餐刀,饧发箱,擀面杖,保鲜膜,烤盘,烤箱。

(3)制作过程

①将面团原料中除黄油以外的所有原料放入搅拌桶中,揉至面团出筋。

②加入黄油,搅拌至面筋扩展状态。

③盖上保鲜膜,放饧发箱中进行基础发酵。

④基础发酵结束后,将面团取出,分割成 6 份,滚圆后松弛 15 分钟。

⑤松弛好的面团再次擀成长椭圆形,翻面后将长底边压薄。

⑥自上而下卷成条状,再搓成两头尖,中间鼓的长条。

⑦3 根面条为一组编成辫子(两头要捏紧),排入烤盘,送入烤箱进行最后发酵。

⑧最后发酵结束后表面刷蛋液。

⑨放入预热至 180℃的烤箱中层,上下火烤制 15 分钟。

(4)风味特点　色泽金黄,口味奶香,质地蓬松。

82. 自制红豆面包

（1）原料配方

①种子面团配方：高筋面粉 180 克，砂糖 10 克，鸡蛋 120 克，干酵母 3 克，牛奶 75 毫升。

②主面团配方：高筋面粉 50 克，低筋面粉 20 克，砂糖 25 克，盐 2 克，牛奶 45 毫升，黄油 35 克。

③红豆馅配方：红豆 75 克，砂糖 120 克。

（2）制作工具或设备 搅拌桶，搅拌机，笔式测温计，西餐刀，饧发箱，擀面杖，保鲜膜，烤盘，烤箱。

（3）制作过程

①红豆馅制作。红豆提前浸泡一夜，放到锅里，加适量水，加入适量砂糖共同煮至红豆达到需要的软糯程度（煮红豆的水，别加太多，能够煮到需要的程度即可），红豆煮好捞出沥水，可以再加入一些砂糖拌匀。

②种子面团调制。将制作种子面团的材料放在一起，揉成面团，放到饧发箱中发酵到原来体积的 2.5 ~ 3 倍大。

③主面团调制。将发酵好的种子面团和主面团中除黄油以外的其他材料放在搅拌桶中，搅拌揉成面团，最后再将黄油加入揉进面团中。

④将揉好的面团盖上保鲜膜，放饧发箱中松弛 30 分钟。

⑤将松弛好的面团取出，分成 6 份，取 2 份小面团，用擀面杖擀开成大小差不多的 2 个圆片，其中 1 片放上适量红豆馅，边缘的一圈不用放上，将另外 1 片圆面片盖上来，2 片圆片的接口处捏紧即可；也可以把 1 份面团擀成圆面片，其中一半上放上适量红豆馅，将另外半片盖过来，并捏紧接口处即可。

⑥整理好的面团放到饧发箱中发酵至原来体积的 2 ~ 2.5 倍大。

⑦烤箱预热至 190℃，面团表面刷全蛋液，放入烤箱中层烤制 20 分钟。

（4）风味特点 色泽金黄，馅心甜美。

83. 椰子芝麻面包

（1）原料配方

①种子面团配方：高筋面粉 400 克，糖 50 克，牛奶 185 毫升。

②主面团配方：面粉 100 克，糖 50 克，盐 6 克，奶粉 30 克，鸡蛋 60 克，水 20 毫升，黄油 50 克，芝士粉 6 克。

③椰子馅配方：黄油 20 克，糖 35 克，鸡蛋 15 克，椰丝 35 克。

④芝麻馅配方：芝麻 25 克，糖 35 克，黄油 25 克。

（2）制作工具或设备　搅拌桶，搅拌机，打蛋器，笔式测温计，西餐刀，饧发箱，擀面杖，烤盘，烤箱。

（3）制作过程

①椰子馅调制。将黄油，糖放入搅拌桶中用打蛋器拌匀，分次加入鸡蛋，最后加入椰丝拌匀即可。

②芝麻馅调制。将芝麻淘洗干净，炒熟，趁热擀成末，拌入糖、黄油。

③将种子面团的所有材料放入搅拌桶中，搅拌揉搓至拉开破裂处呈锯齿状的扩张阶段，加盖放入饧发箱中发酵至原体积的 2 倍大。

④将除黄油外的主面团材料放入搅拌桶中，加入分成小块的中种面团，揉搓均匀。

⑤加入黄油，继续搅拌至面团可以拉出薄膜的完成阶段，滚圆继续发酵至原体积的 2 倍大。

⑥将面团分成 50 克/个的小面团，分别滚圆，松弛约 15 分钟。

⑦将松弛好的小面团压扁，包入适量的芝麻馅，摆入刷油的烤盘中（注意要留有空隙让面团最后发酵至原体积的 1.5 倍大）。

⑧将最后发酵好的面包坯刷上蛋液，并均匀撒上椰子馅，放入预热至 175℃的烤箱，烤制 40 分钟即可。

（4）风味特点　色泽金黄，馅心香甜味美。

84. 木材面包

（1）原料配方

①种子面团配方：高筋面粉 200 克，低筋面粉 50 克，奶粉 20 克，

酵母4克,糖50克,盐4克,鸡蛋40克,水120毫升,黄油25克。

②主面团配方:高筋面粉230克,盐2克,黄油40克,糖50克,奶粉30克,牛奶40毫升,鸡蛋35克。

(2)制作工具或设备　搅拌桶,搅拌机,笔式测温计,西餐刀,饧发箱,擀面杖,保鲜膜,烤盘,烤箱。

(3)制作过程

①种子面团调制。把种子面团的材料除黄油外直接加入搅拌桶中,用搅拌机低速搅拌均匀,高速搅打出面筋,最后加入黄油搅拌光滑,至扩展阶段。

②盖上保鲜膜放在饧发箱中发酵至原来面团体积的2倍大。

③主面团调制。将主面团的原料放入搅拌桶,加上撕成小块的种子面团,搅打均匀成面团,同样盖上保鲜膜放在饧发箱中发酵至原来面团体积的2倍大。

④将面团揉匀,分割成大块,搓成棍型,用西餐刀切成木材块。

⑤面包坯放入刷油的烤盘中,松弛15分钟,至体积膨胀,刷上蛋液。

⑥烤箱预热至185℃后,放入面包烘烤15~30分钟。

(4)风味特点　色泽金黄,形似木材,质地松软。

85.马苏里拉奶酪面包

(1)原料配方　高筋面粉240克,干酵母3克,水160毫升,细砂糖40克,盐4克,黄油15克,马苏里拉奶酪50克。

(2)制作工具或设备　搅拌桶,搅拌机,笔式测温计,西餐刀,饧发箱,擀面杖,烤盘,烤箱。

(3)制作过程

①把除黄油以外的其他材料放在一起揉成面团,将黄油加入揉进面团,至面团完成阶段。

②揉好的面团放到饧发箱中进行第一次发酵,至原来体积的2.5倍大左右,用手掌轻轻压到面团上,排去大部分空气;再把边上的面团都折向中间,捏拢收紧,把面团拿出翻面放入容器,再次放到饧

发箱中发酵至原来体积的 2.5 倍大左右。

③将发酵好的面团取出,排去大部分空气,分割成 2 份,滚圆,盖上保鲜膜松弛 20 分钟。

④把松弛好的面团压扁,用擀面杖擀成一个长方片,放上适量马苏里拉奶酪,卷起排上烤盘。

⑤整理好的面团放到饧发箱中再次发酵,用西餐刀在每条面团上斜着划 3 刀。

⑥烤箱预热至 185℃,在面团表面喷水,放入烤箱中层烤制 25 分钟。

(4)风味特点　色泽金黄,具有奶酪的香味。

86. 奶酪白糖面包

(1)原料配方　高筋面粉 150 克,低筋面粉 110 克,白糖 60 克,盐 2 克,酵母 5 克,奶粉 10 克,杏仁粉 10 克,鸡蛋 120 克,水 10 毫升,汤种 50 克,白兰地 5 毫升,黄油 40 克,奶油奶酪 50 克。

(2)制作工具或设备　搅拌桶,搅拌机,笔式测温计,西餐刀,饧发箱,擀面杖,烤盘,烤箱。

(3)制作过程

①将除黄油外所有材料混合揉成团,揉至可以拉出薄膜,最后加入黄油揉至面团光滑有弹性;发酵至原来体积的 2.5 ~ 3 倍大。

②将发酵完成的面团排出空气,松弛 15 分钟。

③将松弛好的面团分割成小剂子滚圆,松弛 10 分钟。

④把面剂子擀成长方片,包上奶酪,卷起来整形。

⑤排进刷油的烤盘中做最后发酵,至原来体积的 2 倍大。

⑥在发酵好的面团表面刷一层水,撒上细砂糖,烤箱预热至 180℃,烤 15 ~ 20 分钟。

(4)风味特点　色泽金黄,具有奶酪的香味。

87. 南瓜面包

(1)原料配方　高筋面粉 200 克,低筋面粉 100 克,南瓜泥 120

克,汤种 90 克,水 175 毫升,酵母 6 克,盐 4 克,色拉油 35 克,糖 10 克,玉米淀粉 15 克,蜂蜜 10 克,白芝麻 10 克。

(2)制作工具或设备　搅拌桶,搅拌机,笔式测温计,西餐刀,饧发箱,擀面杖,烤盘,烤箱。

(3)制作过程

①南瓜馅调制。蒸熟的南瓜泥,拌点色拉油、糖和玉米淀粉拌匀。

②将除黄油、蜂蜜、白芝麻外的高筋面粉、低筋面粉、南瓜泥、汤种、水、酵母、盐、糖等材料混合揉成团,揉至可以拉出薄膜,最后加入黄油揉至面团光滑有弹性;发酵至原来体积的 2.5~3 倍大。

③将发酵完成的面团排出空气,松弛 15 分钟。

④将松弛好的面团擀开,包上南瓜馅。

⑤将面皮卷紧,而且收口捏紧以免爆馅。

⑥排进烤盘,发酵至原来体积的 2 倍大,刷一层蜂蜜水,撒上点白芝麻。

⑦以 180℃,烤制 15~18 分钟。

(4)风味特点　色泽金黄,南瓜馅味美,质地松软。

88. 椰蓉卷面包

(1)原料配方

①汤种配方:高筋面粉 30 克,细砂糖 6 克,热水 100 毫升,黄油30 克。

②面团配方:高筋面粉 225 克,细砂糖 35 克,牛奶 100 毫升,盐 3 克,酵母 4 克,鸡蛋 30 克,奶粉 12 克,椰蓉 25 克。

(2)制作工具或设备　搅拌桶,搅拌机,笔式测温计,西餐刀,饧发箱,擀面杖,烤盘,烤箱。

(3)制作过程

①制作汤种。将黄油切成小块,加入热水,煮至沸腾,然后加入高筋面粉和细砂糖,搅拌均匀,揉成团。放凉后表面抹油备用。

②将除椰蓉之外所有原料放在一起,加入切块的汤种面团,搅拌揉至扩展阶段。

③将面团放入饧发箱中进行基础发酵。

④基础发酵结束后,将面团翻面揉匀,分割成小份,每份 50 克左右,用擀面杖擀成椭圆形长条,然后从上往下卷紧后,松弛 15 分钟。

⑤再次放入饧发箱中发酵至原体积的 2 倍大左右。

⑥刷上蛋液,撒上椰蓉,放入烤箱以 185℃,烤制 15 分钟。

(4)风味特点　色泽金黄,表面毛茸茸,质地蓬松。

89. 精致咸面包

(1)原料配方　高筋面粉 250 克,牛奶 150 毫升,黄油 50 克,鸡蛋 60 克,酵母 5 克,各色甜椒粒 25 克,洋葱粒 25 克,盐 3 克。

(2)制作工具或设备　搅拌桶,搅拌机,笔式测温计,西餐刀,饧发箱,擀面杖,烤盘,烤箱。

(3)制作过程

①高筋面粉加牛奶、酵母、盐揉成光滑面团。

②加入黄油揉匀,放入饧发箱中发酵成原体积 2 倍大的面团。

③排净面团里的空气,分割成大小一致的面剂,然后逐个擀成椭圆形,包入蔬菜粒,卷起整形,表面撒上蔬菜粒。

④整好的面包坯放进饧发箱中进行第二次发酵。

⑤待面包坯涨大为原来体积的 2 倍大左右,表面刷全蛋液。

⑥放入烤箱以 175℃烤制 20 分钟。

(4)风味特点　金黄色泽中带有点点甜椒粒的鲜艳色彩,口味鲜甜咸香。

90. 蒜香面包

(1)原料配方

①面团配方:高筋面粉 250 克,盐 4 克,细砂糖 25 克,鸡蛋 40 克,奶粉 15 克,酵母 4 克,黄油 25 克,水 100 毫升。

②蒜香馅配方:黄油 50 克,蒜泥 15 克,盐少许。

(2)制作工具或设备　搅拌桶,搅拌机,笔式测温计,西餐刀,饧发箱,擀面杖,保鲜膜,烤盘,烤箱。

（3）制作过程

①蒜香馅调制。在室温下回软黄油,与蒜泥和盐充分搅匀即可,无须打发。

②将面团原料中除黄油以外所有的原料放入搅拌桶中,搅拌至面团出筋。

③加入黄油,继续搅拌至扩展状态。

④盖上保鲜膜放入饧发箱发酵至原来体积的2倍大左右。

⑤将面团取出后翻面对折,排气。

⑥将面团分割成8份,滚圆后放在案板上松弛15分钟。

⑦松弛后的面团擀成长条,翻面从上向下卷成橄榄形。排入刷油的烤盘中,送入饧发箱进行最后发酵。

⑧最后发酵结束后,面团表面刷蛋液,用西餐刀在表面割开口,将馅料挤在开口处。

⑨放入预热至180℃的烤箱中层,上下火烤制15分钟。

（4）风味特点　色泽金黄,蒜香浓郁,质地松软。

91. 胡萝卜杂粮面包

（1）原料配方　高筋面粉220克,杂粮粉50克,胡萝卜25克,黄油30克,温水120毫升,糖20克,盐2克,干酵母3克。

（2）制作工具或设备　搅拌桶,搅拌机,笔式测温计,西餐刀,饧发箱,擀面杖,烤盘,烤箱。

（3）制作过程

①将酵母溶于温水中,静置10分钟;胡萝卜切成小丁备用。

②将除黄油以外的各种原料混合,加入酵母水、胡萝卜小丁,用搅拌机搅拌均匀,再加入黄油,搅拌成光滑面团。

③面团密封放饧发箱中发酵至原体积的2倍大,而且用手蘸面粉,戳入面团中,有孔,且不回缩。

④将面团分为4份,滚圆,松弛15分钟。

⑤将松弛好的面团用擀面杖擀薄,然后从上而下卷成橄榄状,排放在刷油的烤盘中,继续发酵至原体积的2倍大左右。

⑥在面包坯表面刷上蛋液,烤箱预热至 180℃,上下火烤制 18 分钟。

(4)风味特点　色泽金黄,营养搭配合理,质地松软。

92. 贝果面包

贝果(Bagel)是一种环状的硬面包,外形酷似甜甜圈,贝果的最大特色就是面团在烘烤之前先用沸水略煮过,此步骤产生了贝果特有的韧性和风味。

(1)原料配方

①面团配方:面粉 500 克,细砂糖 25 克,盐 3 克,酵母 5 克,牛奶 350 毫升。

②糖水配方:细砂糖 50 克,水 1000 毫升。

(2)制作工具或设备　搅拌桶,搅拌机,笔式测温计,西餐刀,饧发箱,擀面杖,保鲜膜,烤盘,烤箱。

(3)制作过程

①牛奶加热后晾凉至室温,加入酵母溶解,静置 10 分钟备用。

②将配方中所有材料用搅拌机搅拌成团,揉至光滑不沾手,盖上保鲜膜进行基础发酵。

③将发酵好的面团取出,分割成 10 个小团,醒面 10 分钟后滚圆,再将面团擀成椭圆形面皮。

④将面皮从一边卷起,并将两头捏拢,成圆圈状。收口处必须紧合,以免烘烤时裂开,再进行 20 分钟的最后发酵。

⑤将糖水煮开,即可将发酵好的面包坯放入锅中,两面各烫 1 分钟,捞起沥干。

⑥将煮过的面团,放入烤箱以 150℃烤制约 30 分钟。

(4)风味特点　表面呈金黄色,质地坚韧。

93. 巧克力面包

(1)原料配方　高粉 250 克,酵母 5 克,盐 2 克,糖 20 克,水 110 毫升,巧克力 75 克。

（2）制作工具或设备　搅拌桶,搅拌机,笔式测温计,西餐刀,饧发箱,擀面杖,保鲜膜,烤盘,烤箱。

（3）制作过程

①巧克力隔水加热溶解,不可太热。

②将除巧克力外的材料都放入搅拌桶中,搅拌至面筋扩展后,再加入巧克力搅拌至完成。

③盖上保鲜膜发酵30分钟,至面团原来体积的2倍大。

④分成60克一份适当滚圆,不用滚太紧,盖上保鲜膜松弛20分钟。

⑤将面团擀开,从上而下卷成橄榄形,捏紧收口。

⑥排入刷油的烤盘,最后发酵,温度32℃,湿度75%。饧发完成后是原体积的3倍左右。

⑦表面刷上蛋液,用西餐刀划3刀即可烘烤。

⑧以180℃,烤制15分钟左右。

（4）风味特点　色泽浅褐,质地蓬松。

94. 香葱面包

（1）原料配方

①面团配方:高筋面粉200克,低筋面粉100克,水100毫升,鸡蛋60克,汤种75克,糖30克,盐6克,奶粉20克,酵母6克,黄油45克。

②馅心配方:葱花80克,鸡蛋60克,色拉油15克,盐2克,黑胡椒粉2克。

（2）制作工具或设备　搅拌桶,搅拌机,笔式测温计,西餐刀,饧发箱,擀面杖,保鲜膜,烤盘,烤箱。

（3）制作过程

①葱花馅调制。将配方中所有原料搅拌均匀即可。

②将黄油除外的材料依序放入搅拌机内,搅拌约10分钟后放入黄油,继续搅拌到面筋扩展面团光滑的阶段。

③面团取出盖上保鲜膜放入饧发箱发酵至原来体积的两倍。

④将面团揉匀,分割成60克/个的面剂子,搓圆后,放入饧发箱继续发酵。

⑤将面剂子逐个擀薄,抹上葱花馅心,从上而下卷成橄榄形,接口处捏紧,排入刷油的烤盘中,继续发酵为原来面团体积的2倍大。

⑥在面包坯表面刷上蛋液,用西餐刀切成十字形,即可入烤箱烘烤。

⑦烤箱温度以上火180℃,下火150℃,烤制烤15~18分钟。

(4)风味特点　色泽金黄,葱香浓郁,质地松软。

95.咖啡面包

(1)原料配方　高筋面粉250克,速溶咖啡粉30克,鸡蛋60克,黄油40克,糖40克,酵母4克,盐2克,牛奶100毫升。

(2)制作工具或设备　搅拌桶,搅拌机,笔式测温计,西餐刀,饧发箱,擀面杖,保鲜膜,烤盘,烤箱。

(3)制作过程

①把牛奶加热30秒,晾凉至室温后加入酵母溶解,静置10分钟。

②加入除黄油外的所有原料中混合,用搅拌机搅拌成团,最后加入黄油继续搅拌直至面团可以拉出薄膜。

③将面团盖上保鲜膜,放到饧发箱中发酵至原体积的2倍。

④在案板上揉成面团,分割成均匀的等份。揉成团状,进行二次发酵,发至原体积的2倍大。

⑤在面包坯上刷蛋液,放入预热至180℃的烤箱中,上下火烤30分钟。

(4)风味特点　色泽金黄,具有咖啡的香味。

96.十字面包

(1)原料配方　高筋面粉350克,白糖50克,姜粉5克,豆蔻粉1克,肉桂粉1克,盐3克,鸡蛋120克,葡萄干15克,蔓越梅15克,杏脯15克,鲜橙皮15克,牛奶180毫升,干酵母10克,无盐黄油45克。

(2)制作工具或设备　微波炉,搅拌桶,搅拌机,笔式测温计,西餐刀,饧发箱,擀面杖,保鲜膜,烤盘,烤箱。

（3）制作过程

①牛奶用微波炉加热到40~50℃（约45秒），加入干酵母，搅拌均匀后静置10分钟备用。同时，将无盐黄油也用微波炉融化，将杏脯、蔓越梅切丁，鲜橙皮切细丝。

②将所有干料全部混合起来，加入牛奶酵母液体和鸡蛋，用搅拌机搅拌成团，并且逐渐加入黄油使面团表面光滑，能拉出薄膜。

③盖上保鲜膜，放到饧发箱中，发酵到原体积的2倍大。

④取出面团，用手按出气泡，分成12等份，逐个搓圆，排在烤盘内，盖上保鲜膜，再次发酵成原体积的2倍大。

⑤用西餐刀在面包上划出十字形（划深一点，约0.5厘米），在面包上刷上蛋液。

⑥烤箱预热至190℃，烤制20分钟。

（4）风味特点 色泽金黄，十字造型，香味浓郁。

97. 香葱面包卷

（1）原料配方

①汤种配方：高筋面粉100克，糖8克，水80毫升，黄油40克。

②主面团配方：高筋面粉300克，糖50克，水160毫升，盐4克，干酵母6克，鸡蛋40克，奶粉25克，香葱粉15克。

（2）制作工具或设备 微波炉，搅拌桶，搅拌机，笔式测温计，西餐刀，饧发箱，擀面杖，保鲜膜，烤盘，烤箱。

（3）制作过程

①汤种调制。把水和黄油用微波炉煮开，关火后倒入高筋面粉和糖，快速搅拌均匀成一个面团，用保鲜膜包好放入冰箱冷藏18~24小时。

②汤种面团室温回暖放软，加上主面团中的所有材料（香葱粉除外），放入搅拌桶中，进行搅拌，直至面团光滑到面筋扩展阶段。

③将面团盖上保鲜膜放入饧发箱中发酵，等面团发到2~3倍大，用手指蘸干面粉戳洞不会很快回弹就是第一次发酵完毕。

④将面团等分成50克/个若干份，搓圆后用擀面杖擀成椭圆片，

撒上香葱粉,卷成橄榄状。

⑤成形后喷些水雾进行二次发酵,到面团涨大约1倍,表面轻按小坑不会回弹就表明二次发酵完毕。

⑥表面刷上蛋黄水(1个蛋黄加适量水调匀)待烤。

⑦放入烤箱,以185℃,烤制20分钟。

⑧面包出炉后,自然晾凉即可。

(4)风味特点 色泽金黄,香葱味香,质地松软。

98.松软手工面包

(1)原料配方 高筋面粉400克,低筋面粉80克,酵母粉10克,牛奶135毫升,黄油100克,细砂糖75克,盐3克,鸡蛋120克,蜂蜜15克。

(2)制作工具或设备 微波炉,笔式测温计,西餐刀,饧发箱,擀面杖,烤盘,烤箱。

(3)制作过程

①牛奶用微波炉加温,以手感觉温度差不多即可,不可超过40℃,以免把酵母烫死,然后把酵母粉溶于温牛奶中,静置5分钟。

②把糖、盐及在室温下化软的黄油一起打到松发,加入鸡蛋120克及蜂蜜搅拌均匀,最后把酵母奶及打松发的奶油和粉类一起搅拌,用擀面杖搅拌到非常光滑,面筋扩展均匀即可。

③将面团置于饧发箱中发酵到面团体积变大1~2倍。

④将面团分割成等份并且揉圆,在操作的时候,因面团湿黏,可以用少量高筋面粉沾手的办法使面团成形之后取出,稍微揉圆。

⑤整好形后置于饧发箱中做二次发酵,至面皮完全没有弹性。

⑥刷上全蛋液放入预热至175℃的烤箱烘焙,约20分钟即可。

(4)风味特点 色泽金黄,蓬松绵软。

99.葵花子面包

(1)原料配方 高筋面粉250克,全麦粉200克,种子面团50克(老面),砂糖15克,盐9克,干酵母8克,水260毫升,黄油50克,葵花子 100 克。

（2）制作工具或设备 搅拌桶，搅拌机，笔式测温计，西餐刀，饧发箱，擀面杖，烤盘，烤箱。

（3）制作过程

①将高筋面粉、全麦粉、种子面团慢速搅拌 1 分钟，加入砂糖、盐、干酵母、水再搅拌 2 分钟，后改用快速搅拌约 3 分钟，再加入黄油慢速搅拌 2 分钟，改用快速搅拌约 7 分钟至面团扩展完成，面团理想温度为 26℃。

②基本发酵环境温度为 28℃，相对湿度为 75%，时间为 45 ~ 60 分钟。

③将面团分割成 50 克/个，揉搓成形，刷蛋清沾上葵花子，放入饧发箱里饧发，最后饧发温度为 30℃，相对湿度为 85%，最后饧发时间为 45 ~ 60 分钟。

④烘烤温度：180℃；烘烤时间：25 ~ 30 分钟。

（4）风味特点 色泽金黄，具有葵花子的香味。

100. 芝士香葱面包

（1）原料配方 芝士碎 115 克，高筋面粉 500 克，盐 3 克，糖 10 克，干酵母 5 克，黄油 25 克，香葱碎 15 克，温牛奶 150 毫升，温水 175 毫升，鸡蛋 1 个，植物油 15 克。

（2）制作工具或设备 搅拌桶，搅拌机，笔式测温计，西餐刀，饧发箱，擀面杖，保鲜膜，烤盘，烤箱。

（3）制作过程

①将高筋面粉过筛，然后加上盐、糖、芝士碎还有香葱碎混合均匀，再加入干酵母、牛奶和水一起用搅拌机混合搅拌成柔软面团，最后加入黄油将面团搅拌 10 分钟至光滑，有弹性。

②把搅拌好的面团盖上保鲜膜，放到饧发箱中静置 1 小时，至面团发酵至原体积的 2 倍大。

③把发酵好的面团取出，再继续揉 1 分钟。把面团分成 3 份。取其中的 1 份（其余 2 份先放好备用），将这一份面团再 3 等分。每份

揉成长条状,将 3 条面团编成辫子形,两头结住。如此方法,做好另外 2 份面团。

④此时放到烤盘里盖上保鲜膜再放到温暖处等到变成原来体积的 2 倍大,就可以去掉保鲜膜入烤箱了。

⑤烤箱预热至220℃,在发酵完成的辫子面团上均匀地刷上鸡蛋液,入烤箱烤20 分钟。然后把温度降到180℃,继续烤15 分钟。如果烤制过程中发现面包表面颜色已经金黄,就注意要及时覆盖锡纸,以免面包颜色过深或烤煳。

⑥面包出炉后自然晾凉即可。

(4)风味特点 色泽金黄,具有芝士和香葱的香味。

101. 汤种椰蓉面包

(1)原料配方

①汤种配方:高筋面粉30 克,黄油10 克,水100 毫升。

②主面团配方:高筋面粉330 克,白糖25 克,黄油10 克,鸡蛋60 克,温牛奶100 毫升,酵母3 克,椰蓉25 克。

(2)制作工具或设备 搅拌桶,搅拌机,笔式测温计,西餐刀,饧发箱,擀面杖,保鲜膜,烤盘,烤箱。

(3)制作过程

①汤种调制。用100 毫升开水,冲调30 克面粉和10 克黄油,调匀后盖上保鲜膜,放掉热气以后就放到冰箱里冷藏6~10 小时备用。

②温牛奶100 毫升冲调3 克酵母,溶解均匀,静置10 分钟备用。

③将主面团配方中的所有材料(椰蓉除外)放入搅拌桶中,加上撕碎的汤种面团和酵母牛奶,搅拌均匀,直至形成光滑的面团,能用手拉出薄膜。

④盖上保鲜膜发酵至原来面团体积的 2 倍大小。

⑤取出面团,压扁排除空气,加上椰蓉卷成卷,用西餐刀切成12 份。

⑥逐个整形入烤盘,盖上保鲜膜再次发酵,至体积增大 1 倍。

⑦烤箱预热至175℃,烤制10~15 分钟。

⑧面包出炉后立刻再刷一层牛奶,晾凉即可。

(4)风味特点　色泽金黄,富有光泽,质地松软。

102. 汤种辫子面包

(1)原料配方　高筋面粉500克,牛奶180毫升,白糖60克,鸡蛋120克,黄油30克,改良剂5克,盐3克,汤种120克,干酵母5克,黑、白熟芝麻15克。

(2)制作工具或设备　搅拌桶,搅拌机,笔式测温计,西餐刀,饧发箱,擀面杖,烤盘,烤箱。

(3)制作过程

①汤种调制。用20克面粉加100克凉水搅匀,加热成浆糊状,加热时要用筷子或小勺不停地向一个方向搅动,以免起疙瘩、煳锅,然后离火晾到38℃左右。

②牛奶加热到38℃左右加入干酵母搅动一下,静置10分钟,备用。

③将高筋面粉放在搅拌桶里,加入除了黄油和黑、白熟芝麻以外的所有原料,用搅拌机搅拌均匀,最后加入黄油搅拌成光滑的面团。

④在面团上盖保鲜膜放入饧发箱中发酵,至面团原体积的2~3倍大,约2小时,温度高则快(但不能太高否则熟了),温度低则慢。

⑤把发好的面团按出气泡,分割成12个面团,每个面团搓成长条。截下1/3,放在长条的中间按一下,然后像编辫子一样将两边的往中间交叉编成辫子,最后把三个头按在一起。

⑥编好的面包生坯摆在抹油的烤盘里,上面刷上色拉油,再次放入饧发箱中发酵35~40分钟。

⑦面包坯发酵到2~3倍大时取出,刷上全蛋液,撒上黑、白熟芝麻。

⑧烤箱预热至180℃,把面包坯放进去烤制25~30分钟。

(4)风味特点　色泽金黄,辫子造型,质地蓬松。

103. 法式香蒜面包

（1）原料配方　高筋面粉280克,低筋面粉190克,盐5克,糖10克,速溶酵母10克,水210毫升,蒜泥15克,黄油35克,香蒜粉5克。

（2）制作工具或设备　搅拌桶,搅拌机,笔式测温计,西餐刀,饧发箱,擀面杖,保鲜膜,烤盘,烤箱。

（3）制作过程

①将除黄油外其他所有原料放入搅拌桶中,用搅拌机低速搅拌5分钟至均匀,然后改用快速搅拌10分钟,最后加入黄油搅拌成光滑的面团,拉开面团有薄膜。

②在饧发箱中放入面团盖上保鲜膜,进行第一次发酵,面团膨胀约1~1.5倍大。

③取出面团,揉匀分割成面剂子,每个重80克,将面团搓圆,中间发酵15分钟。

④把面团擀开为一长方形面皮,翻面把光滑面朝下,再由上而下滚成圆筒状,把面团底部接缝处捏紧。

⑤间隔放入烤盘进行最后发酵,至体积变为原来的2倍大,用西餐刀在面团表面中间划一刀。

⑥放入预热至200℃烤箱中烤20分钟。

⑦出炉趁热涂上蒜泥、黄油、再撒些香蒜粉续烤5分钟即可。

⑧面包出炉自然冷却即可。

（4）风味特点　色泽金黄,蒜香诱人。

104. 奶露面包

（1）原料配方

①面团配方:高筋面粉220克,低筋面粉50克,奶粉20克,细砂糖40克,盐3克,快速干酵母6克,鸡蛋50克,水85毫升,汤种100克,无盐黄油25克。

②表面装饰馅心配方:牛奶35毫升,吉士粉15克,无盐黄油100克,糖粉90克。

（2）制作工具或设备　搅拌桶,搅拌机,笔式测温计,西餐刀,饧发箱,擀面杖,保鲜膜,烤盘,烤箱。

（3）制作过程

①表面装饰馅心调制。将无盐黄油在室温下软化,与糖粉打发成蓬松羽毛状,加入牛奶和吉士粉打匀即可。

②将除黄油外其他所有原料放入搅拌桶中,用搅拌机低速搅拌5分钟均匀,然后改用快速搅拌10分钟,最后加入黄油搅拌成光滑的面团。

③将面团盖上保鲜膜,基本发酵约40分钟（温度28℃,湿度75%）。

④分割面剂子,每个60克,中间发酵10分钟,整成橄榄形,最后发酵约40分钟（温度38℃,湿度85%）。

⑤在面包坯表面用西餐刀划一刀,入烤箱中层以170℃烤约15分钟。

⑥出炉后放凉将装饰馅心挤入面包表面开口处。

（4）风味特点　色泽金黄,馅心软嫩,质地蓬松。

105.豆浆麦片吐司

（1）原料配方

①麦片汤种配方:燕麦片15克,高筋面粉5克,豆浆50克。

②面团材料配方:高筋面粉220克,细砂糖20克,盐1克,豆浆120克,酵母粉3克,无盐黄油20克,葡萄干50克。

（2）制作工具或设备　搅拌桶,搅拌机,笔式测温计,西餐刀,饧发箱,擀面杖,保鲜膜,橡皮刀,烤盘,烤箱。

（3）制作过程

①麦片汤种调制。将燕麦片、高筋面粉和豆浆放入锅中,用橡皮刀拌匀后,小火煮,边煮边搅拌,煮成团状,取出晾凉后,盖上保鲜膜,冷藏60分钟。

②将麦片汤种和面团材料混合,后油法揉至完全扩展阶段,放入饧发箱基本发酵80分钟。

③将面团取出滚圆,松弛 15 分钟。

④将面团擀成约 20 厘米的正方形。

⑤翻面后撒上切细的葡萄干,用手压平,然后卷成长圆柱体。

⑥切成等长的 3 份,切口朝上,放入吐司模中,最后发酵 60 分钟。

⑦发至九分满时,刷蛋液,撒上燕麦片。

⑧以 185℃烤 20~25 分钟。

（4）风味特点 色泽金黄,麦香奶香浓郁。

106. 日本超熟牛奶吐司

（1）原料配方

①汤种面团配方:高筋面粉 35 克,全脂牛奶 75 毫升,黄油 15 克,糖 2 克,盐 1 克。

②种子面团配方:高筋面粉 350 克,干酵母 2 克,全脂牛奶 185 毫升,盐 3 克,糖 10 克。

③主面团配方:高筋面粉 150 克,糖 60 克,干酵母 4 克,全脂牛奶 55 克,鸡蛋 75 克,黄油 50 克。

（2）制作工具或设备 搅拌桶,搅拌机,笔式测温计,西餐刀,饧发箱,擀面杖,烤盘,烤箱。

（3）制作过程

①汤种调制。将汤种面团配方中除面粉之外的所有材料放入锅中煮沸,离火加入面粉搅拌,揉搓均匀至形成光滑的面团状,密封,凉至室温时放入冰箱冷藏 16 小时。

②种子面团调制。将汤种从冰箱取出,撕成小块加入高筋面粉、盐、糖和酵母全脂牛奶(干酵母先用全脂牛奶浸泡静置 10 分钟)中搅拌成团。室温发酵 1 小时,密封冷藏 36 小时以上(但是不能超过 72 小时,否则面团会变酸)。

③将种子面团取出,撕成小块与高筋面粉 150 克,糖 60 克,干酵母 4 克,全脂牛奶 55 毫升,鸡蛋 75 克等搅拌至面团光滑,最后加入黄油打至完成阶段。

④将揉好的面团室温发酵 20 ~ 30 分钟。

⑤分割面团成四份,滚圆,饧 10 ~ 15 分钟(盖上保鲜膜或者湿布)。

⑥用擀面杖将面团擀开卷成卷入模,最后发酵至八分满,入炉。

⑦以 200℃,烤制 35 ~ 40 分钟。

(4)风味特点　色泽金黄,松软适度。

107.麻花形面包

(1)原料配方

①面团配方:面粉 500 克,酵母 3 克,白砂糖 20 克,牛奶 220 毫升,食盐 2 克,碎杏仁 20 克,黄油 100 克。

②表面装饰料:绵白糖 50 克,柠檬汁 15 克,烤香的杏仁片 25 克。

(2)制作工具或设备　搅拌桶,搅拌机,笔式测温计,西餐刀,饧发箱,擀面杖,烤盘,烤箱。

(3)制作过程

①将除黄油外所有面团原料放入搅拌桶中,中速搅拌形成发酵面团,最后加入黄油 20 克,搅拌均匀形成光滑的面团。

②将面团放入饧发箱,待面团发起来后分成 9 等份。

③把每份面团做成均匀的长扁圆形面条。首先,由 4 根面条编成一个宽的麻花,具体步骤如下:将面条并列排放在面板上,然后把最外面的两根面条从中间叠放在里面的面条上;然后,先把里面的 1 根面条向一面交替地放在外面在其旁边的面条上;此后,再向另一面同样编。

④把编成的宽麻花放在涂油的烤盘上,涂刷热黄油。

⑤将一个由 3 根面条正常编成的麻花放在宽麻花的上面,也涂刷液体黄油。

⑥把剩下的两根面条末端压在一起,然后旋转,形成麻花型。

⑦将由两根面条编成的麻花放在由 3 根面条编成的麻花上面,把剩余的黄油融化,大量地涂抹于叠放在一起的麻花上。

⑧用一块干净的布盖上麻花,再静置 30 分钟最后发酵。

⑨烤箱预热至 200℃,烘烤 45 ~ 50 分钟。

⑩由绵白糖和柠檬汁熬制成糖浆,刷涂在凉透的麻花形面包上。将烤香的杏仁片均匀地撒在还未变硬的糖衣上。

(4)风味特点　色泽金黄,内部松软,造型美观,糖衣诱人。

108.啤酒面包

(1)原料配方　高筋面粉500克,酵母8克,盐5克,糖10克,面包改良剂2克,黑啤酒150克,水150毫升,白瓜子100克。

(2)制作工具或设备　搅拌桶,搅拌机,笔式测温计,西餐刀,饧发箱,擀面杖,烤盘,烤箱。

(3)制作过程

①将原料倒入搅拌桶内加入原料,搅打成带筋面团,快好时加入50克白瓜子打匀即可。

②将搅打好的面团分割成10份,分别揉圆,饧发10分钟。

③整形,将面团擀开,充分排气,卷成橄榄形,表面刷水沾白瓜子。

④放入饧发箱,饧发40分钟,包体是原来的3倍大。

⑤烘烤,底火175℃,面火180℃,烘烤上色后火力改小,慢慢烘烤20分钟出炉。

(4)风味特点　外皮焦香酥脆,内部柔软适口,营养丰富。

109.甜吐司面包

(1)原料配方

①种子面团配方:高筋面粉700克,酵母10克,水350毫升,面包改良剂5克。

②主面团配方:面包专用粉300克,盐12克,水150毫升,糖28克,黄油20克,鸡蛋80克。

(2)制作工具或设备　搅拌桶,搅拌机,笔式测温计,西餐刀,饧发箱,擀面杖,烤盘,烤箱。

(3)制作过程

①种子面团调制。将所有材料置于搅拌桶内混合,搅拌至面筋

稍有扩展,面团温度要求26℃;然后于温度26C,相对湿度75%左右的环境下发酵2~4小时。

②主面团调制。将面种撕成小块,加上水、鸡蛋、糖,先拌匀,后加入面包专用粉,拌成团后加入黄油,加入盐,直至面筋充分扩展,面团温度要求28~30℃,然后于案板上盖上湿布发酵20~30分钟。

③将面团分割成100克每份,分别搓圆,中间饧发10~15分钟。

④用擀面杖将面团擀开,卷成卷,放入吐司模具中。

⑤放入饧发箱中,温度36℃,相对湿度85%~90%,时间约60分钟。

⑥烘烤180~200℃,烤制30~40分钟。

⑦将面包取出,冷却、切片、包装。

(4)风味特点 色泽金黄,外酥里软。

110. 黄油餐包

(1)原料配方

①面团配方:高筋面粉950克,低筋面粉50克,面包改良剂3克,酵母8克,砂糖200克,食盐10克,奶粉40克,鸡蛋100克,清水500毫升,黄油100克。

②牛奶装饰馅料配方:即溶吉士粉75克,炼乳50克,温开水150毫升。

(2)制作工具或设备 搅拌桶,搅拌机,笔式测温计,西餐刀,饧发箱,擀面杖,裱花嘴,烤盘,烤箱。

(3)制作过程

①牛奶装饰馅料调制。将温开水与即溶吉士粉冲成糊状再加入炼乳拌匀即可。

②面团调制。将面粉、面包改良剂、酵母、砂糖、食盐和奶粉一起放入搅拌桶中;再加入鸡蛋、清水慢速搅拌均匀,至无干粉;加入油脂先慢速搅拌1分钟,再快速搅拌2分钟,再改中速搅拌8~9分钟至面筋充分扩展,然后用慢速再搅拌1分钟完成。

③将面团放入饧发箱发酵,至原来面团体积的 2 倍大左右。

④将面团取出揉匀排气,松弛 10 分钟。

⑤将面团分割成 100 克/份,分别揉成团,放入饧发箱发酵 1 ~ 2 小时。

⑥用西餐刀在面包表面划几道纹路,用裱花嘴挤注馅料。

⑦放入烤箱,以 190℃,烤制 15 分钟。

(4)风味特点 色泽金黄,口感蓬松油润。

111. 欧风重油面包

(1)原料配方 高筋面粉 100 克,细糖 20 克,盐 2 克,全蛋 30 克,奶粉 20 克,改良剂 0.5 克,酵母 2 克,水 30 毫升,黄油 20 克。

(2)制作工具或设备 搅拌桶,搅拌机,笔式测温计,西餐刀,饧发箱,擀面杖,烤盘,烤箱。

(3)制作过程

①将高筋面粉、细糖、盐、全蛋、奶粉、改良剂、酵母、水放入搅拌桶中,搅拌至 6 ~ 7 成,黄油分两次加入搅拌,至面筋完全扩展。

②将面团放入饧发箱,发酵温度为 26 ~ 27℃,基本发酵时间为 20 ~ 30 分钟。

③将面团取出,揉匀,盖上湿布,中间发酵 20 ~ 30 分钟。

④将面团取出分割成 70 克/块,搓圆,放入饧发箱,发酵温度为 36 ~ 38℃,湿度为 75% ~ 80%,最后发酵时间为 50 ~ 60 分钟。

⑤在面包坯表面刷上蛋液,放入烤箱,以上火 190℃,下火 180℃,烤制 20 分钟。

(4)风味特点 色泽金黄,口感油润,松软适度。

112. 全麦口袋面包

(1)原料配方 细砂糖 4 克,全麦高筋面粉 180 克,食盐 4 克,干性酵母 2 克,黄油 10 克,水 104 毫升。

(2)制作工具或设备 搅拌桶,搅拌机,笔式测温计,西餐刀,饧发箱,擀面杖,烤盘,烤箱。

（3）制作过程

①将全部材料放入搅拌桶中，用搅拌机中、慢速度交叉搅拌成团，到面团光亮，面筋完全扩展。

②基本发酵，放入饧发箱，在26℃条件下发酵45分钟。

③将面团揉匀，分割成100克/份，搓圆松弛25分钟。

④用擀面杖将面团擀薄，整形成长橄榄形（扁形）放入烤盘中。

⑤室温中自然发酵，当面团发至原体积的1.8倍大时放入烤箱。

⑥烤箱预热至185℃，烤制15分钟。

（4）风味特点　色泽金黄，中空如口袋。

113. 普通辫子面包

（1）原料配方　面粉400克，黄油20克，水180毫升，糖40克，盐3克，酵母2克，蜂蜜15克。

（2）制作工具或设备　搅拌桶，搅拌机，笔式测温计，西餐刀，饧发箱，擀面杖，烤盘，烤箱。

（3）制作过程

①将除蜂蜜、黄油外的其他原料放入搅拌桶中搅拌混合揉匀揉透，置饧发箱中进行第一次发酵（约40分钟）。

②一次发酵后的面团擀成长方形厚片，切成3条，编成辫子，放进烤盘，置于饧发箱中进行第二次发酵（约1小时）。

③烤箱预热至185℃，面团表面抹油，先以底火烘烤20分钟，然后取出再次在表面刷油，转上火继续烘烤10分钟。

④烤好的面包表面刷上蜂蜜，即可。

（4）风味特点　色泽金黄具有光泽，质地蓬松美观。

114. 圣诞树面包

（1）原料配方　高筋面粉150克，酵母2克，砂糖20克，盐2克，面包改良剂2克，鸡蛋30克，黄油15克，水78毫升，提子干碎15克，水果蜜饯碎15克。

（2）制作工具或设备　搅拌桶，搅拌机，笔式测温计，西餐刀，饧发箱，擀面杖，保鲜膜，树型木制模具，烤盘，烤箱。

（3）制作过程

①将高筋面粉、砂糖、酵母、盐一起放入搅拌桶中拌匀，加入面包改良剂和鸡蛋、水慢速搅拌 3 分钟。

②面团卷起后，中速搅拌 4 分钟，加入黄油，慢速使油渗入面团，中速打成面筋扩展即可，最后慢速拌入提子干碎及水果蜜饯碎。

③将面团盖上保鲜膜，放入饧发箱发酵，基本发酵温度为 28℃，湿度为 75% ~ 80%，时间 80 分钟。

④分割成 60 克/个，滚圆，松弛 20 分钟。

⑤将面团擀开后，放入树型木制模具中压平。

⑥最后发酵温度为 38℃，湿度为 80%，时间为 50 分钟，刷蛋后放入烤箱烘焙。

⑦烘焙温度：上火 180℃，下火 200℃，烘焙时间 25 分钟。

（4）风味特点　色泽金黄，形似圣诞树造型，松软香甜。

115. 家常咸面包

（1）原料配方　高筋面粉 120 克，糖 8 克，盐 2 兔，奶粉 5 克，干酵母 1 克，改良剂 1 克，黄油 6 克，水 56 毫升。

（2）制作工具或设备　搅拌桶，搅拌机，笔式测温计，西餐刀，饧发箱，擀面杖，烤盘，烤箱。

（3）制作过程

①先将高筋面粉、糖、盐、奶粉、干酵母、改良剂等放入搅拌桶中，用搅拌机慢速搅拌 1 分钟，再加入黄油和水慢速搅拌 2 分钟，后改用快速搅拌约 8 分钟至完成。

②将面团放入饧发箱进行基本发酵，面团温度 28℃，相对湿度 75%，基本发酵时间 45 分钟。

③取出面团分割成 70 克/份的小剂子，逐个滚圆，中间饧发 15 分钟。

④造型按需要而定，最后饧发温度 38℃，相对湿度 85%，时间 45

分钟。

⑤放入烤箱,进行烘烤,以上火 200℃,下火 180℃,烘烤 12~15
分钟。

(4)风味特点　色泽金黄,口味微咸,质地松软。

116. 英国吐司

(1)原料配方　高筋面粉 240 克,细砂糖 10 克,食盐 2 克,温水
110 毫升,乳化白油 8 克,奶粉 5 克,改良剂 1 克,干性酵母 3 克。

(2)制作工具或设备　搅拌桶,搅拌机,笔式测温计,西餐刀,饧
发箱,擀面杖,烤盘,烤箱。

(3)制作过程

①首先把水与干性酵母搅拌均匀,静置 10 分钟备用。

②将高筋面粉、细砂糖、食盐、改良剂和酵母水等倒入混合搅拌
均匀成团,最后加入乳化白油搅拌均匀,形成面筋,扩展为表面光滑
的面团,面团温度 25℃。

③将面团放入饧发箱发酵至原来面团体积的 2 倍大。

④将面团分割成两份,揉匀,松弛 10 分钟。

⑤用擀面杖擀开,卷起,放入吐司模具,进行最后饧发,至体积膨
胀为原来面团体积的 2 倍大。

⑥放入烤箱,以 185℃烤制 15 分钟。

(4)风味特点　色泽金黄,蓬松酥软。

117. 月牙形奶油小面包

(1)原料配方　面粉 250 克,温牛奶 120 毫升,白砂糖 10 克,食盐
3 克,酵母 3 克,酸奶油 50 克,酸奶 150 克。

(2)制作工具或设备　搅拌桶,搅拌机,笔式测温计,西餐刀,饧
发箱,擀面杖,花钳(面点用),烤盘,烤箱。

(3)制作过程

①将所有配方原料放入搅拌桶中,用搅拌机调制成酵母发酵面团。

②将面团放入饧发箱,待面团发起来后,放在撒面粉的案板上擀

成 3~5 毫米厚的薄片,用刻面团的花钳小齿轮切成三角形。

③从宽面把小角卷起来,放在铺烘烤纸的烤盘上。

④饧发约 15 分钟,然后用刷子把加少许糖水轻轻地涂抹在月牙形面团上。

⑤烤炉预热到 180℃,烘烤约 20 分钟。

⑥出炉后,把白砂糖撒在小面包上。

(4)风味特点 色泽金黄,形似月牙,质地蓬松。

118. 家常硬式面包

(1)原料配方 高筋面粉 340 克,低筋面粉 160 克,盐 6 克,酵母 3 克,水 300 毫升。

(2)制作工具或设备 搅拌桶,搅拌机,笔式测温计,西餐刀,饧发箱,擀面杖,烤盘,烤箱。

(3)制作过程

①酵母加到温水中静置 10 分钟。

②所有粉类混合,用搅拌机搅拌揉成有弹性不沾手的面团。

③放在饧发箱中发酵 90 分钟,至面团体积膨大为原来的 2~3 倍大。

④取出面团揉出气体,分成 6 个约 150 克的面团,滚圆,盖湿布松弛 15 分钟。

⑤用擀面杖把面团擀成椭圆形。

⑥面团分 3 份,由上往中折,再由下往中折,再上下对折捏紧,搓成条形。

⑦放入饧发箱,最后发酵 50 分钟。

⑧空烤盘放进烤箱,180℃预热,往烤箱喷水(水汽能让面包表皮硬脆又有嚼劲)。

⑨面团用沾油的西餐刀划切痕,面团上撒高筋面粉,放在已预热的烤盘上,再往烤箱喷水,烤 25 分钟(面团入炉前可先盖锡纸,面团成形后再把纸取出,这样效果会更好)。

(4)风味特点 色泽金黄,表皮粗硬,口感有弹性。

119.奥地利面包

(1)原料配方　高筋面粉 1000 克,糖 80 克,盐 20 克,奶粉 50 克,干酵母 10 克,面包改良剂 3 克,黄油 50 克,鸡蛋 50 克,水 600 毫升。

(2)制作工具或设备　搅拌桶,搅拌机,笔式测温计,西餐刀,饧发箱,擀面杖,保鲜膜,烤盘,烤箱。

(3)制作过程

①将高筋面粉、糖、盐、奶粉、干酵母、面包改良剂等放入搅拌桶中,慢速搅拌 1 分钟,加上鸡蛋和水再搅拌 2 分钟,改用快速搅拌 5 分钟,最后加入黄油中速搅拌 2 分钟至完成,形成面筋、表面光滑的面团。

②将面团盖上保鲜膜,放入饧发箱基本发酵环境温度为 26℃,相对湿度为 75%~80%,基本发酵时间为 60 分钟。

③将面团取出分割,滚圆,盖上湿布中间饧发时间为 20 分钟。

④将分割的面团搓成圆锥状造型,放入饧发箱,进行最后饧发,温度 32℃,相对湿度 85%,最后饧发时间 60 分钟。

⑤放入烤箱,以上下火 210℃,烘烤 25 分钟。

(4)风味特点　色泽金黄,松软有弹性。

120.北海道牛奶吐司

(1)原料配方

①面团配方:高筋面粉 540 克,细砂糖 80 克,盐 8 克,干酵母 11 克,全蛋液 80 克,淡奶油 60 克,牛奶 50 毫升,汤种 180 克,无盐黄油 40 克。

②汤种配方:高筋面粉 40 克,水 200 毫升。

(2)制作工具或设备　搅拌桶,搅拌机,笔式测温计,西餐刀,饧发箱,擀面杖,微波炉,勺子,保鲜膜,烤盘,烤箱。

(3)制作过程

①汤种调制。200 毫升水中放入 40 克高筋粉,搅匀后用微波炉加热约 40 秒,用勺子搅面糊,如果没出现纹路就继续加热 20 秒,每次

都加热 10～20 秒,直到出现纹路即可。或者把面糊隔水加热到 60℃左右,边加热边搅,到出现纹路也可以。汤种晾凉,备用。

②面团调制。将配方中除黄油外的材料放入搅拌桶中,搅到成团后加入软化的黄油揉到面团出筋。

③一次发酵。盖保鲜膜放到饧发箱中发酵,大约体积长到 1 倍,用手指轻插进去,不凹陷也不回缩即可。

④分成 6 份,分别滚圆,盖保鲜膜中间发酵 15～20 分钟。

⑤将中间发酵完成的面团排气后擀开,成椭圆形,从上往下折 1/3 压紧,再从下往上折 1/3 后压紧,将收口朝下,面团上下擀长翻面后卷成圆柱形。

⑥收口朝下,放入吐司模发酵,发酵至八分满,刷全蛋液入烤箱烤焙。

⑦以 180℃ 烤制大约 35 分钟,表面上色后盖锡纸,防止色泽过深。

(4)风味特点　色泽金黄,内部松软。

121. 早餐包

(1)原料配方

①面团配方:面粉 1000 克,砂糖 200 克,黄油 100 克,酵母 15 克,改良剂 10 克,盐 10 克,奶粉 150 克,鸡蛋 100 克,水 450 毫升。

②馅心吉士酱配方:吉士粉 400 克,砂糖 200 克,水 1000 毫升。

(2)制作工具或设备　搅拌桶,搅拌机,笔式测温计,西餐刀,饧发箱,擀面杖,烤盘,烤箱。

(3)制作过程

①馅心调制。将水烧开,放入砂糖溶化,慢慢加入吉士粉搅拌均匀,晾凉备用。

②将全部原料放入搅拌桶中搅拌成面团。

③分成 50 克/个的小面团,搓团揉成圆球,4 个组成一个整体摆盘。

④放入饧发箱饧发约 25 分钟。

⑤将吉士酱挤好造型,进行装饰。

⑥再放入饧发箱发酵20分钟。饧发时间40分钟,温度45℃,湿度45%。

⑦烘烤温度200℃,烤制10分钟。

(4)风味特点 色泽金黄,馅心软嫩。

122.红茶味皇后吐司

(1)原料配方

①面团配方:高筋面粉800克,低筋面粉200克,糖150克,盐15克,干酵母20克,改良剂5克,超软乳化剂20克,黄油150克,水450毫升。

②红茶馅配方:红茶味预拌粉400克,水400毫升,黄油100克,蛋糕油12克。

(2)制作工具或设备 搅拌桶,搅拌机,笔式测温计,西餐刀,饧发箱,擀面杖,吐司模,烤盘,烤箱。

(3)制作过程

①红茶馅调制。先将水、黄油、蛋糕油加热至50℃,搅拌均匀,接着和红茶味预拌粉放入搅拌缸内慢速拌匀后再快速搅拌至水、油、粉完全融合即可(约3分钟);然后将馅放入方形模型内,刮平后放入0℃冰箱内冷却成形即可使用。

②面团调制。先将称好的酵母放入水中拌匀,然后将所有原料放入搅拌桶内先慢速搅拌3分钟,再快速搅拌5分钟,搅拌至八成筋度。

③将搅拌好的面团放入冰箱内冷冻至面团中心温度为0℃。

④取出面团,用擀面杖擀匀,包入600克红茶馅,三折一次,压到需要的厚度。

⑤卷成细长条,切出两条放入皇后吐司模内,发酵约70分钟即可烘烤。

⑥烘烤温度:上火190℃,下火200℃;烘焙时间约35分钟。

(4)风味特点 色泽金黄,馅心味美。

123. 葵花子皇后吐司

（1）原料配方　高筋面粉 850 克,低筋面粉 150 克,糖 150 克,盐 15 克,酵母 20 克,改良剂 5 克,超软乳化油 20 克,黄油 40 克,水 600 毫升,葵花子 25 克。

（2）制作工具或设备　搅拌桶,搅拌机,笔式测温计,西餐刀,饧发箱,擀面杖,吐司模,烤盘,烤箱。

（3）制作过程

①将所有原料(除黄油外)放入搅拌桶内先慢速搅拌 3 分钟,再快速搅拌约 3 分钟后放入黄油,再搅拌 2 分钟即可。

②将面团放入饧发箱发酵 45 分钟后,分割成 100 克/个,再松弛 20 分钟。

③整形放入皇后吐司模内,最后发酵 60 分钟。

④烘烤温度:上火 190℃,下火 200℃;烘焙时间约 35 分钟。

（4）风味特点　色泽金黄,质地松软,具有葵花子的香味。

124. 香蕉馅皇后吐司

（1）原料配方　高筋面粉 800 克,低筋面粉 200 克,糖 150 克,盐 15 克,酵母 20 克,改良剂 5 克,超软乳化剂 20 克,黄油 150 克,水 450 毫升,香蕉馅 600 克。

（2）制作工具或设备　搅拌桶,搅拌机,笔式测温计,西餐刀,饧发箱,擀面杖,烤盘,烤箱。

（3）制作过程

①先将称好的酵母放入水中拌匀。

②将所有原料放入搅拌桶内先慢速搅拌 3 分钟,再快速搅拌 5 分钟,搅拌至八成筋度。

③将搅拌好的面团放入冰箱内冷冻至面团中心温度为 0℃。

④包入 600 克香蕉馅,三折一次,压到需要的厚度。

⑤卷成细长条,切出两条放入皇后吐司模内,发酵约 70 分钟即可烘烤。

⑥烘烤温度：上火 190℃，下火 200℃；烘焙时间约 35 分钟。

（4）风味特点　色泽金黄，质地松软，香蕉味浓。

125. 日本黑糖面包

（1）原料配方

①种子面团配方：高筋面粉 700 克，水 400 毫升，酵母 10 克。

②主面团配方：高筋面粉 300 克，脱脂奶粉 20 克，黑糖 120 克，鸡蛋 50 克，食盐 20 克，焦糖 10 克，人造黄油 60 克，水 200 毫升。

（2）制作工具或设备　搅拌桶，搅拌机，笔式测温计，西餐刀，饧发箱，擀面杖，保鲜膜，烤盘，烤箱。

（3）制作过程

①种子面团调制。将配方中所有原料混合好，放入搅拌桶中，低速搅拌 2 分钟，中速搅拌 2 分钟，搅拌后面团温度为 26℃。

②主面团调制。将配方中所有原料混合好，加上种子面团，放入搅拌桶中，低速搅拌 2 分钟，中速搅拌 3 分钟，加入化软的人造黄油后再低速搅拌 1 分钟，中速搅拌 4 分钟，搅拌后温度为 28℃。

③给面团盖上保鲜膜，放入饧发箱，发酵 3 小时。

④取出面团揉匀，延续发酵时间为 15 分钟。

⑤将面团分割，形成 70 克/份，逐个搓匀。

⑥最后发酵 45 分钟，温度 38℃，相对湿度 85%。

⑦在烤炉温度 200℃下烘烤 25 分钟即可。

（4）风味特点　色泽金黄，黑糖口味。

126. 海味面包（也称南味面包）

（1）原料配方

①面团配方：面粉 500 克，葡萄干 25 克，白糖 60 克，味精 1 克，植物油 30 克，酵母 3 克，鸡蛋 70 克，盐 2 克。

②表面装饰料配方：高筋面粉 150 克，植物油 100 克，鸡蛋 25 克，白糖 50 克。

（2）制作工具或设备　搅拌桶，搅拌机，笔式测温计，西餐刀，饧发箱,擀面杖,烤盘,烤箱。

(3)制作过程

①表面装饰料调制。将配方中的原料搅拌搓匀,即可。

②面团调制。将白糖、鸡蛋、味精、盐加水和酵母等放入搅拌桶中调匀,再加面粉,搅拌均匀后加上植物油搅拌,发酵好即可。

③将面团分割成 200 克/份,先将面包搓成球,再做成鱼形面包,表面沾上装饰料,放入饧发箱再发酵。

④入烤箱前在面团表面刷上蛋液。

⑤放入烤箱,炉温在 220℃左右,烘烤时间约为 15 分钟出炉。

(4)风味特点　表皮呈金黄色,面包内主瓤起层,味道鲜美。

127. 健康无蔗糖绿茶面包

(1)原料配方　高筋面粉 900 克,面包改良剂 10 克,全麦粉 40 克,绿茶粉 40 克,水 600 毫升,酵母 10 克,黄油 10 克,食盐 10 克。

(2)制作工具或设备　搅拌桶,搅拌机,笔式测温计,西餐刀,饧发箱,擀面杖,烤盘,烤箱。

(3)制作过程

①将配方中高筋面粉、面包改良剂、全麦粉、绿茶粉、水、食盐、酵母等放入搅拌桶中,中速搅拌 10 分钟成面筋扩展的面团,最后加入黄油搅拌成表面光滑的面团。

②将面团放入饧发箱中发酵为原来面团体积的 2 倍大左右。

③取出面团揉匀,分割成 50 克/份,搓圆。

④间隔地放入烤盘中,入饧发箱发酵为原来体积的 2 倍大左右。

⑤放入烤箱,上火 175℃,下火 180℃,烘烤时间为 15 分钟。

(4)风味特点　色泽浅绿,无糖健康,松软咸香。

128. 什锦硬式面包

(1)原料配方　高筋面粉 650 克,全麦面粉 80 克,奶粉 20 克,盐 4 克,酵母 24 克,黑糖 100 克,水 450 毫升,黄油 40 克,松子仁 10 克,南瓜子仁 10 克,小米 10 克,燕麦片 25 克,核桃 50 克。

（2）制作工具或设备 搅拌桶,搅拌机,笔式测温计,西餐刀,饧发箱,擀面杖,烤盘,烤箱。

（3）制作过程

①将配方中高筋面粉、全麦面粉、奶粉、盐、酵母等放入搅拌桶中,搅拌均匀。

②然后加上黑糖和水等中速搅拌至面团有筋性,最后加入黄油搅拌均匀,形成光滑的面团。

③加上松子仁、南瓜子仁、小米、燕麦片和核桃,搅拌均匀。

④将拌匀的面团放入饧发箱发酵 20～30 分钟,然后分割成 100 克/个的小面团,搓圆。

⑤将面包坯表面以适量燕麦片沾裹装饰,等面团发酵到原体积的 1 倍大时,即可入烤箱烘焙。

⑥放入烤箱,以 185℃ 烤制 20～30 分钟。

（4）风味特点 表皮松脆芳香,内部柔软具韧性,具有浓郁的麦香味。

129. 连体面包

（1）原料配方 全麦粉 500 克,新鲜酵母 20 克,盐 4 克,温牛奶 250 毫升,切片杏仁 15 克,芝麻 15 克。

（2）制作工具或设备 搅拌桶,搅拌机,笔式测温计,西餐刀,饧发箱,擀面杖,烤盘,烤箱。

（3）制作过程

①先把新鲜酵母加入温牛奶中活化 15 分钟。

②再加入全麦粉和盐将其揉成一个有弹性的面团,静置 1～2 小时再分割成 16 个小球,搓圆。

③在每个小球上撒上一层面粉、切片杏仁和芝麻,然后将它们一个挨着一个摆成圆形。

④将成形的面团放在烤盘中,在饧发箱中发酵 30 分钟。

⑤再在 230℃ 下烘烤 20 分钟即可。

（4）风味特点 造型美观,有杏仁和芝麻的双重香味。

130. 软式法国面包

（1）原料配方　高筋面粉 500 克,细砂糖 30 克,鲜牛奶 310 毫升,发酵粉 6 克,鲜奶油 60 克,盐 3 克。

（2）制作工具或设备　搅拌桶,搅拌机,笔式测温计,西餐刀,饧发箱,擀面杖,烤盘,烤箱。

（3）制作过程

①鲜牛奶倒入微波碗中,高火加热 1 分 30 秒,取出放至室温,放入 6 克发酵粉搅匀,静置 8 分钟。

②将高筋面粉、发酵粉牛奶、盐、细砂糖等放入搅拌桶中,中速搅拌 15 分钟和成面团,进行搅拌揉至扩展阶段,最后加入鲜奶油形成光滑的面团。

③将面团放入饧发箱中发酵至原体积的 2 倍大。

④轻拍面团,拍去面团中的空气,分割滚圆,松弛 20 分钟。

⑤松弛完成后,用擀面杖擀卷成长条状,包入喜欢的馅料,从左卷起。

⑥烤盘试先抹油,放入卷好的面团。

⑦放入饧发箱中继续发酵 45 分钟。

⑧取出,西餐刀上蘸水,在发好的面团上划几刀,喷水。

⑨放入烤箱,以 170℃,烤制 20 分钟。

（4）风味特点　色泽金黄,内部质地松软。

131. 复活节的十字面包

（1）原料配方　高筋面粉 380 克,白糖 50 克,姜粉 3 克,豆蔻粉 3 克,肉桂粉 1 克,盐 2 克,鸡蛋 120 克,葡萄干 20 克,蔓越梅 20 克,杏脯 50 克,鲜橙皮 25 克,牛奶 180 毫升,干酵母 10 克,无盐黄油 45 克,清水 25 毫升。

（2）制作工具或设备　搅拌桶,搅拌机,笔式测温计,西餐刀,饧发箱,擀面杖,保鲜膜,烤盘,烤箱。

（3）制作过程

①牛奶用微波炉加热到 40 ~ 50℃（约 45 秒）,加入干酵母,搅拌

均匀后静置10分钟待用。等待时,将无盐黄油也用微波炉融化。将杏脯切丁,鲜橙皮切细丝,备用。

②将配方中所有干料全部混合起来,加入牛奶酵母液体、1个鸡蛋、1个鸡蛋清,用搅拌机中速搅拌15分钟,形成面筋扩展的面团,最后加入黄油,继续搅拌成表面光滑的面团。

③面团盖上保鲜膜,放到饧发箱中,发酵到原来体积的2倍大。

④烤盘铺上油纸,用手按出气泡,分割成12等份,排在烤盘内。盖上保鲜膜,再次发酵成原来体积的2倍大。

⑤烤箱预热至190℃。

⑥将剩余的1个蛋黄打散,加入清水25毫升,搅拌均匀。

⑦用西餐刀在面包上划出十字形(划深一点,约0.5厘米),在面包上刷上蛋液。

⑧入烤箱以185℃,烤20分钟。

(4)风味特点 色泽金黄,形为十字花形,松软适度。

132. 主食大面包

(1)原料配方 高筋面粉300克,酵母5克,盐6克,水180毫升,老面团90克。

(2)制作工具或设备 搅拌桶,搅拌机,笔式测温计,西餐刀,饧发箱,擀面杖,烤盘,烤箱。

(3)制作过程

①将高筋面粉、酵母、盐、水、老面团揉成光滑、可以拉出膜的面团,放入饧发箱发酵到原来面团体积的2～3倍大。

②取出发好的面团,压扁排气,整形成圆形,放置15分钟;再次排气、整形成圆形。

③放入饧发箱第二次发酵到原来面包坯体积的2倍大,筛上粉,用西餐刀划上几刀。

④烤箱预热至220℃,上下火烤25分钟。

(4)风味特点 色泽金黄,口感松软有弹性。

133. 英式面包

(1) 原料配方　高筋面粉 400 克,干酵母 6 克,白糖 6 克,盐 8 克,黄油 4 克,奶粉 6 克,温水 275 毫升,鸡蛋 30 克,牛奶 15 毫升。

(2) 制作工具或设备　搅拌桶,搅拌机,笔式测温计,西餐刀,饧发箱,擀面杖,保鲜膜,烤盘,烤箱。

(3) 制作过程

①黄油在室温下化软,备用。

②把高筋面粉、干酵母、白糖、盐、奶粉和温水放在搅拌桶中,用搅拌机充分和面,最少 10 分钟,如果面团太湿可以加少量面粉。

③最后加入溶化黄油充分揉匀。

④面团盖上保鲜膜,放在饧发箱中发酵最少 2 小时,体积应该是先前的 2~3 倍大。

⑤把面团按扁揉均匀,用同样方法再发酵一次。

⑥烤箱预热至 185℃,烤盘刷油,备用。

⑦将半个鸡蛋液和 15 毫升牛奶混合搅匀。

⑧面团按扁揉均匀,分割成 8 份,滚圆,表面刷一层蛋液,饧大约 15 分钟。

⑨面团表面再刷一次蛋液,入烤箱烘烤 30 分钟,或者直到把面包烤熟。

(4) 风味特点　色泽金黄,质地蓬松。

134. 法式香奶面包

(1) 原料配方　高筋面粉 200 克,低筋面粉 50 克,黄油 25 克,细砂糖 5 克,盐 5 克,速溶酵母 5 克,牛奶 155 毫升,干燥迷迭香 2 克,黑橄榄 10 颗。

(2) 制作工具或设备　搅拌桶,搅拌机,笔式测温计,西餐刀,饧发箱,擀面杖,保鲜膜,烤盘,烤箱。

(3) 制作过程

①将高筋面粉、低筋面粉、牛奶、细砂糖、盐和酵母依顺序放入搅

拌桶中,中速搅拌 10 分钟,形成面筋扩展的面团,最后加入黄油,继续搅拌至面团光滑不粘手,面皮能形成撑开不易破裂的薄膜。

②撒上干燥迷迭香,将面团揉匀成圆球状,放置于抹了一层薄油的盆中,置于饧发箱中,盖上保鲜膜做基础发酵 40 分钟。

③将面团取出拍扁,分割成 5 份,每个 80 克,分别滚圆后,盖上保鲜膜静置松弛 10 分钟。

④将面团用擀面杖擀平成上窄下宽的长形薄片,用蘸湿的刀子划开 6 道斜刀痕(如叶脉状),排放在烤盘上。

⑤用手指在面团上戳数个洞,放上切片的黑橄榄,卷起稍微压紧,盖上保鲜膜进行 30 分钟最后发酵。

⑥烤箱预热至 200℃,烤制 12 分钟。

(4)风味特点　面包表面呈现金黄色泽,松软具有奶香。

135. 椰蓉吐司

(1)原料配方

①面团配方:高筋面粉 200 克,酵母粉 5 克,炼奶 1 匙,椰奶 100 克,糖 20 克,盐 2 克,鸡蛋 1 个。

②椰馅配方:黄油 30 克,椰蓉 25 克,吉士粉 10 克,葡萄干 25 克,糖 50 克,牛奶 15 毫升。

(2)制作工具或设备　搅拌桶,搅拌机,笔式测温计,西餐刀,饧发箱,擀面杖,吐司模,保鲜膜,烤盘,烤箱。

(3)制作过程

①椰馅调制。将葡萄干切碎,加上配方中其他原料,搅拌均匀即可。

②面团调制。除了留少许的蛋奶液用来刷面团的表面,其余面团材料统统放进搅拌机的搅拌桶中,中速搅拌成面筋扩展、表面光滑的面团。

③放入饧发箱进行第一次发酵。

④发酵结束后,把面团分割成若干小份,然后擀开,抹上椰馅,卷起入土司模,盖上保鲜膜,等待二次发酵。

⑤二次发酵也结束后,在面团表面刷上蛋奶液,撒上椰蓉和少许糖。

⑥入烤箱,上下火 160~170℃,烤 20 分钟。

(4)风味特点 色泽金黄,椰奶香浓。

136. 法式小山莓面包

(1)原料配方 高筋面粉 300 克,快速酵母粉 5 克,奶粉 15 克,盐 6 克,砂糖 30 克,鸡蛋 60 克,温水 145 毫升,黄油 30 克,红莓干 60 克,白巧克力碎 15 克,椰蓉丝 25 克,刷表面用的牛奶鸡蛋水 25 毫升。

(2)制作工具或设备 搅拌桶,搅拌机,笔式测温计,西餐刀,饧发箱,擀面杖,保鲜膜,烤盘,烤箱。

(3)制作过程

①把快速酵母粉先置于温水中静置 10 分钟,待其成为酵母水备用。

②将高筋面粉、奶粉、盐、砂糖、鸡蛋加入之前的酵母水中搅拌成面团,再加入黄油,继续搅拌成光滑的面团,最后再加入红莓干揉匀。

③盖上湿布放入饧发箱发酵 30~40 分钟。

④将发酵好的面团轻轻地排气后,分割成 80 克/个的面团。

⑤盖上保鲜膜,静置 20 分钟。

⑥将面团擀成片,然后在面片上放入白巧克力碎和椰蓉丝。

⑦按照从上往下卷的原则卷好面片,封好口,整形,间隔地在放入烤盘中。

⑧放入饧发箱,再次发酵 1 小时 20 分钟。

⑨放入烤箱前用刀划 5 毫米左右的刀口,刷上蛋液。

⑩以 200℃烤制 15 分钟。

(4)风味特点 色泽金黄,质地松软,营养丰富。

137. 槐花棍子面包

(1)原料配方 高筋面粉 350 克,老面团 100 克,盐 3 克,牛奶

100 毫升,水 75 毫升,酵母粉 4 克,无盐黄油 35 克,槐花 50 克。

(2)制作工具或设备　搅拌桶,搅拌机,笔式测温计,西餐刀,饧发箱,擀面杖,保鲜膜,烤盘,烤箱。

(3)制作过程

①把高筋面粉、老面团、盐、牛奶、水、酵母粉、无盐黄油揉成光滑可拉出薄膜的面团。

②将面团盖上保鲜膜,放入饧发箱基本发酵到原体积的 2 倍大。

③取出面团分割成两块,按扁排气滚圆放置 15 分钟。

④再次排气,压扁包入槐花。

⑤整形成圆棍,进行第二次发酵,体积变为原来的 2 倍大时,筛上粉,划刀口。

⑥烤箱预热至 170℃,烤制 30 ~ 35 分钟。

(4)风味特点　色泽金黄,呈棍状,具有槐花的香味。

138. 香葱小餐包

(1)原料配方　高筋面粉 300 克,酵母 5 克,盐 3 克,糖 60 克,牛奶 125 毫升,鸡蛋 60 克,黄油 50 克,香葱花 25 克,芝麻 20 克。

(2)制作工具或设备　搅拌桶,搅拌机,笔式测温计,西餐刀,饧发箱,擀面杖,烤盘,烤箱。

(3)制作过程

①将配方中材料(除香葱花和芝麻外)放入搅拌桶中搅拌 20 分钟,把面团搅拌至面筋扩展完成阶段。

②将面团放入饧发箱,基本发酵至原体积的 2 倍大。

③用手轻拍面团,排气,松弛 15 分钟。

④分割成小团,排放在烤盘上,放入饧发箱,二次发酵 45 分钟。

⑤表面刷一层蛋液,均匀地撒上香葱花和芝麻。

⑥烤箱预热至 180℃,烤 10 ~ 12 分钟即可。

(4)风味特点　色泽金黄,葱香芝麻香浓郁。

139. 黄金面包

(1)原料配方

①面团配方:高筋面粉 540 克,干酵母 10 克,糖 90 克,盐 5 克,牛奶 120 毫升,鸡蛋 120 克,水 80 毫升,黄油 60 克。

②香酥粒配方:糖粉 20 克,黄油 20 克,低筋面粉 40 克。

③红薯馅配方:红薯 500 克,糖 100 克,牛奶 40 毫升,全蛋液 20 克。

(2)制作工具或设备　搅拌桶,搅拌机,笔式测温计,西餐刀,饧发箱,擀面杖,烤盘,烤箱。

(3)制作过程

①香酥粒调制。将所有材料一起用手揉成细粉颗粒状即可。

②红薯馅调制。将红薯蒸熟,然后放入搅拌机内,加入糖拌匀,再加入全蛋液、牛奶拌匀即可。

③面团调制。将面团配方中所有材料放入搅拌桶,中速搅拌成面筋扩展的面团,然后放入饧发箱,发酵至原来面团体积的 2 倍大。

④将面团分割成 18 个面剂子(每个约 60 克),滚圆松弛 15 分钟。

⑤将面剂子擀成扁平状,包入红薯馅,捏紧收口,朝下放入纸模中进行最后发酵,至原来面团体积的 2 倍大。

⑥在面团表面刷全蛋液,撒上香酥粒,再用剪刀剪一个小洞。

⑦放进烤箱,以 180℃烤约 20 分钟。

(4)风味特点　色泽金黄,表面酥脆,馅心甜软。

140. 布里欧修(Brioche)面包

(1)原料配方　面粉 400 克,糖 20 克,盐 3 克,酵母 3 克,牛奶 250 毫升,黄油 30 克,苹果馅 75 克。

(2)制作工具或设备　搅拌桶,搅拌机,笔式测温计,西餐刀,饧发箱,擀面杖,烤盘,烤箱。

(3)制作过程

①温牛奶中放入酵母溶解混合均匀,静置 10 分钟备用。

②搅拌桶里放面粉、糖和盐搅拌后,倒入牛奶酵母搅拌成面团,再加入黄油,将面团搅拌光滑后进行发酵。

③将面团放入饧发箱,面团发酵到原来面团体积的 2 倍左右。

④取出面团揉匀后,分成 6 等份,揉圆后盖上湿布饧发 15 分钟。

⑤将面团擀成圆形,包上苹果馅捏紧封口,朝下摆在烤模里,6 个摆成一圈中间再放个空罐头桶。

⑥将其放在饧发箱中进行最后发酵 40 分钟,至原来面包坯体积的 2 倍左右。

⑦取出面团,表面涂上蛋液,放入预热到 190℃烤箱,烤约 18 分钟。

(4)风味特点　色泽金黄,口感松软,具有浓郁的苹果香味。

第二节　花色面包

1. 奶油夹心包

(1)原料配方

①面团配方:面粉 500 克,水 250 毫升,酵母 5 克,盐 5 克,糖 100 克,鸡蛋 50 克,奶粉 25 克,改良剂 15 克。

②馅心配方:鲜奶油 100 克,即溶吉士粉 100 克,糖粉 25 克。

(2)制作工具或设备　和面机,笔式测温计,西餐刀,饧发箱,擀面杖,保鲜膜,烤盘,烤箱。

(3)制作过程

①馅心调制。将鲜奶油、糖粉 15 克和即溶吉士粉搅拌均匀成奶油吉士馅。

②面团调制。把面团配方中所有原料(改良剂除外)放入搅拌桶中,一起低速搅拌 5 分钟,然后高速搅拌 8 分钟。加入改良剂再低速搅拌 2 分钟,高速搅拌 5 分钟,形成均匀光滑的面团,搅拌完成的面团理想温度为 28℃。

③将面团盖上保鲜膜放入饧发箱基本饧发 20 分钟,至原来面团

体积的 2 ~ 3 倍大。

④将面团揉匀,分割成 60 克/个,搓圆后松弛 15 分钟。

⑤将面团揉匀,搓成长条并拧扭成形,放入饧发箱继续发酵(温度 30℃,相对湿度 80%)。

⑥在面包坯表面刷上蛋液,放入烤箱,以上火 190℃,下火 190℃,烤制 15 分钟。

⑦冷却后,将面包切开一边口,挤入奶油吉士馅,撒上糖粉。

(4)风味特点　色泽金黄,馅心嫩黄,蓬松细腻。

2. 布鲁面包

(1)原料配方

①面团配方:高筋面粉 500 克,低筋面粉 100 克,盐 6 克,白糖 100 克,酵母 7 克,蛋黄 100 克,黄油 50 克,改良剂 5 克,水 250 毫升。

②馅心配方:低筋面粉 200 克,鸡蛋 80 克,色拉油 80 克,蓝莓酱 180 克。

(2)制作工具或设备　和面机,笔式测温计,西餐刀,饧发箱,擀面杖,保鲜膜,烤盘,烤箱。

(3)制作过程

①馅心调制。将鸡蛋打开,略打发膨松,加入低筋面粉拌匀,然后加入蓝莓酱和色拉油调拌均匀。

②面团调制。将配方中所有原料(除黄油外)一起低速搅拌 3 分钟,然后高速搅拌 7 分钟,面筋扩展至 80%,最后加入黄油,低速搅拌均匀,使面筋扩展至 95% ~ 100%,面团温度为 28℃。

③将面团盖上保鲜膜放入饧发箱饧发 20 分钟。

④将面团分割、搓匀、再松弛 20 分钟。

⑤再次搓匀,滚圆,最后饧发 30 分钟,温度 35℃,相对湿度 75% ~ 80%,至原来面团体积的 2 倍大。

⑥在面包坯表面用西餐刀划一刀,在其中挤注馅心填充装饰。

⑦放入烤箱烘烤,上火 200℃,下火 180℃,时间约 15 分钟。

(4)风味特点　色泽金黄,馅嫩味美。

3. 柠檬奶露面包

（1）原料配方

①面团配方：高筋面粉 500 克，水 250 毫升，酵母 5 克，盐 5 克，白糖 90 克，黄油 50 克，鸡蛋 50 克，奶粉 15 克，改良剂 2 克。

②馅心配方：即溶吉士粉 50 克，黄油 100 克，牛奶 200 毫升。

（2）制作工具或设备　和面机，笔式测温计，西餐刀，饧发箱，擀面杖，保鲜膜，裱花袋，烤盘，烤箱。

（3）制作过程

①馅心调制。把即溶吉士粉放到牛奶中快速搅拌，放置 10 分钟让其充分吸水，然后快速搅拌至面糊光滑；然后将在室温下化软的黄油加入其中，快速搅拌成光滑面糊，即可。

②面团调制。将面团部分的所有原料（黄油除外）一起搅拌均匀，先高速搅拌 4 分钟，加入黄油慢速拌匀，然后高速搅拌 2 分钟以上，直至面筋充分扩展。

③将面团盖上保鲜膜，放入饧发箱基本发酵 20 分钟。

④将面团取出分割成面剂子，滚圆，松弛 20 分钟。

⑤将搓匀的面剂子造型，最后继续放入饧发箱饧发 90 分钟。

⑥烘烤前用西餐刀在面包坯上划几道纹路，放入烤箱烘烤，上火 180℃，下火 190℃，烤制 25 分钟。

⑦出炉后趁热用裱花袋挤注馅心于面包表面，即可。

（4）风味特点　色泽金黄，面包松软，馅心软嫩。

4. 草莓忌廉包

（1）原料配方

①面团配方：高筋面粉 500 克，水 250 毫升，酵母 5 克，盐 5 克，糖 90 克，鸡蛋 50 克，黄油 50 克，奶粉 15 克，改良剂 3 克。

②馅心配方：即溶吉士粉 50 克，黄油 100 克，草莓果酱 200 克，牛奶 150 毫升。

（2）制作工具或设备　和面机，笔式测温计，西餐刀，饧发箱，擀面杖,裱花袋,烤盘,烤箱。

(3)制作过程

①馅心调制。把即溶吉士粉放到牛奶中快速搅拌,放置10分钟让其充分吸水,然后快速搅拌至面糊光滑;然后将在室温下化软的黄油和草莓果酱加入其中,快速搅拌成光滑面糊,即可。

②面团调制。所有原料(黄油除外)一起低速搅拌2分钟,然后高速搅拌4分钟;加入黄油低速拌匀,再转高速搅拌1分钟,直至面筋充分扩展,面团理想温度为28℃。

③让面团放入饧发箱发酵20分钟,分割、滚圆,再发酵20分钟。

④将面包剂子搓圆造型,最后饧发100分钟,饧发温度为38℃,相对湿度为80%。

⑤烘烤前用西餐刀在面包坯上划几道纹路,放入烤箱烘烤,上火200℃,下火180℃,烤制时间约18分钟。

⑥出炉后趁热用裱花袋挤注馅心于面包表面,即可。

(4)风味特点　色泽金黄,面包松软,馅心软嫩。

5.香蕉味面包

(1)原料配方

①面团配方:高筋面粉500克,水250毫升,酵母5克,盐5克,糖90克,黄油40克,鸡蛋50克,奶粉15克,改良剂3克。

②表面装饰馅心配方:玉米淀粉15克,低筋面粉10克,黄油200克,盐1克,水110毫升,香蕉果馅180克,即溶吉士馅100克。

(2)制作工具或设备　和面机,笔式测温计,西餐刀,饧发箱,擀面杖,裱花袋,烤盘,烤箱。

(3)制作过程

①馅心调制。将玉米淀粉、即溶吉士馅、低筋面粉、黄油、盐拌匀,再分次加入水拌匀,最后加入香蕉果馅搅拌均匀待用。

②面团调制及烘烤方法同4.草莓忌廉包。

(4)风味特点　色泽金黄,面包松软,馅心软嫩。

6.奶酪豌豆面包

（1）原料配方　高筋面粉 350 克,牛奶 70 毫升,盐 3 克,糖 15 克,酵母 8 毫升,奶粉 30 克,黄油 30 克,水 150 毫升,奶酪片 25 克,豌豆粒 15 克,色拉油 15 克。

（2）制作工具或设备　微波炉,和面机,笔式测温计,西餐刀,饧发箱,擀面杖,保鲜膜,烤盘,烤箱。

（3）制作过程

①汤种调制。将 50 克高筋面粉加上 150 毫升开水拌匀,放微波炉里转 10 秒取出搅拌,再转 10 秒,直到拌出纹路为止。

②依次往搅拌机里放牛奶、盐、糖、高筋面粉、酵母、奶粉、全量汤种,搅拌 15 分钟后,放入黄油,再次搅拌成光滑的面团。

③给面团盖上保鲜膜放入饧发箱发酵 20 分钟,直至按一个坑不反弹就取出来。

④将面团取出揉匀,揉成长条,分成 8 个小剂子,滚圆,用西餐刀割一个大口子,放在烤盘上,喷些清水,放入饧发箱继续发酵 20 分钟。

⑤奶酪片切成小丁,与切碎的豌豆粒拌匀,撒在面包剂的刀口子上,再用少许牛奶和色拉油拌匀后涂抹在面包坯上。

⑥烤箱预热后,以上下火 190℃,烤 20 分钟左右。

（4）风味特点　色泽金黄,奶酪和豌豆味香。

7.意大利黑橄榄面包

（1）原料配方　高筋面粉 500 克,橄榄油 30 克,盐渍黑橄榄 100 克,温水 250 毫升,干酵母 3 克,盐 3 克。

（2）制作工具或设备　搅拌桶,和面机,笔式测温计,西餐刀,饧发箱,擀面杖,保鲜膜,烤盘,烤箱。

（3）制作过程

①把干酵母溶于温水中,水温不可超过 40℃,以免把酵母烫死。

②将除黄油和盐渍黑橄榄外其他原料放入搅拌桶中,用手搅拌直至面筋出现,最后加入黄油揉拌光滑。

③将面团放入饧发箱发酵到面团变大 1.5 倍,之后取出,稍微揉圆,松弛 10 分钟。

④把黑橄榄略微切碎,然后揉入面团里。揉好后,把面团分成 2 份,每 1 份都擀匀成椭圆形的饼。

⑤盖上保鲜膜,静置直到体积增大 1 倍,至面皮完全没有弹性(以手指轻触,不回弹)。

⑥刷上全蛋液放入预热至 175℃ 的烤箱烘焙,约 18 分钟。

⑦面包出炉,自然晾凉即可。

(4)风味特点　色泽金黄,蓬松香甜。

8. 双色面包

(1)原料配方

①白面团配方:高筋面粉 125 克,奶粉 15 克,糖 15 克,干酵母 2 克,盐 1.5 克,牛奶 50 毫升,汤种 40 克,黄油 15 克。

②可可面团配方:高筋面粉 125 克,奶粉 15 克,糖 15 克,干酵母 2 克,盐 1.5 克,牛奶 60 毫升,汤种 40 克,可可粉 15 克,黄油 15 克。

(2)制作工具或设备　搅拌桶,和面机,笔式测温计,西餐刀,饧发箱,擀面杖,烤盘,烤箱。

(3)制作过程

①汤种调制。另取 20 克高筋面粉与 100 毫升冷水调匀,小火加热,不停搅拌,熬制成面糊,搅拌的时候会有纹路出现即可,称量出两份 40 克,分别加入到白面团和可可面团中。

②把白面团配方中除黄油以外的所有材料揉成面团,再加入黄油揉进面团,至面团光滑即到完成阶段。可可面团同白面团一样操作。

③分别将揉好的面团放到饧发箱中进行第一次发酵,至原来面团体积的 2.5 ~ 3 倍大。

④分别将发酵好的面团取出,擀成两个长方片,白色的比可可色稍大一点点,然后把可可色的面片放在白色面片上,卷起。

⑤卷好的面团放到饧发箱中进行第二次发酵,至原来面团体积的 2 ~ 2.5 倍大。

⑥烤箱预热至185℃,面团表面刷全蛋液,入烤箱中层烤制15分钟。

(4)风味特点　双色双味,质地膨松。

9.酒香葡萄面包

(1)原料配方　高筋面粉350克,奶粉25克,白糖50克,干酵母5克,汤种95克,鸡蛋60克,牛奶85毫升,盐2克,黄油30克,红酒25克,葡萄干50克。

(2)制作工具或设备　搅拌桶,和面机,笔式测温计,西餐刀,饧发箱,擀面杖,保鲜膜,烤盘,烤箱。

(3)制作过程

①酒香葡萄泡制。将葡萄干洗净,用红酒泡制20分钟。

②汤种调制。另取20克高筋面粉与100毫升冷水调匀,小火加热,不停搅拌,熬制成面糊,搅拌的时候会有纹路出现即可。汤种晾凉后,用保鲜膜封口,保持水分。

③先在和面机中放入全部汤种、鸡蛋、牛奶、盐,再放入高筋面粉、奶粉、白糖、干酵母,搅拌15分钟,然后将30克黄油切碎放入,继续搅拌揉面,35分钟之后停止,此时面团光滑、面筋形成。

④将揉好的面团盖上保鲜膜,放入饧发箱发酵,直至用手指头戳一下,小坑不反弹就是发酵成功了。

⑤把面团拿出来,轻轻压压,排出空气,用保鲜膜包裹好,放在室温下发酵15分钟。

⑥将面团取出,轻轻按压,再次排气,然后分割成四个面剂,取其中之一擀成长条状,将酒香葡萄撒在长面片上。

⑦从面片一头卷起成圆桶状,再轻轻擀大一点,将两头翻转捏死封口即可,烤盘上垫锡纸,将面包坯子放入饧发箱进行第二次发酵。

⑧取出,刷上蛋黄液,放入预热至200℃的烤箱烤20分钟即可。

(4)风味特点　色泽金黄,充满酒香。

10.荞麦芝麻面包

(1)原料配方　荞麦面粉100克,高筋面粉150克,黑芝麻粉20

克,速溶燕麦片 15 克,酵母 3 克,黄油 25 克,鸡蛋 60 克,盐 3 克,糖 30 克,温水 75 毫升。

(2)制作工具或设备　搅拌桶,和面机,笔式测温计,西餐刀,饧发箱,擀面杖,保鲜膜,烤盘,烤箱。

(3)制作过程

①酵母放入少许温水(60 毫升左右)溶解,静置 10 分钟,备用。

②将荞麦面粉、高筋面粉、黑芝麻粉和一半的速溶燕麦片放入搅拌桶,混合在一起,加入盐、鸡蛋混合均匀,然后加入酵母水,放入糖融化,慢慢倒入面粉里面,边倒入边搅拌,最后加入黄油搅拌,直至形成面筋而且表面光滑的面团。

③将面团盖上保鲜膜,放入饧发箱室温发酵到原体积的两倍。

④面团发酵好后取出,用擀面杖压出里面的气泡,分割成合适大小的面剂子。

⑤烤盘内涂油,将搓圆的面包坯间隔地放在烤盘上,再放入饧发箱发酵 30 分钟,表面上撒上燕麦片。

⑥烤箱预热至 170℃,上下火烤 8 分钟后,改下火 150℃烤 5 分钟,直到烤熟为止。

(4)风味特点　色泽金黄,表面粗糙厚重,内部松软。

11.咖啡核桃仁面包

(1)原料配方　高筋面粉 300 克,温水 60 毫升,即溶咖啡 100 毫升,红糖 20 克,盐 1.5 克,酵母 3 克,黄油 25 克,核桃仁 50 克。

(2)制作工具或设备　搅拌桶,和面机,笔式测温计,西餐刀,饧发箱,擀面杖,烤盘,烤箱。

(3)制作过程

①把酵母放入温水里搅拌充分溶解后,静置 10 分钟备用。

②在搅拌桶中加入高筋面粉、即溶咖啡、红糖和盐慢慢拌匀,加入酵母水,用搅拌机低速搅拌均匀,然后高速搅打出面筋,最后加入黄油低速搅拌均匀形成光滑的面团。

③放在饧发箱中发酵到原体积的 2 倍大,时间根据温度而定。

④将面团取出用手挤压出里面的气泡,揉 5 分钟,分成 2 块,用擀面杖擀开,撒上核桃碎仁,然后卷起来,两头收口。

⑤烤盘里面涂油,将面包坯间隔放入,上面用西餐刀割几道痕,再发酵至原来面团体积的 2 倍大,发酵好了,上面撒上少许面粉。

⑥烤箱预热至 180℃,烤制 20 分钟。

(4)风味特点　色泽为咖啡色,口感粗糙膨松。

12. 香菜芝士面包

(1)原料配方　高筋面粉 400 克,糖 20 克,盐 2 克,酵母 3 克,牛奶 200 毫升,鸡蛋 60 克,黄油 30 克,芝士碎 20 克,香菜 15 克,椒盐 3 克,黑胡椒 2 克,芝麻 15 克,蛋液 25 毫升。

(2)制作工具或设备　搅拌桶,和面机,笔式测温计,西餐刀,饧发箱,擀面杖,保鲜膜,烤盘,烤箱。

(3)制作过程

①在搅拌桶中加入高筋面粉、糖、盐、酵母、牛奶、鸡蛋等原料,用搅拌机搅拌均匀,先低速搅拌 3 分钟,后高速搅拌 10 分钟,最后加入黄油,低速搅拌均匀形成光滑的面团。

②取一张保鲜膜盖在面团上,在饧发箱中发酵到原来面团体积的 1.5~2 倍大。

③香菜洗净,沥干水分,切成小段,备用。

④将面团取出揉匀,擀成长方形,涂上一层色拉油,撒上椒盐和黑胡椒粉,再撒上一层芝士碎,最后撒上香菜末。

⑤分切成 8 等份长条,分别卷起来。

⑥烤盘里面涂油,将面包坯间隔放入,再次发酵到原来面团体积的 1.5~2 倍大。

⑦表面刷上鸡蛋液,均匀撒上芝麻。

⑧入烤箱以 170℃,烤 15~20 分钟,表面变为金黄色即可。

(4)风味特点　色泽金黄,口味咸鲜,更具有香菜的异香。

13. 健康面包

（1）原料配方　全麦粉 150 克，高筋面粉 150 克，牛奶 130 毫升，鸡蛋 60 克，橄榄油 35 克，木糖醇 50 克，发酵粉 3 克，黑芝麻 25 克。

（2）制作工具或设备　搅拌桶，和面机，笔式测温计，西餐刀，饧发箱，擀面杖，烤盘，烤箱。

（3）制作过程

①将发酵粉用少许牛奶溶解后静置 10 分钟，鸡蛋打散备用。

②将全麦粉、高筋面粉、牛奶、溶解的发酵粉、蛋液和木糖醇放在一起搅拌均匀。

③加入橄榄油和黑芝麻继续搅拌，直到把面团搅拌到非常均匀，延展性很好时才行。

④面团放入饧发箱发酵 1 小时，至面团原体积的 2 倍大左右。

⑤将发酵好的面团用手挤压，排出空气，分割成三块，揉成圆球继续发酵 15 分钟。

⑥二次发酵好的面团再一分为二，将每一小块面擀成牛舌状，卷起，再擀开，卷好后放入烤盘，共做 6 个面包坯。

⑦将码好面包坯的烤盘放入饧发箱发酵 1 小时。

⑧将烤盘取出，把蛋液刷在面包坯的表面，撒上少许芝麻。

⑨将烤箱预热到 180℃，烤 20 分钟左右即可。

（4）风味特点　色泽金黄，口感膨松，芝麻味香。

14. 椰蓉提子面包

（1）原料配方　高筋面粉 300 克，糖 50 克，盐 3 克，干酵母 2 克，牛奶 75 毫升，椰奶 45 克，黄油 50 克，鸡蛋 120 克，椰蓉 15 克，提子干 35 克。

（2）制作工具或设备　搅拌桶，和面机，笔式测温计，西餐刀，饧发箱，擀面杖，保鲜膜，烤盘，烤箱，微波炉。

（3）制作过程

①馅心调制。将提子干切碎加上碎椰蓉和鸡蛋 1 个，黄油 15 克，

糖 15 克,搅拌成馅。

②将牛奶、椰奶放在一起,用微波炉转 20 秒,温热,加糖、酵母,搅拌溶化,静置 10 分钟备用。

③将面粉过筛,加盐、鸡蛋,用溶好的牛奶和面,搅拌成面团以后,分几次加入黄油 35 克,一直搅拌至光滑。

④然后将面团盖上保鲜膜放在饧发箱中发酵至面团原体积的 2 倍大。

⑤将面团取出揉匀,放出气泡,分割成面剂子。

⑥用擀面杖将面剂子擀开,放上馅心包好,卷成卷成型。

⑦将面包坯放入饧发箱再次发酵至面团原体积的 2 倍大左右。

⑧烤箱预热至 180℃,烤 20 分钟即可。

(4)风味特点 色泽金黄,馅心味香。

15. 一口面包

(1)原料配方 高筋面粉 350 克,砂糖 30 克,盐 4 克,酵母粉 5 克,汤种 50 克,水 125 毫升,鸡蛋 45 克,熟地瓜泥 80 克,炼乳 18 克,黄油 30 克,红豆沙馅 50 克,黑白芝麻 15 克。

(2)制作工具或设备 搅拌桶,和面机,笔式测温计,西餐刀,饧发箱,擀面杖,保鲜膜,烤盘,烤箱,微波炉。

(3)制作过程

①将水放入碗中,用微波炉转 20 秒,温热,然后加糖和酵母,搅拌溶化,静置 10 分钟备用。

②将除黄油、红豆沙馅、黑白芝麻外其他所有原料放入搅拌桶中,用搅拌机进行搅拌,直至形成面筋,加入黄油搅拌成光滑的面团。

③将面粉过筛,加盐加鸡蛋,用溶好的牛奶和面,搅拌成面团以后,分几次加入黄油,一直搅拌至光滑。

④将面团盖上保鲜膜放在饧发箱中发酵至面团原体积的 2 倍大。

⑤将面团取出揉匀,放出气泡,分割成面剂子。

⑥用擀面杖将面剂子擀开,抹上豆沙馅心包好,卷成卷成型。

⑦将面包坯放入饧发箱再次发酵至面团原体积的 2 倍大左右。

⑧烘烤前刷蛋黄液两次,撒上黑白芝麻。

⑨烤箱预热至 180℃,烤 20 分钟即可。

(4)风味特点　色泽金黄,松软香甜。

16.芝士条面包

(1)原料配方

①面团配方:高筋面粉 500 克,芝士粉 10 克,细砂糖 90 克,盐 8 克,酵母粉 6 克,水 225 毫升,鸡蛋 100 克,无盐黄油 60 克。

②表面装饰材料配方:芝士丝 25 克,沙拉酱 50 克,干燥青葱末 10 克。

(2)制作工具或设备　搅拌桶,和面机,笔式测温计,西餐刀,饧发箱,擀面杖,保鲜膜,烤盘,烤箱。

(3)制作过程

①将高筋面粉、芝士粉、细砂糖、盐、酵母粉等放入搅拌桶中,低速搅拌均匀。

②加入水、鸡蛋低速拌成团,改用高速搅打到面筋扩展阶段。

③加入无盐黄油低速搅拌均匀,再改用中速搅拌打到完成(拉起呈薄膜状)。

④将面团盖上保鲜膜,放入饧发箱发酵大约 60 分钟。

⑤将面团分割成 70 克/个的面剂子,然后滚圆,静置 15 分钟。

⑥将面剂子搓成长条状,间隔地放入烤盘中,放入饧发箱最后发酵 60 分钟,至原来面团体积的 2.5~3 倍大。

⑦烘烤前表面刷上鸡蛋液,放上芝士丝,挤上沙拉酱。

⑧放入烤箱,以 190℃烤制 10 分钟。

(4)风味特点　色泽金黄,芝士味香,沙拉酱油润细腻。

17.松软甜面包

(1)原料配方　高筋面粉 250 克,低筋面粉 50 克,奶粉 18 克,干酵母 3 克,黄油 60 克,温水 150 毫升,糖 60 克,盐 2 克,鸡蛋 60 克。

（2）制作工具或设备　搅拌桶,和面机,笔式测温计,西餐刀,饧发箱,擀面杖,保鲜膜,烤盘,烤箱。

（3）制作过程

①把干酵母溶于温水中,静置10分钟,备用。

②将除黄油外其他原料放入搅拌桶中,用搅拌机低速搅拌均匀,放入酵母水搅拌均匀,然后高速搅拌,使面团形成面筋,最后加入黄油,低速搅拌形成光滑的面团。

③将面团盖上保鲜膜,放入饧发箱发酵,到面团体积变大1～2倍。

④取出面团,稍微揉圆,松弛10分钟。

⑤将面团分割成40～50克/份,并且逐个揉圆,放入饧发箱二次发酵,至面皮完全没有弹性(以手指轻触,不回弹)。

⑥刷上全蛋液放入预热至175℃的烤箱烘焙,约18分钟即可。

（4）风味特点　色泽金黄,松软香甜。

18. 雪花面包

（1）原料配方　高筋面粉250克,鲜酵母2.5克,糖10克,黄油25克,水130毫升,盐2克,奶粉10克,熟马铃薯25克。

（2）制作工具或设备　搅拌桶,和面机,笔式测温计,西餐刀,饧发箱,擀面杖,保鲜膜,烤盘,烤箱。

（3）制作过程

①先将熟马铃薯捣烂,将配方中所有原料(黄油除外)放入搅拌机内慢速搅拌2分钟,然后高速搅拌5分钟,最后将黄油和马铃薯加入后改用中速将面筋拌至扩展阶段,注意勿使面筋搅断。

②面团搅拌后盖上保鲜膜,放入饧发箱,基本发酵2小时左右。

③将面团分割成30克/个,滚圆后使其松弛15分钟。

④再滚圆后放在烤盘上,间隔距离不需太大,放入饧发箱经最后发酵25分钟。

⑤在每个面包坯表面划十字形裂口,再在表面撒一层由100%高筋面粉与10%盐拌匀的混合面粉。

⑥继续发酵后进炉烘焙,烤炉温度210℃,烘焙12～15分钟即可。

(4)风味特点　表面色泽粉白,具有马铃薯的香味。

19.葱油面包

(1)原料配方

①面团配方:高筋面粉320克,低筋面粉80克,糖80克,盐3克,奶粉16克,鸡蛋60克,软化黄油40克,干酵母3克,温水180毫升。

②馅心配方:软化黄油30克,盐3克,咖喱粉2克,葱末15克。

(2)制作工具或设备　搅拌桶,和面机,笔式测温计,西餐刀,饧发箱,擀面杖,保鲜膜,烤盘,烤箱。

(3)制作过程

①将软化黄油、盐、咖喱粉、葱末放在一起,搅拌均匀即成葱油馅心。

②将酵母放入40℃左右温水中,拌匀使其溶化,静置10分钟备用。

③在酵母水中加上除黄油外的其他原料,用搅拌机搅拌均匀,形成面筋扩展的面团。

④最后加入黄油搅拌成光滑的面团。

⑤揉圆用保鲜膜盖好,放饧发箱中基本发酵2小时30分钟。

⑥分割成12份,滚圆,放饧发箱中进行中间发酵15分钟。

⑦每份都整形成两头尖的长形,表面涂蛋液后纵切一刀,放温暖处发酵55分钟到刀口完全打开即可涂葱油馅。

⑧烤箱预热190℃,放下层烤12分钟即可。

(4)风味特点　色泽金黄,具有葱油和咖喱的香味。

20.肉桂苹果面包

(1)原料配方

①面团配方:高筋面粉320克,低筋面粉80克,糖80克,盐3

克,奶粉16克,鸡蛋60克,软化黄油40克,干酵母3克,温水180毫升。

②馅心配方:苹果1个,肉桂粉3克,面粉15克,黄油25克,盐2克,糖25克。

(2)制作工具或设备　搅拌桶,和面机,笔式测温计,西餐刀,饧发箱,擀面杖,保鲜膜,烤盘,烤箱。

(3)制作过程

①将苹果去皮切丁,加上肉桂粉、面粉、黄油、盐、糖等混合均匀。

②将酵母放入40℃左右温水中,拌匀使其溶化,静置10分钟备用。

③在酵母水中加上除黄油外的其他原料,用搅拌机搅拌均匀,形成面筋扩展的面团。

④最后加入黄油搅拌成光滑的面团。

⑤揉圆用保鲜膜盖好,放饧发箱中基本发酵2小时30分钟。

⑥分割成12份,滚圆,放饧发箱中进行中间发酵15分钟。

⑦面团放饧发箱中发酵55分钟,完成后表面涂一层软化黄油。

⑧烤箱预热至175℃,放上层烤约10分钟。取出在表面撒苹果丁馅心,烤15分钟至肉桂奶油碎呈油金黄色即可。

(4)风味特点　色泽金黄,具有苹果肉桂的清醇香味。

21.奶油花生面包

(1)原料配方　面粉350克,花生150克,发酵粉3克,牛奶150毫升,鸡蛋120克,黄油50克,糖25克,盐3克。

(2)制作工具或设备　搅拌桶,和面机,粉碎机,笔式测温计,西餐刀,饧发箱,擀面杖,保鲜膜,烤盘,烤箱。

(3)制作过程

①将花生用粉碎机打碎,与面粉混合在一起放进搅拌桶中,加入发酵粉、鸡蛋、糖、盐和略微加热的温牛奶(40℃以下),搅拌均匀后形成面筋扩展表面光滑的面团。

②盖上保鲜膜放入饧发箱,发酵至原来面团体积的2倍大左右。

③将面团分成小份,每份大概50克,可以任意将面团捏成喜爱的形状。

④放在刷油的烤盘上,用保鲜膜盖好,放置大约2个小时,等待面团发酵膨胀。

⑤烤箱预热到200℃。再打一个鸡蛋,把鸡蛋均匀地刷在面包坯上,放进烤箱烤15~20钟,直到面包坯表面呈金黄色为止。

(4)风味特点 松软香甜,而且营养丰富。

22.奶酪小面包

(1)原料配方 高筋面粉200克,奶油奶酪100克,鸡蛋60克,牛奶120毫升,糖40克,盐1克,酵母3克。

(2)制作工具或设备 搅拌桶,和面机,笔式测温计,西餐刀,饧发箱,擀面杖,保鲜膜,烤盘,烤箱。

(3)制作过程

①将所有材料放入搅拌桶中混合搅拌揉到扩展阶段即可,用保鲜膜包好放入饧发箱中等待基础发酵至原体积的2倍大。

②滚圆松弛10分钟,擀成1厘米厚的面饼,用模具刻出面包的花型。

③将面包坯间隔地放入刷油的烤盘上,继续发酵至原来面团体积的2倍大左右。

④烤箱预热至185℃,烤盘放置于中层,烤20分钟左右。

(4)风味特点 色泽金黄,奶酪味香。

23.奶油圆锥形面包

(1)原料配方

①面团配方:高筋面粉280克,牛奶150毫升,盐3克,低筋面粉120克,鲜酵母10克,黄油25克,白糖15克,鸡蛋25克。

②馅心配方:黄油100克,牛奶50毫升,鸡蛋50克,白糖100克。

(2)制作工具或设备 搅拌桶,和面机,笔式测温计,西餐刀,饧发箱,擀面杖,裱花袋,圆锥桶,烤盘,烤箱。

（3）制作过程

①馅心调制。将黄油放入搅拌桶加入白糖进行搅拌,形成膨松羽毛状的酱体,逐个加入鸡蛋打匀,最后加入牛奶搅拌均匀,即形成膨松的奶油馅心。

②鲜酵母放入温牛奶中搅匀。将鸡蛋、白糖和盐搅匀后放入牛奶酵母中,再加进高筋面粉和低筋面粉,和成软面团。

③将面团放进饧发箱,30 分钟之后面团涨发。

④将发酵好的面团滚压成长方形面片。

⑤将长方形面片切成长 30 厘米、宽 25 厘米的长条,静置 10 ~ 15分钟,将圆锥形铁桶预热、刷油,将面条从锥头卷起,将末头按入圆锥筒内封紧。

⑥放入饧发箱,饧发至面团体积增加 1 倍左右时取出,表面刷蛋水。

⑦炉温 180℃左右烤至金黄色即可。

⑧面包冷却后脱模,将奶油馅心用裱花袋挤入圆锥桶内即成圆锥夹馅面包。

（4）风味特点　色泽金黄,形似圆锥,馅心细腻香甜。

24. 草莓酱面包

（1）原料配方　高筋面粉 500 克,白糖 100 克,鸡蛋 25 克,温水270 毫升,人造黄油 50 克,干酵母 8 克,食盐 5 克,草莓酱 100 克。

（2）制作工具或设备　搅拌桶,和面机,笔式测温计,西餐刀,饧发箱,擀面杖,保鲜膜,烤盘,烤箱。

（3）制作过程

①将除人造黄油外其余原料一起放入搅拌桶,用搅拌机搅拌至筋性完成后再加入软化的黄油后慢速拌匀。

②搅拌好的面团放到饧发箱里进行第一次发酵至原来体积的 2.5 ~ 3 倍大。

③将发酵好的面团取出,分割成 8 份,每份大约 75 克,滚圆,盖上保鲜膜松弛 10 分钟。

④将发好的面团揿扁擀成椭圆形薄片,表面涂上溶化的奶油,然后将面团对折用刀切成条状,随即摊开静置3分钟。将松弛的面团稍拉长(拉长时用力不能过猛以免拉断),拉长的面团即以反方向动作绞起,绞时不宜过紧。将绞起的面团两头连接一起,在接头处稍压一下以免松落,然后放在烤盘中。

⑤放到饧发箱里进行第二次发酵至原来体积的2~2.5倍大。

⑥在面包坯表面刷上蛋液。

⑦放入烤箱,以炉温180℃,烤至表面呈金黄色即可出炉。

(4)风味特点　馅甜酸,组织松软、有弹性。

25. 奶油草莓面包

(1)原料配方

①面团配方:高筋面粉500克,糖70克,鸡蛋120克,盐4克,奶粉30克,酵母粉10克,温水200毫升。

②馅心配方:草莓300克,鲜奶油150克,白糖50克。

(2)制作工具或设备　搅拌桶,和面机,笔式测温计,西餐刀,饧发箱,擀面杖,保鲜膜,烤盘,烤箱。

(3)制作过程

①将酵母粉溶解于温水中,静置10分钟备用。

②将高筋面粉、糖、鸡蛋、盐、奶粉、酵母水等放入搅拌桶中,揉成光滑可拉出薄膜的面团。

③给面团盖上保鲜膜,放入饧发箱基本发酵到原来体积的2倍大。

④将完成基本发酵的面团分割成70克/个,搓圆静置松弛15分钟。

⑤将每个面团擀成长椭圆形(长度约20厘米),横放卷起,进行45分钟的最后发酵。

⑥最后发酵完成后,在面包坯表面用西餐刀划一长刀口,入烤箱以上火200℃、下火160℃烤15分钟左右即可。

⑦烤焙出炉后待冷却,在刀口处裱注鲜奶油和白糖一起打发的

奶油膏,最后将草莓洗净切片点缀其上即可。

(4)风味特点 色泽艳丽,面包奶油的白、草莓的红相映成趣,口感相互协调。

26.杏仁面包

(1)原料配方 高筋面粉 500 克,即发酵母 50 克,盐 10 克,白砂糖 50 克,鸡蛋 100 克,黄油 100 克,杏仁 60 克,牛奶 100～150 毫升,无核葡萄干 35 克,红糖 15 克,柠檬果脯 25 克。

(2)制作工具或设备 搅拌桶,和面机,笔式测温计,西餐刀,饧发箱,擀面杖,烤盘,烤箱。

(3)制作过程

①先将面粉和酵母在搅拌桶中混合,再加入白砂糖、盐、鸡蛋、溶化的黄油和热牛奶,先低速搅拌 2 分钟,再高速搅拌 5 分钟,然后将搅拌好的面团在饧发箱中饧发直到体积膨胀到原来的两倍。

②将面团取出揉匀,分割成 70 克/份,搓圆后松弛 10 分钟。

③逐个将搓圆的面坯擀薄,包入由切碎的杏仁、无核葡萄干、柠檬果脯和红糖拌匀的馅心。

④然后在饧发箱发酵,直到体积再次膨胀到原来的 2 倍大。

⑤在面坯表面刷一层浓缩牛奶,撒上红糖和剩余的杏仁。

⑥把它放入预热到 180～200℃的烤炉中烘烤 25 分钟。

(4)风味特点 色泽焦黄,香甜柔软,营养丰富。

27.奶油豆沙小餐包

(1)原料配方

①面团配方:高筋面粉 180 克,温水 80 毫升,干酵母 3 克,面包改良剂 1 克,黄油 20 克,奶粉 10 克,糖 10 克,盐 2 克,豆沙馅 50 克,白芝麻 2 克。

②蛋糖浆配方:蛋黄 1 个,枫糖浆 15 克。

(2)制作工具或设备 搅拌桶,和面机,笔式测温计,西餐刀,饧发箱,擀面杖,烤盘,烤箱。

（3）制作过程

①先将高筋面粉和酵母在搅拌桶中混合,再加入糖、盐、面包改良剂、奶粉和温水,先低速搅拌2分钟,再高速搅拌5分钟,最后加入黄油继续搅拌2分钟,形成面筋扩展表面光滑的面团。

②将搅拌好的面团在饧发箱中饧发直到体积膨胀到原体积的两倍。

③完成基本发酵后取出,分割滚圆成10等份,中间发酵15分钟。

④擀开包入豆沙馅心收口朝下,以适当的间隔排放于已涂油的烤盘,进烤箱最后发酵大约半小时(烤箱打开1分钟关掉保温)。

⑤烤箱预热至180℃,涂上蛋糖浆(由蛋黄和枫糖浆拌匀制成),放中层烤约10分钟。

⑥烤至表皮金黄时取出再涂一层蛋糖浆,撒上白芝麻,再烤,此时可关掉下火,烤至表皮棕红色即可。

（4）风味特点　色泽棕红,馅心味美,口感膨松。

28. 甜面包圈

（1）原料配方　高筋面粉180克,低筋面粉20克,温牛奶75毫升,干酵母2克,发粉1克,糖15克,盐2克,鸡蛋60克。

（2）制作工具或设备　搅拌桶,和面机,笔式测温计,西餐刀,饧发箱,擀面杖,烤盘,烤箱。

（3）制作过程

①先将面粉和干酵母在搅拌桶中混合,再加入糖、盐、鸡蛋、发粉和温牛奶,先低速搅拌2分钟,再高速搅拌5分钟,最后加入黄油继续搅拌2分钟,形成面筋扩展表面光滑的面团。

②将搅拌好的面团在饧发箱中饧发,直到体积膨胀到原体积的两倍。

③完成基本发酵后取出,用擀面杖擀成0.8厘米厚的面皮。

④用两个大小不同的盖子印出若干个圆环,剩下的面皮重复以上步骤再印出圆环。

⑤把圆环和中间的小球排在撒了干粉的盘上,放饧发箱最后发

酵 30 分钟。

⑥烧热半锅油,用小火炸至两边金黄,捞起沥油即可。

(4)风味特点 色泽棕红,口味香甜,口感有弹性。

29. 蜜饯小面包

(1)原料配方 高筋面粉 220 克,鸡蛋 60 克,蜂蜜 30 克,盐 2 克,干酵母 2 克,牛奶 110 毫升,黄油 25 克,各种蜜饯 50 克,椰蓉 15 克。

(2)制作工具或设备 搅拌桶,和面机,笔式测温计,西餐刀,饧发箱,擀面杖,烤盘,烤箱。

(3)制作过程

①先将面粉和干酵母在搅拌桶中混合,再加入蜂蜜、盐、鸡蛋、干酵母和温牛奶,先低速搅拌 2 分钟,再高速搅拌 5 分钟,最后加入黄油继续搅拌 2 分钟,形成面筋扩展表面光滑的面团。

②将搅拌好的面团在饧发箱中饧发,直到体积膨胀到原来的两倍。

③发酵好的面团平均分成 9 份,滚圆松弛 15 分钟。

④在松弛面团的时间内,将蜜饯切碎,烤盘抹黄油备用。

⑤将松弛好的面团擀开,铺上少许蜜饯,卷起滚圆,放入烤盘中进行最后发酵。

⑥发酵至 8 分满时,表面刷蛋液,撒椰蓉装饰。

⑦烤箱预热至 180℃,中下层,上下火,烤制 20 分钟。

(4)风味特点 色泽金黄,口感松软。

30. 一字形小面包

(1)原料配方 高筋面粉 380 克,白糖 50 克,姜粉 1 克,豆蔻粉 1 克,肉桂粉 1 克,盐 2 克,鸡蛋 120 克,牛奶 180 毫升,干酵母 5 克,无盐黄油 50 克,清水 50 毫升。

(2)制作工具或设备 搅拌桶,和面机,笔式测温计,西餐刀,饧发箱,擀面杖,保鲜膜,烤盘,烤箱,微波炉。

（3）制作过程

①牛奶用微波炉加热到 40～50℃（约 45 秒），加入干酵母，搅拌均匀后静置 10 分钟待用。等待时，将黄油也用微波炉溶化。

②将除黄油外的所有材料放入搅拌桶中，用搅拌机低速搅拌成团，然后高速搅拌 5 分钟，最后加入黄油低速搅拌形成光滑的面团，可以拉出薄膜。

③面团盖上保鲜膜，放到饧发箱，发酵到原来体积的 2 倍大。

④取出面团，用手按出气泡，分成 12 等份，排在烤盘内。盖上保鲜膜，再次发酵成原体积的 2 倍大。

⑤烤箱预热至 190℃。将剩余的 1 个蛋黄打散，加入适量清水，搅拌均匀。用西餐刀在面包上划出一字形（划深一点，约半厘米）。

⑥在面包上刷上蛋液，入烤箱烤 20 分钟。

（4）风味特点　色泽金黄，造型简单，口感膨松。

31. 法国小面包

（1）原料配方

①面团配方：高筋面粉 220 克，干酵母 3 克，盐 2 克，糖 15 克，啤酒 120 克，黄油 15 克。

②表面装饰配方：蛋液 15 克，白芝麻 15 克，蒜盐 5 克，粗盐（口味任选）。

（2）制作工具或设备　搅拌桶，和面机，笔式测温计，西餐刀，饧发箱，擀面杖，保鲜膜，烤盘，烤箱。

（3）制作过程

①将干酵母与啤酒一起搅拌后，再加入其他材料（除黄油外）一起搅拌至光滑。

②加入软化黄油一起揉至面筋扩展后，将面团放于搅拌桶中用保鲜膜包好，放饧发箱中发酵 60 分钟后翻面，再进行延续发酵 20 分钟。

③将面团分割成 70 克/份的小面团。

④将小面团逐个搓成细长条，圈成圆形，尾端左右交叉扭成螺旋状后，往中间放在圈形上。

⑤烤盘上刷油,放上整形好的面团,用保鲜膜盖好,发酵20分钟,涂上蛋液,撒上白芝麻、蒜盐或粗盐。

⑥入烤箱,烤箱预热至180℃,烤12分钟。

(4)风味特点 色泽金黄,口味众多,松软富有弹性。

32. 核桃香草小面包

(1)原料配方 高筋面粉180克,黑麦粉90克,麦麸粉15克,干酵母5克,无糖酸奶100克,汤种115克,红糖25克,海盐6克,黄油7克,干迷迭香碎1克,新鲜百里香2根,核桃仁6个。

(2)制作工具或设备 搅拌桶,和面机,笔式测温计,西餐刀,饧发箱,擀面杖,保鲜膜或湿毛巾,烤盘,烤箱。

(3)制作过程

①酸奶加热至温倒进和面机的搅拌桶中,倒入酵母,静置3分钟。

②加入高筋面粉、黑麦粉、麦麸粉,最后放红糖、海盐和汤种,先低速搅拌3分钟,均匀成团,然后高速搅拌5分钟,形成面筋,最后加入黄油和干迷迭香碎、新鲜百里香,搅拌形成一光滑面团。

③把搅拌桶从和面机中取出,上面盖上保鲜膜或湿毛巾,室温发酵40分钟。

④取出面团,在案板上把面团压扁,将核桃仁揉碎到面团里。

⑤分割成12个小面团,滚圆,盖上,中间发酵10分钟。

⑥取出小面团再次滚圆,收口朝下放入烤盘,每个表面划一个口,深一点。

⑦放入饧发箱最后发酵40分钟。

⑧面团表面喷水,入烤箱,以180℃烤制25分钟。

(4)风味特点 色泽金黄,具有香草和核桃的香味。

33. 糖渣小面包

(1)原料配方 高筋面粉450克,干酵母5克,白糖50克,葡萄干50克,鸡蛋75克,香草粉1克,黄油30克,牛奶150毫升,水75毫升。

（2）制作工具或设备　搅拌桶,和面机,笔式测温计,西餐刀,饧发箱,擀面杖,烤盘,烤箱。

（3）制作过程

①先将面粉 250 克过筛,再与溶化好的干酵母和水在搅拌桶中混合均匀,用湿布盖上在 30℃饧发箱饧发 5 小时,面团比原体积发起两倍,表面有塌陷现象即好。

②将发好的一次发酵面团与剩余的面粉 200 克、白糖 50 克、鸡蛋 75 克、黄油 30 克、香草粉和适量的牛奶、水混合,用搅拌机搅拌使之细腻有韧劲,用湿布盖上在 30℃的饧发箱里饧发 4 小时,面团比原体积发起约 2 倍,表面有塌陷,再在上面撒点面粉将盆周边的面按下去让其再次发起。

③将发好的面团在面板上分成 15 个小面剂,再将葡萄干 50 克分别包在 15 个小面剂中,用手搓成小圆团面球,接口朝下放入抹油的铁烤盘上,在光滑的上表面上撒上白糖。

④送入 30℃温室饧发发起大约 1 倍。

⑤送入 180℃烤炉里,烘烤 15 分钟,上表面呈黄色即可。

（4）风味特点　色泽金黄,焦香膨松。

34. 苹果糖酱小面包

（1）原料配方　高筋面粉 200 克,低筋面粉 50 克,糖 40 克,盐 2 克,酵母 3 克,鸡蛋 25 克,牛奶 130 毫升,黄油 25 克,苹果糖酱 100 克,卡士达馅 150 克。

（2）制作工具或设备　搅拌桶,搅拌机,笔式测温计,西餐刀,饧发箱,擀面杖,裱花袋,烤盘,烤箱。

（3）制作过程

①将配方中除黄油以外的原料放入搅拌机,先放牛奶、蛋液,再放糖、盐,然后将面粉平稳地铺在牛奶上,不要全部没到牛奶里。最后在面粉中用手指或小勺挖一个洞,把酵母放进小洞里。搅拌数十分钟后把黄油放进去,一直到面团揉至扩展阶段,面团能拉出薄膜。

②放入饧发箱,发至原体积的 2 倍大。

③把发酵好的面团放在案板上,分成10块面剂,揉成面团放在木板上,饧10分钟。

④把面团翻过面来,底朝上用擀面杖擀一下,在中间抹一点苹果糖酱,把面合拢,将果酱裹在里边,呈半圆形。用刀在外圈剁四道小口,放在抹油的烤盘上,送入饧发箱发至体积超一倍时取出,刷一层鸡蛋液。

⑤把卡士达馅装入带小圆嘴子的裱花袋里,在小面包坯表面挤上花纹。送入200℃烤炉,大约10分钟,烤出金黄色,熟透出炉。

(4)风味特点　色泽金黄,表面有漂亮的花纹,质地有弹性。

35. 朗姆酒面包

(1)原料配方　高筋面粉450克,水230毫升,干酵母5克,糖70克,改良剂4克,奶粉20克,鸡蛋40克,盐4克,黄油30克,野莓味朗姆酒15克,葡萄干25克。

(2)制作工具或设备　搅拌桶,搅拌机,笔式测温计,西餐刀,饧发箱,擀面杖,保鲜膜,烤盘,烤箱。

(3)制作过程

①先将高筋面粉、糖、改良剂、干酵母、奶粉、鸡蛋放在搅拌桶中,分次加入水,用搅拌机搅拌。要根据面的湿度放水,如果感觉还是很干,则再逐步放剩下的水,搅拌到面团光滑不沾手。

②在面团中加入黄油,继续搅拌,将黄油充分与面团揉匀后,加入盐,继续揉,直到可以拉出面筋,光滑不沾手。

③将其切成12等份,揉圆,盖上保鲜膜,静置10分钟。

④将面团面朝下,底朝上用手压扁,将空气排除,放入用朗姆酒浸过的葡萄干,将口捏紧,揉圆。

⑤揉好后,再将其盖上保鲜膜下,静置发酵,至其膨胀到原先面团体积的2倍大时,刷上蛋液。

⑥放入已预热至180℃的烤箱,烘烤15分钟。

(4)风味特点　色泽金黄,酒香浓郁。

36. 葡萄干面包

（1）原料配方　高筋面粉 150 克，细砂糖 25 克，盐 2 克，酵母 2 克，奶粉 10 克，牛奶 40 毫升，原味酸奶 30 克，蛋黄 30 克，无盐黄油 25 克，葡萄干 50 克。

（2）制作工具或设备　搅拌桶，搅拌机，笔式测温计，西餐刀，饧发箱，擀面杖，保鲜膜，烤盘，烤箱。

（3）制作过程

①将高筋面粉、细砂糖、盐、酵母、奶粉、牛奶、原味酸奶、蛋黄等放在搅拌桶中，分次加入水，用搅拌机搅拌，形成面筋扩展的面团。

②加入黄油继续搅拌成光滑的面团后再加入葡萄干慢速搅拌均匀。

③面团盖上保鲜膜放入饧发箱发酵 90 分钟，滚圆松弛 15 分钟。

④将面团用擀面杖擀成长 28 厘米，宽 14 厘米，从一边卷成圆柱体，再圈成圈，放入烤盘内。

⑤最后发酵 60 分钟，至面包坯变为原来体积的 2 倍大左右。

⑥在面包坯表面均匀刷上蛋液。

⑦放入已预热的烤箱中，以 180℃烘烤约 30 分钟。

（4）风味特点　色泽金黄，葡萄干香甜，面包松软。

37. 核桃仁面包

（1）原料配方　高筋面粉 300 克，温水 60 毫升，牛奶 100 毫升，白糖 20 克，盐 2 克，酵母 3 克，黄油 25 克，核桃仁 50 克。

（2）制作工具或设备　搅拌桶，搅拌机，笔式测温计，西餐刀，饧发箱，擀面杖，烤盘，烤箱。

（3）制作过程

①把酵母放入温水里面搅拌充分溶解后，加入白糖搅拌再次充分溶解，盐放入高筋面粉，先慢慢一边搅拌一边倒入高筋粉里面，倒完了再慢慢倒入牛奶，先低速搅拌成团，然后高速搅拌形成面筋，最后加入黄油，搅拌成光滑的面团。

②放在饧发箱中发酵到原面团体积的两倍,时间根据温度而定。

③拿出来用手挤压出面团内的气泡,揉5分钟,分成两块,用擀面杖擀开,撒上核桃碎仁,然后卷起来,两头收口。

④烤盘内部涂油,将面包坯放入烤盘,上面用西餐刀割几道痕,再发酵至原来体积的2倍大,发酵好了,上面撒上面粉。

⑤烤箱预热至180℃,烤15分钟。

(4)风味特点 色泽金黄,具有核桃坚果和面粉的香味。

38. 马铃薯面包

(1)原料配方 马铃薯全粉20克,高筋面粉100克,水60毫升,鲜酵母2克,盐2克,糖10克,黄油20克。

(2)制作工具或设备 搅拌桶,和面机,笔式测温计,西餐刀,饧发箱,擀面杖,烤盘,烤箱。

(3)制作过程

①将马铃薯全粉、高筋面粉过筛,鲜酵母于2~3倍30℃水中活化,盐、糖溶于水。

②一次发酵法是将除黄油外所有原料放入和面机内先缓慢搅拌2分钟左右,加油后再中速搅拌约15分钟至面团光滑,取出于26~28℃的发酵室发酵2~3小时。

③将发酵成熟后的面团分块,搓圆,静置15分钟左右使面团松弛。

④小圆面包可于分块、搓圆后直接装烤盘。在温度38℃、相对湿度85%的条件下饧发40分钟。棍子面包的成型方法:将搓成圆形的面团压片,折叠2~3次,将压成薄片的面团卷成圆柱形,要求卷紧,双手将面团再搓动几下便成为长棒状,要求搓好的面包坯粗细基本一样,然后放入烤盘饧发。

⑤饧发好的面包坯于表面切裂口后送入烤炉。

⑥在面包坯表面喷水以增加湿度,185℃,焙烤10~30分钟不等。

⑦出炉后的面包趁热在表面刷油,冷却至室温后包装。

(4)风味特点 色泽金黄光亮,口感松软。

39. 意大利番茄面包

（1）原料配方　高筋面粉 300 克,干酵母 2 克,糖 12 克,盐 1 克,奶粉 10 克,黑胡椒 1 克,色拉油 15 克,番茄酱 50 克,温水 150 毫升。

（2）制作工具或设备　搅拌桶,和面机,笔式测温计,西餐刀,饧发箱,擀面杖,保鲜膜,烤盘,烤箱。

（3）制作过程

①将酵母溶于温水,所有材料(除黑胡椒、番茄酱外)混合成面团,再搅拌 15~20 分钟。

②给面团盖上保鲜膜,放温暖潮湿处发酵至原体积的 2.5 倍大左右。

③把发酵好的面团,分割成 12 个面剂子,逐个擀薄,抹上番茄酱,撒上黑胡椒,卷成卷,盖保鲜膜,松弛 10 分钟。

④整理形状,放到烤盘上,表面刷牛奶,进行二次发酵。

⑤烤箱预热至 180℃,中下层,烤制 20 分钟左右即可。

（4）风味特点　色泽金黄,具有番茄的甜香味。

40. 瑞士水果面包

（1）原料配方　高筋面粉 350 克,干酵母 2 克,白糖 15 克,盐 2 克,奶粉 10 克,黄油 15 克,温水 160 毫升,苹果 1 个,菠萝 4 片,葡萄干 15 克,红糖 15 克,肉桂粉 1 克。

（2）制作工具或设备　搅拌桶,和面机,笔式测温计,西餐刀,饧发箱,擀面杖,烤盘,烤箱。

（3）制作过程

①将高筋面粉、干酵母、白糖、盐、奶粉、温水等材料按顺序放进和面机做成面团,20 分钟后加入软化的黄油,搅拌成面筋扩展表面光滑的面团。

②将做好的面团拿出,揉去气泡,擀成长方形的大面片。

③把肉桂粉撒在面片上,铺上苹果、菠萝、葡萄干、红糖。

④把面皮从宽边片卷起来,像做蛋糕卷一样,左右两端接起来,

放进烤盘中。

⑤发酵 1 小时,刷上蛋液,入预热至 180℃的烤箱,烤 30 分钟。

(4)风味特点　色泽金黄,具有各种水果的香味。

41. 蔬菜面包

(1)原料配方　高筋面粉 500 克,低筋面粉 500 克,水 500 毫升,盐 10 克,白糖 25 克,即溶酵母 15 克,牛奶 150 毫升,黄油 25 克,橄榄油 100 克,各种蔬菜丁 300 克,胡椒粉 2 克,帕玛森干酪粉 15 克。

(2)制作工具或设备　搅拌桶,和面机,笔式测温计,西餐刀,饧发箱,擀面杖,烤盘,烤箱。

(3)制作过程

①将高筋面粉、低筋面粉、即溶酵母、白糖、盐、牛奶、水等材料按顺序放进和面机做成面团,20 分钟后加入软化的黄油,搅拌成面筋扩展表面光滑的面团。

②将做好的面团拿出揉去气泡,将面团拍压后擀开,再用擀面杖擀成厚 1.5cm 的长方形,喷上水汽,均匀铺上蔬菜丁,撒上盐和胡椒粉。

③卷起后收好封口,用刀将面团切开成段,放入烤盘中,进行第二次发酵 30 分钟。

④在面包坯表面涂上橄榄油,撒上千酪粉。

⑤以上火 220℃,下火 220℃,烘烤 15 分钟。

(4)风味特点　色泽金黄,具有蔬菜的香味。

42. 可可面包

(1)原料配方　高筋面粉 250 克,可可粉 30 克,鸡蛋 1 个,黄油 40 克,糖 40 克,干酵母 2 克,盐 2 克,牛奶 100 毫升。

(2)制作工具或设备　搅拌桶,和面机,笔式测温计,西餐刀,饧发箱,擀面杖,烤盘,烤箱。

(3)制作过程

①把牛奶加热 30 秒,加入干酵母溶解后静置 10 分钟备用。

②把除黄油外的所有原料放入搅拌桶中混合,低速搅拌成面团后,加黄油继续搅拌成光滑的面团,至可以拉出薄膜。

③放到饧发箱中发酵,盖上保鲜膜,发至面团原体积的 2 倍大时取出。

④在案板上揉成面团,分成均匀的等份,搓成团,进行二次发酵。

⑤在面包上刷蛋液,发至体积 2 倍大时放入烤箱,上下火 180℃,烤 20 分钟。

(4)风味特点 色泽棕褐,质地松软。

43. 栗子面包

(1)原料配方 高筋面粉 250 克,食盐 2.5 克,鸡蛋 25 克,酵母 2.5 克,温水 150 毫升,糖 30 克,黄油 30 克,豆沙 90 克,烤栗子 9 颗,芝麻 15 克。

(2)制作工具或设备 搅拌桶,和面机,笔式测温计,西餐刀,饧发箱,擀面杖,烤盘,烤箱。

(3)制作过程

①豆沙分成 9 份,分别包入烤熟的栗子备用。

②把除黄油以外的材料放入和面机内,搅拌成团,加入软化的黄油继续揉至扩展阶段。

③放入饧发箱发酵至原来面团体积的 2~2.5 倍大。

④分割滚圆松弛 15 分钟,擀成圆饼状,包入馅料,刷上蛋液,滚上芝麻。

⑤放入烤盘,入饧发箱 38℃下发酵 45 分钟。

⑥以 170℃,烤制 20 分钟即可。

(4)风味特点 色泽金黄,馅心甜美,栗子糯香。

44. 汤种肉松玉米面包

(1)原料配方 高筋面粉 240 克,低筋面粉 60 克,奶粉 20 克,细砂糖 40 克,盐 2 克,快速干酵母 6 克,鸡蛋 30 克,水 100 毫升,汤种

100 克,无盐黄油 20 克,猪肉松 15 克,玉米粒 25 克。

(2)制作工具或设备　搅拌桶,和面机,笔式测温计,西餐刀,饧发箱,擀面杖,保鲜膜,烤盘,烤箱。

(3)制作过程

①将高筋面粉、低筋面粉、奶粉、细砂糖和盐,放入搅拌桶中低速搅拌均匀,然后加入快速干酵母、鸡蛋、水和汤种中速搅拌 10 分钟,形成面筋扩展的面团,最后加入无盐黄油搅拌成光滑的面团。

②盖上保鲜膜,室温下做基础发酵,30℃ 的室温基本发酵约需 35~40 分钟即可完成。面团发酵体积变为 2 倍大左右,食指蘸上面粉,从面团中间刺到底,如果食指抽出来后,指孔不回缩,就表示发酵完成。若抽出食指,指孔回缩,表示发酵尚未完成,需要继续发酵。假如食指移开后,面团呈现塌陷状消气,表明发酵过度。

③小心地取出发酵好的面团,放在案板上压成方块状,然后用西餐刀切面包,分割出等量的 12 个面团。

④将面团切口往里收好捏合,使面团搓成圆形,然后将面团摆放在烤盘上,盖上保鲜膜,置于室温下。中间发酵的作用是使滚圆的面团松弛和产气,表面不可结皮,也不可发酵过度,约 10 分钟。

⑤将面团收口向下,用手拍扁排气,翻面后包入准备好的肉松馅,收口收紧,放在烤盘上做最后的发酵(最佳发酵环境为温度 38℃,湿度 85%)。

⑥在完成最后发酵的面团上,刷上一层均匀的全蛋液,再用西餐刀在面团表面划个十字形,把玉米粒放在中间。

⑦烤箱预热至 180℃,烤制 15~17 分钟即可。

(4)风味特点　色泽金黄,外形美观。

45.抹茶面包

(1)原料配方　精制面粉 250 克,砂糖 10 克,酵母 2 克,食盐 4 克,脱脂奶粉 10 克,黄油 10 克,水 75 毫升,面包改良剂 3 克,鸡蛋 25 克,抹茶粉 15 克。

（2）制作工具或设备　搅拌桶,搅拌机,笔式测温计,西餐刀,饧发箱,擀面杖,烤盘,烤箱。

（3）制作过程

①采用一次发酵法,将配方中所有原料放入搅拌桶中,搅拌均匀成光滑的面团。

②搅拌好后的面团温度为 26～27℃,饧发箱温度为 28℃,发酵时间为 2 小时,饧发结束时的温度为 28.5～29℃。饧发后面团体积变为原来的 2 倍大左右。

③分割面团,逐个搓圆,擀成饼,卷成条,装入刷油的烤盘松弛 10 分钟。

④烘烤温度为 200～210℃,烤制 15 分钟。

（4）风味特点　色泽浅绿,具有抹茶的香味。

46.香蕉面包

（1）原料配方　高筋面粉 300 克,香蕉泥 200 克,盐 2 克,酵母 3 克,蛋黄 25 克,白糖 15 克,橄榄油 10 毫升,奶粉 25 克。

（2）制作工具或设备　搅拌桶,搅拌机,笔式测温计,西餐刀,饧发箱,擀面杖,保鲜膜,烤盘,烤箱。

（3）制作过程

①将三根熟透的香蕉放入搅拌机搅打成泥,加入除橄榄油以外的其他原料,先低速搅拌成团,然后高速搅拌形成面筋,最后加入橄榄油搅拌成光滑的面团。

②面团表面盖上保鲜膜,放入饧发箱发酵至原来面团体积的 2 倍大。

③将面团分割成大约 100 克/个的小面剂滚圆,放入饧发箱进行第二次发酵。

④发酵好的面剂同样膨胀至原来面团体积的 2 倍大左右。

⑤烤箱预热至 190℃,烤 25 分钟左右。

（4）风味特点　色泽金黄,具有香蕉的香味。

47. 蜜渍苹果面包

（1）原料配方　高筋粉 250 克,酵母 3.5 克,食盐 2.5 克,砂糖 50 克,奶粉 10 克,鸡蛋 25 克,水 130 毫升,黄油 25 克,蜜渍苹果丁 150 克。

（2）制作工具或设备　搅拌桶,搅拌机,笔式测温计,西餐刀,饧发箱,擀面杖,保鲜膜,烤盘,烤箱。

（3）制作过程

①将除黄油和蜜渍苹果丁以外的材料放入搅拌机内,搅拌成团,加入黄油继续搅拌至光滑有薄膜。

②盖上保鲜膜放于饧发箱内,发酵至原来面团体积的 2 倍大。

③将面团取出,揉匀排气,分割成 60 克/个,滚圆后,盖上保鲜膜松弛 15 分钟。

④将面剂子擀成椭圆形,均匀撒上蜜渍苹果丁,从左向右卷起,捏紧收口处,搓成 20 厘米的长条。一个头压扁,用擀面杖擀薄,扁的一头包住另一头捏紧,环成一个圈。

⑤放入烤盘上稍压扁,入烤箱 38℃下发酵 45 分钟。

⑥取出,刷上蛋液。

⑦放入烤箱中层,以 180℃烤制 20 分钟。

（4）风味特点　色泽金黄,环状,具有蜂蜜和苹果的香气。

48. 芋头面包

（1）原料配方

①面团配方:高筋面粉 300 克,酵母 6 克,糖 30 克,盐 3 克,温水 150 毫升,鸡蛋 35 克,黄油 40 克。

②芋头馅心配方:芋头 150 克,绵白糖 35 克。

（2）制作工具或设备　煮锅,搅拌桶,搅拌机,笔式测温计,西餐刀,饧发箱,擀面杖,保鲜膜,烤盘,烤箱。

（3）制作过程

①馅心调制。芋头去皮,放入煮锅煮熟后,用勺子压泥,加绵白糖调拌均匀,即可成为馅料。

②在温水中加入酵母,静置10分钟备用。

③加入高筋面粉、鸡蛋、糖、盐等拌匀,形成面团,最后加入黄油,用搅拌机中速搅拌,直到面筋形成,面团光滑为止。

④将面团盖上保鲜膜,放入饧发箱,饧发1～1.5小时。

⑤将面团揉匀,分割成面剂子(50克/个),用湿布盖上松弛15分钟。

⑥将面剂子用擀面杖擀薄,包上芋头馅心,搓成圆面包形状。

⑦将面包坯间隔放入刷油的烤盘中,最后饧发为原来体积的2倍大。

⑧烤箱预热至200℃,面团放入第二层,烤15～18分钟即可出炉。

(4)风味特点 色泽金黄,具有芋头的香气。

49. 木瓜面包

(1)原料配方 高筋面粉350克,蜂蜜40克,牛奶120毫升,糖30克,干酵母5克,盐2克,鸡蛋120克,色拉油40克,木瓜酱75克,黑芝麻15克。

(2)制作工具或设备 搅拌桶,搅拌机,笔式测温计,西餐刀,饧发箱,擀面杖,烤盘,烤箱。

(3)制作过程

①牛奶加温到40℃,将干酵母倒入牛奶中搅匀,静置10分钟。

②将除色拉油、木瓜酱、黑芝麻外所有的原料混合搅拌20分钟,加入色拉油继续搅拌,直到面团光滑,可以拉出薄膜。

③放到饧发箱中发酵至原来面团体积的2倍大。

④轻轻拍走空气,将面团分割滚圆,松弛10～15分钟。

⑤将面剂子擀薄,包入自制的木瓜酱,再次发酵至原体积的2倍大。

⑥涂上鸡蛋液,撒上黑芝麻。

⑦放入烤箱,以175℃,烤制20分钟。

(4)风味特点 色泽金黄,具有木瓜的香气。

50. 榴莲面包

（1）原料配方

①面团配方：高筋面粉 500 克，蜂蜜 40 克，牛奶 120 毫升，糖 30 克，干酵母 7 克，盐 2 克，鸡蛋 120 克，黄油 50 克。

②榴莲馅心配方：榴莲肉 150 克，蜂蜜 75 克。

（2）制作工具或设备　搅拌桶，搅拌机，笔式测温计，西餐刀，饧发箱，擀面杖，烤盘，烤箱。

（3）制作过程

①榴莲馅心调制。将榴莲去皮去核留肉碾成泥，加入蜂蜜，调和均匀（也可根据个人喜欢的甜度适量添加）。

②将牛奶加温到 40℃，然后将干酵母倒入牛奶搅匀，静置 10 分钟。

③将除黄油外所有的原料搅拌 20 分钟，加入黄油继续搅拌，直到面团光滑，可以拉出薄膜。

④放到饧发箱中发酵至原来面团体积的 2 倍大。

⑤轻轻拍走空气，将面团分割滚圆，松弛 10～15 分钟。

⑥将面剂子擀薄，包入榴莲馅心，再次发酵至原体积的 2 倍大。

⑦涂上鸡蛋液，放入烤箱，以 185℃，烤制 15 分钟。

（4）风味特点　色泽金黄，具有榴莲的特异香气。

51. 椰子面包

（1）原料配方

①面团配方：高筋面粉 220 克，低筋面粉 80 克，奶粉 20 克，细砂糖 50 克，盐 2 克，鸡蛋 60 克，汤种 100 克，温水 85 毫升，酵母 6 克，无盐黄油 25 克。

②椰子馅心配方：椰子粉 15 克，细砂糖 25 克，白兰地 50 克，葡萄干 80 克。

（2）制作工具或设备　搅拌桶，搅拌机，笔式测温计，西餐刀，饧发箱，擀面杖，保鲜膜，烤盘，烤箱。

(3)制作过程

①椰子馅心调制。将白兰地和葡萄干混合浸半小时,然后用椰子粉和细砂糖拌匀。

②将温水和酵母加在一起,静置 10 分钟备用。

③将高筋面粉、低筋面粉、奶粉、细砂糖、盐、鸡蛋、汤种和酵母水等放入搅拌桶中,低速搅拌均匀,转成中速继续搅拌到有筋性时加入无盐黄油,搅拌到面团光滑。

④将面团盖上保鲜膜,放入饧发箱发酵 40 分钟。

⑤将基本发酵完的面团收口朝下排气拍平成长方形。

⑥面团下撒少许面粉,然后将面团擀成 25 厘米×40 厘米。

⑦面团擀好,把边缘略按平,用毛刷在面团上刷一层水,将椰子馅心均匀地撒在面团上(按平处不用撒,方便收口)。

⑧面团由上往下卷,收口处捏合,面团平均分为 8 份;筷子上粘上一些高筋面粉,从面团中间按压下成蝴蝶状。

⑨放入饧发箱中最后发酵(38℃,约 40 分钟)。

⑩最后用 180℃,烤约 20 分钟即可。

(4)风味特点　色泽金黄,具有椰子、葡萄和白兰地的混合香气。

52. 苹果多纳(Doughnuts)

(1)原料配方　高筋面粉 500 克,酵母 10 克,白糖 150 克,盐 15 克,鸡蛋 50 克,奶粉 80 克,改良剂 5 克,黄油 30 克,苹果馅 75 克,芝麻 15 克。

(2)制作工具或设备　搅拌桶,搅拌机,笔式测温计,西餐刀,饧发箱,擀面杖,保鲜膜,烤盘,油炸炉。

(3)制作过程

①将配方中除黄油外所有原料放入搅拌桶中,低速搅拌均匀,转成中速继续搅拌到有筋性时加入黄油,搅拌到面团光滑。

②将面团盖上保鲜膜,放入饧发箱发酵 30 分钟。

③用秤均匀分割成 50 克/份的面团,搓圆按平,包入苹果馅,用水沾湿坯料边缘后对折成半圆,放入饧发箱内发酵半小时左右。

④油炸炉升温至180℃,炸制两面金黄后粘芝麻即可。

(4)风味特点 色泽金黄,质地松软,具有苹果的香气。

53.橘蜜花结

(1)原料配方 高筋粉1000克,糖150克,盐6克,黄油100克,奶粉50克,鸡蛋60克,即发酵母15克,水约500毫升,橘子味蜂蜜糖浆150克。

(2)制作工具或设备 搅拌桶,搅拌机,笔式测温计,西餐刀,饧发箱,擀面杖,保鲜膜,烤盘,烤箱。

(3)制作过程

①将配方中除黄油外所有原料放入搅拌桶中,低速搅拌均匀,转成中速继续搅拌到有筋性时加入黄油,搅拌到面团光滑。

②将面团盖上保鲜膜,放入饧发箱,面团温度为27℃,饧发45分钟。

③分割为50~60克重小剂,松弛15分钟后整形。

④将坯料擀成长条,打成花结状,再饧发45分钟。

⑤油温180℃炸至金黄色捞出(10~15分钟)。

⑥炸后浸入橘子(或橙子)风味的蜂蜜糖浆中,数分钟后取出晾凉。

(4)风味特点 色泽金黄,具有橘子(或橙子)风味。

54.吉士多纳条

(1)原料配方 高筋粉500克,糖50克,盐3克,黄油50克,奶粉20克,鸡蛋40克,即发酵母5克,水250毫升,吉士馅150克,樱桃10粒。

(2)制作工具或设备 搅拌桶,搅拌机,笔式测温计,西餐刀,饧发箱,擀面杖,保鲜膜烤盘,烤箱。

(3)制作过程

①将配方中除黄油外所有原料等放入搅拌桶中,低速搅拌均匀,转成中速继续搅拌到有筋性时加入黄油,搅拌到面团光滑。

②将面团盖上保鲜膜,放入饧发箱面团温度27℃,饧发45分钟。

③分割为 50 ~ 60 克重小剂,松弛 15 分钟后整形。

④将分割好的面剂整形成椭圆形,再饧发 45 分钟。

⑤油温 180℃下锅炸成金黄色捞出晾凉,表面纵切一条口,切口挤吉士馅,放一粒樱桃点缀。

(5)风味特点　色泽金黄,口感具有弹性。

55.迷迭香桃仁面包

(1)原料配方　高筋面粉 250 克,低筋面粉 50 克,黄油 35 克,细砂糖 15 克,盐 5 克,速溶酵母 5 克,水 150 毫升,干燥迷迭香 3 克,核桃仁 15 克。

(2)制作工具或设备　搅拌桶,搅拌机,笔式测温计,西餐刀,饧发箱,擀面杖,保鲜膜,烤盘,烤箱。

(3)制作过程

①将配方中除黄油和干燥迷迭香外所有原料放入搅拌桶中,用搅拌机中速搅拌 10 分钟,最后加入黄油和迷迭香,搅拌均匀,形成面筋扩展表面光滑的面团。

②将面团盖上保鲜膜,放入饧发箱进行基础发酵 40 分钟。

③将面团取出拍扁,分割成 5 份,每个 80 克,分别滚圆后盖上保鲜膜静置松弛 15 分钟。

④将面团擀成上窄下宽的长形薄片,放上切碎的核桃仁,排放在烤盘上。

⑤盖上保鲜膜,放入饧发箱进行 30 分钟最后发酵。

⑥烤箱预热至 200℃,大约 15 分钟。

(4)风味特点　表面呈现金黄色泽,内部松软具有迷迭香和核桃仁的香味。

56.肉桂面包卷

(1)原料配方　高筋面粉 220 克,低筋面粉 220 克,干酵母 5 克,白砂糖 35 克,盐 4 克,炼乳 10 克,鸡蛋 60 克,牛奶 250 毫升,黄油 40 克,肉桂粉 2 克,糖粉 25 克。

（2）制作工具或设备　搅拌桶,搅拌机,笔式测温计,西餐刀,饧发箱,擀面杖,保鲜袋,烤盘,烤箱。

（3）制作过程

①将配方中除黄油、肉桂粉、糖粉外所有原料放入搅拌桶中,先低速搅拌均匀,然后中速搅拌 10 分钟,最后加入黄油搅拌均匀,直至面团能拉出薄膜来。

②将面团放置于饧发箱中进行发酵,待发酵至原来体积的2.5 倍。

③将发酵完的面团取出滚圆,盖上湿布松弛 15 分钟。

④将肉桂粉和糖粉装入一个保鲜袋,充分混合,放一旁备用。

⑤将松弛好的面团擀成厚 0.5 厘米左右的面皮,撒上肉桂粉和糖粉。

⑥纵向将面皮裹成一个长条,切去两头不规则的地方,将剩余部分分割成 16 段。

⑦排上烤盘,进行最后发酵,直至最后发酵完成。

⑧烤箱预热至 180℃,将面团放入烤箱中下层,以上下火烤制 20分钟左右。

（4）风味特点　色泽金黄,充满肉桂的甜香味。

57. 西式面包卷

（1）原料配方　面粉 300 克,糖 25 克,盐 3 克,干酵母 4 克,蛋黄2 个,牛奶 175 毫升,黄油 30 克。

（2）制作工具或设备　搅拌桶,搅拌机,笔式测温计,西餐刀,饧发箱,擀面杖,保鲜膜,烤盘,烤箱。

（3）制作过程

①牛奶烧开,放到室温,将干酵母溶解在牛奶里,放置 10 分钟备用。

②将除黄油外其他原料放入搅拌桶中,加上酵母牛奶,低速搅拌均匀,然后高速搅拌 7 分钟,最后加入化软的黄油,搅拌至面团可拉出薄膜。

③把面团放到较大的容器里,蒙上保鲜膜,放入饧发箱,发酵至原来体积的 2.5 倍大左右。

④用手掌轻压面团,排出里面的空气,但注意不要把面团压实了,把表皮大个的气泡弄破即可。

⑤将面团分割成小份,滚圆,蒙上保鲜膜,松弛 10 分钟。

⑥将面剂子用擀面杖擀薄,卷成卷,整理好形状,排上烤盘,放入饧发箱,准备二次发酵。

⑦大约发到体积是原来的 2.5 倍左右,二次发酵完成。

⑧烤箱预热至 185℃,面包表皮刷全蛋液,入烤箱中下层,烤制 20 分钟左右。

(4)风味特点　色泽金黄,形状美观,质地松软。

58. 香葱培根面包

(1)原料配方　高筋面粉 250 克,低筋面粉 100 克,酵母 4 克,盐 3 克,砂糖 30 克,奶粉 15 克,全蛋液 60 克,温水 100 毫升,汤种 75 克,黄油 35 克,培根 35 克,葱花 15 克,沙拉酱 100 克。

(2)制作工具或设备　搅拌桶,搅拌机,笔式测温计,西餐刀,饧发箱,擀面杖,烤盘,烤箱。

(3)制作过程

①将高筋面粉、低筋面粉、酵母、盐、砂糖、奶粉等放入搅拌桶中,加入全蛋液、汤种和温水搅拌均匀,形成面筋,最后加入黄油,将黄油搅拌进面团,直至面团可拉出薄膜。

②将面团放入饧发箱,进行第一次发酵,至原来体积的 2.5 倍大。

③将面团揉匀,用擀面杖擀薄,放入饧发箱,进行二次发酵。

④二次发酵完成,刷上全蛋液,铺上培根,挤上沙拉酱,撒上小葱花。

⑤烤箱预热至 165℃,放入烤箱中层,烤制 20 分钟左右。

(4)风味特点　色泽艳丽,香味和谐。

59. 蜜红豆面包

（1）原料配方　高筋面粉 250 克,低筋面粉 50 克,干酵母 3 克,盐 3 克,鲜奶油 60 毫升,温水 100 毫升,糖 45 克,蛋黄 1 个,黄油 30 克,蜜红豆馅 50 克。

（2）制作工具或设备　搅拌桶,搅拌机,笔式测温计,西餐刀,饧发箱,擀面杖,烤盘,烤箱。

（3）制作过程

①汤种调制。高筋面粉 25 克,加到 50 毫升开水中,搅和成糊状,晾凉备用。

②酵母溶于温水中静置 10 分钟备用。

③将配方中除黄油和蜜红豆馅以外的材料加上汤种和酵母水放入搅拌桶中,用搅拌机中速搅拌成团,面团成形后,将黄油加进面团,慢慢揉进面团,揉至面团出筋。

④将面团放入饧发箱,进行第一次发酵至原来体积的 2.5 ～ 3 倍大。

⑤取出面团,用手掌压面团,排去大部分气体,取出,分割成小份。

⑥逐个把面团擀长,蜜红豆馅铺在上面,卷起放到刷好黄油的烤盘上。

⑦进行二次发酵,同样将面包坯放入饧发箱,面团发酵至原来体积的 2 倍大左右即可。

⑧二次发酵完成后,将面团取出,面团表面刷牛奶。

⑨烤箱预热至 180℃,放入烤箱中层,烤制 22 分钟左右。

（4）风味特点　色泽金黄,质地松软。

60. 家常液种面包

（1）原料配方

①液种配方:高筋面粉 150 克,温水 150 毫升,干酵母 2 克。

②主面团配方:高筋面粉 125 克,低筋面粉 25 克,蛋黄 1 个,盐 2

克,温水 50 毫升,砂糖 30 克,脱脂奶粉 25 克,黄油 50 克。

(2)制作工具或设备 搅拌桶,搅拌机,笔式测温计,西餐刀,饧发箱,擀面杖,保鲜膜,烤盘,烤箱。

(3)制作过程

①液种调制。干酵母溶于 150 毫升温水中,与 150 克高筋面粉搅拌均匀;制作好的液种蒙上保鲜膜,放在室温下发酵 2 小时(约24℃)。

②主面团调制。将制作并且发酵好的液种面团,与主面团材料中除黄油以外的其他材料放在一块揉成面团,最后再将黄油加入,揉进面团,直至面筋扩展。

③揉好的面团放到足够大的容器中,蒙上保鲜膜,放入饧发箱进行第一次发酵,直至面团是原来的 2.5～3 倍大。

④取出面团,用手掌轻轻压下,把面团中大部分气体排出,取出面团,分割成小份,整理成需要的形状。

⑤将面包坯排上烤盘,放入饧发箱,进行二次发酵至原来体积的 2～2.5 倍大。

⑥取出烤盘,在面包坯上刷上蛋液。

⑦烤箱预热至 200℃,烤制 15 分钟。

(4)风味特点 色泽金黄,松软适度。

61. 番茄酵母面包

(1)原料配方 高筋面粉 250 克,糖 35 克,盐 2 克,奶粉 25 克,番茄天然酵母 80 克,全蛋 60 克,温水 40 毫升,黄油 35 克。

(2)制作工具或设备 搅拌桶,搅拌机,笔式测温计,西餐刀,饧发箱,擀面杖,烤盘,烤箱。

(3)制作过程

①将配方中除黄油以外的所有材料揉成面团,再将软化的黄油加入,揉进面团,至面团出筋,可拉出薄膜。

②放到饧发箱中进行第一次发酵,至原来面团体积的 2.5 倍大。

③第一次发酵完成,取出面团,整理形状,排上烤盘,进行二次发酵至原来面团体积的 2 倍大。

④二次发酵完成,烤箱预热至 175℃,放入烤箱中层,烤 25 分钟。

(4)风味特点　色泽金黄,质地膨松,具有天然的麦香。

62. 咖啡核桃面包卷

(1)原料配方　高筋面粉 250 克,低筋面粉 50 克,干酵母 3 克,温水 150 毫升,黄油 60 克,糖 60 克,盐 3 克,鸡蛋 60 克,奶粉 18 克,咖啡粉 15 克,开水 25 毫升,核桃 50 克,糖粉 25 克。

(2)制作工具或设备　搅拌桶,搅拌机,笔式测温计,西餐刀,饧发箱,擀面杖,烤盘,烤箱。

(3)制作过程

①咖啡糖液调制。将咖啡粉、开水、核桃和糖粉拌匀即可。

②酵母溶于温水,静置 10 分钟备用。

③将除黄油以外的其他材料放入搅拌桶中加入酵母水,用搅拌机中速搅拌成团,最后再将黄油加入。

④搅拌好的面团放到饧发箱中发酵至原来的 2.5 ~ 3 倍大。

⑤将发酵好的面团取出,分割成小份,整理形状。

⑥把分割好的面团取出,桌面上撒少许干面粉,将面团擀开成长方形,将咖啡糖液抹上去,然后将面片卷成筒状。把卷好的圆筒压扁,用刀切开,头上留 2 厘米左右不要切断,然后将左右两条拧起来即可。

⑦放入饧发箱进行二次发酵至原来面团体积的 2 ~ 2.5 倍大。

⑧取出表面刷全蛋液。

⑨烤箱预热 175℃,烤箱中层,烤制 20 分钟左右。

(4)风味特点　色泽金黄,质地蓬松,具有咖啡和核桃的香味。

63. 咖啡小面包

(1)原料配方　高筋面粉 220 克,糖 40 克,盐 2 克,干酵母 4 克,鸡蛋 20 克,牛奶 50 毫升,咖啡粉 12 克,汤种 60 克,黄油 20 克。

(2)制作工具或设备　搅拌桶,搅拌机,笔式测温计,西餐刀,饧发箱,擀面杖,烤盘,烤箱。

(3)制作过程

①将除黄油以外的其他材料,全部放在一起,揉成面团,再将黄油加入,慢慢揉进面团,揉至面团可拉出薄膜。

②揉好的面团放入饧发箱,进行第一次发酵,发酵至原来的2.5~3倍大。

③把发酵好的面团取出,分割成小份,搓成球状,排上烤盘,放入饧发箱,进行第二次发酵。

④烤箱预热至180℃,放入烤箱中层烤20分钟左右。

(4)风味特点　色泽浅褐,松软中透着咖啡的芬芳。

64. 奶油奶酪面包

(1)原料配方　高筋面粉250克,奶油奶酪50克,干酵母3克,温水110毫升,砂糖30克,奶粉15克,盐2克,蛋液30克,黄油25克。

(2)制作工具或设备　搅拌桶,搅拌机,笔式测温计,西餐刀,饧发箱,擀面杖,烤盘,烤箱。

(3)制作过程

①奶油奶酪隔热水软化,干酵母溶于温水,静置10分钟备用。

②将除黄油、酵母水以外的其他材料先稍微混合均匀,再将酵母水加进去,用搅拌机搅拌成面团,再将黄油加入,慢慢搅拌进面团,揉至完成阶段。

③将搅拌好的面团放到饧发箱中进行第一次发酵,至原来面团体积的2.5~3倍大,第一次发酵完成。

④把第一次发酵完成的面团取出,分成小份,滚圆,排上烤盘,再用手掌压扁,用塑料刮板或者刀背在压扁的面团上横竖压上花纹,放到饧发箱中进行第二次发酵至原来面团体积的2倍大左右。

⑤二次发酵完成,面团表面刷一层全蛋液。

⑥烤箱预热至185℃,放入烤箱中层,烤制18~20分钟。

(4)风味特点　色泽金黄,奶香味浓。

65. 全麦胡萝卜面包

(1)原料配方　高筋面粉 230 克,全麦面粉 40 克,温水 140 毫升,盐 2 克,干酵母 3 克,白砂糖 25 克,蛋黄 1 个,黄油 20 克,胡萝卜小丁 40 克。

(2)制作工具或设备　搅拌桶,搅拌机,笔式测温计,西餐刀,饧发箱,擀面杖,烤盘,烤箱。

(3)制作过程

①干酵母溶于温水,静置 10 分钟备用。

②将除黄油、胡萝卜丁以外的其他材料放在搅拌桶中,搅拌成面团,最后再把黄油加进去,慢慢搅拌进面团,把胡萝卜丁也加进面团,揉匀即可。

③将搅拌好的面团放到饧发箱中进行第一次发酵,发酵至原来面团体积的 2.5~3 倍大即可。

④发酵好的面团,用手掌轻轻压下去,排去大部分空气,取出面团,滚圆成一个面团。

⑤将面团排上烤盘,放到温暖湿润处进行第二次发酵,发酵至原来体积的 2~2.5 倍大即可。

⑥烤箱预热至 190℃,面包表面刷一层色拉油,放入烤箱中层,烤制 25 分钟左右。

(4)风味特点　色泽橙黄,松软中蕴含着胡萝卜的香味。

66. 青橄榄面包

(1)原料配方　高筋面粉 240 克,全麦面粉 50 克,牛奶 130 毫升,鸡蛋 60 克,糖 25 克,干酵母 3 克,盐 2 克,黄油 20 克,青橄榄圈 50 粒。

(2)制作工具或设备　搅拌桶,搅拌机,笔式测温计,西餐刀,饧发箱,擀面杖,烤盘,烤箱。

(3)制作过程

①将除黄油以外的所有材料放在搅拌桶中,搅拌成面团,再将黄油加入慢慢搅拌进面团,将青橄榄圈加入,搅拌进面团即可。

②将搅拌好的面团放到饧发箱中进行第一次发酵至原来体积的 2.5 ~ 3 倍大。

③取出发酵好的面团,用手掌轻轻压下,排出大部分空气,取出,滚圆,再压扁,用擀面杖擀成和约 8 寸比萨盘大小,放入烤盘。

④把整理好形状的面团放到饧发箱中进行第二次发酵至原来面团体积的 2 ~ 2.5 倍大。

⑤取出后在面团表面刷上蛋液。

⑥烤箱预热至 190℃,放入烤箱中层烤制 15 ~ 18 分钟。

(4)风味特点 色泽金黄,橄榄口味。

67. 花环面包

(1)原料配方 高筋面粉 220 克,细砂糖 15 克,于酵母 3 克,温水 120 毫升,黄油 10 克,盐 2 克,肉桂粉 3 克,葡萄干 25 克。

(2)制作工具或设备 搅拌桶,搅拌机,笔式测温计,西餐刀,饧发箱,擀面杖,烤盘,烤箱。

(3)制作过程

①干酵母溶于温水,静置 10 分钟备用。

②将高筋面粉、细砂糖、干酵母、温水、盐等放在搅拌桶中,搅拌成面团,再把黄油加入慢慢搅拌进面团,至面团能拉出薄膜。

③将搅拌好的面团放到饧发箱中进行第一次发酵至原来体积的 2.5 倍大左右。

④将揉好的面团取出,用手掌压下轻轻排去大部分空气,案板上撒少许干面粉,用擀面杖将面团擀成大约 19 厘米宽,32 厘米长的一个长方形面片,切下约 1 厘米宽的一个边条放一旁备用。

⑤在面片上撒上适量肉桂粉和切碎的葡萄干。

⑥将面片卷起,再用刀子把面卷从中间切开成两半,但一头留下大约 2 厘米左右长度不要切开,将切好的两条面卷交叉扭卷在一块,结尾处捏弄,把面条卷在案板上再搓一搓、扭一扭弄长一些,然后圈成一个环状,接口处捏弄。

⑦将 5 个蛋塔模重叠在一起或者其他合适大小的模型,用锡纸包

起来,放到环状中央(中间放的模型大小以和环形面团中间的空间大小差不多为准)。

⑧把整理好形状的面团放到烤盘上,放到饧发箱中进行第二次发酵至原来体积的2倍大左右,取出烤盘,将之前裁下的那根面条,搓成一根圆长条,再做成蝴蝶结,放到环形面团上,稍微按压一下。

⑨烤箱预热至190℃,放入烤箱中层,烤制20分钟左右。

(4)风味特点　色泽金黄,如花环造型。

68. 绿豆沙面包卷

(1)原料配方　高筋面粉250克,低筋面粉50克,奶粉20克,细砂糖42克,盐2克,干酵母3克,全蛋30克,水85毫升,汤种80克,黄油25克,绿豆沙180克。

(2)制作工具或设备　搅拌桶,搅拌机,笔式测温计,西餐刀,饧发箱,擀面杖,保鲜膜,烤盘,烤箱。

(3)制作过程

①汤种调制。另取25克高筋面粉兑125毫升水调匀,小火慢慢加热,不断搅拌,熬成面糊状即可离火即为汤种,取80克使用。

②干酵母溶于温水,静置10分钟备用。

③将除黄油和绿豆沙以外的其他材料放在搅拌桶中,搅拌成面团,再把黄油加入,慢慢搅拌进面团,至面团能拉出薄膜。

④搅拌好的面团放到饧发箱中进行第一次发酵至原来体积的2.5~3倍大。

⑤把发酵好的面团取出,分割成10份,每份大约60克,滚圆,蒙保鲜膜松弛10分钟。

⑥把松弛好的面团,用手掌压扁,放入20~25克绿豆沙,用面团包起豆沙,收口朝下,压扁,擀成椭圆形的面片,用利刀在面片上斜着划3刀,只划穿上面这层面皮,露出绿豆沙馅即可,翻面,卷起排上烤盘。

⑦放到饧发箱中进行第二次发酵至原来体积的2~2.5倍大。

⑧烤箱预热至165℃,在面团表面刷一层全蛋液,放入烤箱中层,

烤制 20 分钟左右。

（4）风味特点　色泽金黄，豆沙香甜。

69. 果珍面包

（1）原料配方

①面团配方:高筋面粉 220 克,低筋面粉 50 克,奶粉 20 克,细砂糖 42 克,盐 2 克,快速干酵母 6 克,鸡蛋 30 克,水 85 毫升,汤种 80克,黄油 15 克。

②馅心配方:无盐黄油 50 克,细砂糖 50 克,鸡蛋 50 克,果珍粉100 克,牛奶 50 毫升。

（2）制作工具或设备　搅拌桶,搅拌机,笔式测温计,西餐刀,饧发箱,擀面杖,保鲜膜,烤盘,烤箱。

（3）制作过程

①馅心调制。无盐黄油化软加入细砂糖用搅拌机打发,加入鸡蛋搅拌均匀,继续加入果珍粉和牛奶拌匀即可。

②干酵母溶于温水,静置 10 分钟备用。

③将除黄油以外的其他材料放在搅拌桶中,搅拌成面团,再把黄油加入,慢慢搅拌进面团,至面团能拉出薄膜。

④把搅拌好的面团放到饧发箱中进行第一次发酵至原来体积的2.5～3 倍大。

⑤把发酵好的面团取出,分割成 10 份,每份大约 60 克,滚圆,蒙保鲜膜松弛 10 分钟。

⑥把松弛好的面团,用手掌压扁,然后用擀面杖擀成椭圆形的面片,抹上馅心,卷起排上烤盘。

⑦放到饧发箱中进行第二次发酵约 40 分钟（温度 38℃,湿度85%）至原来体积的 2～2.5 倍大。

⑧刷全蛋液,烤箱预热 5 分钟,入炉烤焙,175℃烤制 15 分钟即可。

（4）风味特点　色泽金黄,质地松软,果珍香甜。

70. 意大利芙卡夏面包

（1）原料配方　高筋面粉 300 克，低筋面粉 130 克，细砂糖 25 克，橄榄油 45 克，快速干酵母 9 克，水 250 毫升，橄榄油 45 克。

（2）表面装饰配方　迷迭香 2 克，香肠片 15 克，蒜片 10 克，百里香 2 克，黑胡椒粉 2 克，海盐 2 克，黑橄榄 15 克。

（3）制作工具或设备　搅拌桶，搅拌机，笔式测温计，西餐刀，饧发箱，擀面杖，保鲜膜，烤盘，烤箱。

（4）制作过程

①将水加热至 30℃ 左右，加入干酵母搅拌至酵母溶化备用。

②把高筋面粉、低筋面粉、细砂糖放入搅拌机中，搅拌均匀，加入酵母水揉成面筋扩展的面团。

③最后将橄榄油加入面团中，慢慢把油搅拌进面团中，继续再搅拌 15 分钟左右，搅拌成一个光滑的面团。

④盖上保鲜膜，放在饧发箱中发酵 1 小时体积变成原来的 2 倍大。

⑤将发好的面团拿出来，擀成跟烤盘差不多大小，把面团放入烤盘中，用手轻轻按平整，然后在上面用手指压出一排排的洞，这样做的目的是为了使二次发酵的面团不变形。

⑥将整理好的面团放在饧发箱中再次发酵约 30 分钟（温度 38℃，湿度 85%），再轻轻刷上一层橄榄油，排上香肠片、蒜片和橄榄片，撒上百里香、迷迭香和黑胡椒，最后在撒少许海盐。

⑦放在预热至 170℃ 烤箱中烘焙 15～20 分钟即可。

（5）风味特点　色泽艳丽，味道浓烈芬芳，充满诱人的香气。

71. 肉松海苔面包卷

（1）原料配方

①面团配方：高筋面粉 200 克，低筋面粉 100 克，快速干酵母 6 克，盐 6 克，白砂糖 30 克，奶粉 12 克，鸡蛋 60 克，水 65 毫升，汤种 75 克，无盐黄油 45 克。

②馅心配方:肉松 25 克,海苔片 15 克,沙拉酱 15 克,白芝麻 5 克,葱花 10 克。

(2)制作工具或设备　搅拌桶,搅拌机,笔式测温计,西餐刀,饧发箱,擀面杖,保鲜膜,烤盘,烤箱。

(3)制作过程

①把配方中除黄油外的所有原料放入搅拌机中,搅拌均匀,搅拌成面筋扩展的面团。

②最后将黄油加入面团中,慢慢把油搅拌进面团中,继续再搅拌 15 分钟左右,搅拌成一个光滑的面团。

③盖上保鲜膜,放在饧发箱中进行基础发酵,约 40 分钟(温度 28℃,湿度 75%),体积变成原来的 2 倍大。

④基础发酵好的面团,用手拍压,排气,略整形成橄榄形(或圆形),盖上保鲜膜松弛 15 分钟,取出用手压扁,排气,将面团置于烤盘上(铺烘焙纸),用手压或用擀面杖擀成烤盘大小。

⑤放入饧发箱,最后发酵 45 分钟左右(温度 38℃,温度 85%),刷全蛋液,用叉子叉出一排排孔洞,均匀地撒葱花及白芝麻。

⑥烤箱预热后,入炉烘烤,下火 150℃,上火 180℃,烤 15～20 分钟。

⑦将烤好的面包取出,将四周硬边切掉,在底面涂上一层薄薄的沙拉酱,在一边均匀地划几道纹路以利卷起。

⑧等面包定型后,去掉烘焙纸,依喜好长度切开,两头抹上沙拉酱,粘上肉松和海苔即可。

(4)风味特点　色泽金黄,口味多样,营养丰富。

72. 蓝莓奶酪面包

(1)原料配方

①面团配方:高筋面粉 260 克,砂糖 40 克,盐 2 克,全蛋 25 克,酵母 3 克,冰水 130 毫升,黄油 25 克,蓝莓酱 50 克。

②奶酪馅配方:奶油芝士 125 克,砂糖 45 克,黄油 45 克,全蛋 60 克,玉米粉 6 克。

（2）制作工具或设备　搅拌桶,搅拌机,笔式测温计,西餐刀,饧发箱,擀面杖,保鲜膜,裱花袋,烤盘,烤箱。

（3）制作过程

①奶酪馅调制。将奶油芝士和砂糖充分拌匀再加入黄油,一边搅拌一边加入全蛋,最后加入玉米粉即成奶酪馅。

②将高筋面粉、砂糖、酵母、盐投入搅拌桶内慢速拌匀。

③加入全蛋、冰水,慢速搅拌到面筋扩展。

④加入黄油慢速拌匀,直至面团能拉出薄膜状。

⑤盖上保鲜膜,放入饧发箱,进行基本发酵（大概50分钟）。

⑥面团发酵好后压出气体,将面团用擀面杖擀成烤盘大小并用刀尖扎洞,进行二次发酵。

⑦放入饧发箱,进行二次发酵约40分钟,温度35℃,湿度75%。

⑧待面团饧发至烤盘的六分满将奶酪馅倒在上面用刮板将其抹平整,用裱花袋在表面挤上蓝莓酱。

⑨放入烤箱,以170℃,烤25分钟左右即可。

（4）风味特点　表面色泽金黄,具有奶酪的奶香和蓝莓的甜香味。

73.柠香芝士面包

（1）原料配方

①面团配方:高筋面粉550克,牛奶200毫升,鸡蛋120克,橄榄油50克,奶粉30克,吉士粉10克,白糖50克,盐4克,酵母粉5克。

②柠香芝士馅心配方:奶油芝士120克,糖40克,鸡蛋60克,吉士粉5克,奶粉15克,牛奶40毫升,浓缩柠檬汁20克。

（2）制作工具或设备　搅拌桶,搅拌机,微波炉,笔式测温计,西餐刀,饧发箱,擀面杖,保鲜膜,烤盘,烤箱。

（3）制作过程

①柠香芝士馅心调制。将馅心配方中除浓缩柠檬汁外所有原料拌成糊状,进微波炉高火加热5分钟,隔1分钟搅拌一次,最后加入浓缩柠檬汁,放凉备用。

②面团调制。将面团配方中所有原料放入搅拌桶中,搅拌到光

滑可以拉成薄膜。

③给面团盖上保鲜膜,放入饧发箱,发酵到原料面团体积的2倍大。

④取出发好的面团分割成12小块,滚一下松弛10分钟。

⑤取一个小面团擀成长条,包入25克柠香芝士馅,卷好绕一圈。

⑥分别垫烘焙纸装盘,放在饧发箱中进行第二次发酵。

⑦体积长大近一倍后,表面刷蛋液。

⑧烤箱预热至180℃,放中下层烤20分钟。

(4)风味特点　色泽金黄,柠香宜人,松软适度。

74.豆腐渣粗面包

(1)原料配方　高筋面粉250克,豆腐渣150克,干酵母3克,蛋黄1个,清水100毫升,脱脂奶粉20克,盐5克,白糖15克,黄油15克。

(2)制作工具或设备　搅拌桶,搅拌机,笔式测温计,西餐刀,饧发箱,擀面杖,烤盘,烤箱。

(3)制作过程

①将清水、盐、白糖、高筋面粉、豆腐渣、脱脂奶粉、蛋黄、干酵母依次放入搅拌桶中,先用搅拌机低速搅拌均匀,然后改用中速搅拌10分钟,最后加入化软的黄油,搅拌均匀,形成面筋扩展表面光滑的面团。

②揉好的面团放在饧发箱中进行第一次发酵,直至用手指插一个小坑不反弹就发酵好了。

③取出面团排压气体后,松弛15分钟。

④将面团滚圆后放在铺锡纸的烤盘上,入饧发箱进行第二次发酵。

⑤发酵好后,取出烤盘。

⑥烤箱预热至190℃,给面团喷点水,放入烤箱,烤40分钟左右。

(4)风味特点　色泽金黄,营养成分互补,香味突出。

75. 百里香奶酪面包

（1）原料配方　牛奶 70 毫升,盐 5 克,糖 15 克,高筋面粉 350 克,酵母 3 克,奶粉 30 克,黄油 30 克,开水 150 毫升,奶酪片 10 片,百里香粉 2 克,豌豆粒 15 克。

（2）制作工具或设备　搅拌桶,搅拌机,微波炉,笔式测温计,西餐刀,饧发箱,擀面杖,保鲜膜,烤盘,烤箱。

（3）制作过程

①汤种调制。将 50 克高筋面粉加入 150 毫升开水拌匀,在微波炉里转 10 秒取出搅拌,再转 10 秒,直到拌出纹路为止。

②依次往搅拌桶里放入牛奶、盐、糖、高筋面粉、酵母、奶粉、全量汤种,用搅拌机低速搅拌均匀后,改用中速搅拌 15 分钟,最后放入 30 克黄油,再次搅拌均匀。

③面团搅拌好后取出来,盖上保鲜膜,放入饧发箱发酵,直至按一个坑不反弹就取出来。

④取出面团揉匀,揉成长条,分成八个小剂,滚圆,用刀片割一个大口子,放在烤盘上,喷些清水,放入饧发箱继续发酵 20 分钟。

⑤奶酪片切成小丁与切碎的豌豆粒拌匀,放在面包剂的口子上,撒上百里香粉。

⑥烤箱预热后,190℃烤 20 分钟左右。

（4）风味特点　色泽金黄,奶香与香草的香味相互交错。

76. 肉桂辫子面包

（1）原料配方　高筋面粉 300 克,牛奶 40 毫升,鸡蛋液 60 克,糖 15 克,盐 5 克,汤种 90 克,酵母 4 克,橄榄油 20 克,黄油粒 25 克,肉桂粉 2 克。

（2）制作工具或设备　搅拌桶,搅拌机,笔式测温计,西餐刀,饧发箱,擀面杖,保鲜膜,烤盘,烤箱。

（3）制作过程

①在搅拌桶里依次放入牛奶、鸡蛋液、糖、盐、汤种,再倒入高筋

面粉、酵母,先用搅拌机低速搅拌均匀,然后改用高速搅拌 5 分钟,最后加入肉桂粉、橄榄油和黄油粒,搅拌成表面光滑的面团。

②在面团表面盖上保鲜膜,放入饧发箱发酵至原来面团体积的两倍左右。

③取出面团揉匀排气,盖上保鲜膜,松弛 15 分钟。

④将面团擀成长条,切成三条(一头不要切断),编成辫子状,拿住两头翻转捏紧接头,正面朝上放入吐司模具中。

⑤将面包坯放入饧发箱中发酵至原来面团体积的两倍左右。

⑥取出吐司模,放入烤箱。

⑦烤箱预热至 180℃,烤 35 分钟。

(4)风味特点 色泽金黄,肉桂口味,辫子造型。

77. 肉松面包

(1)原料配方 高筋面粉 220 克,低筋面粉 30 克,干酵母 3 克,砂糖 30 克,盐 2 克,炼乳 15 克,牛奶 150 毫升,黄油 50 克,肉松 50 克。

(2)制作工具或设备 搅拌桶,搅拌机,笔式测温计,西餐刀,饧发箱,擀面杖,烤盘,烤箱。

(3)制作过程

①将牛奶烧开再晾凉至 30℃,将干酵母溶于温牛奶中,静置 10 分钟备用。

②将除黄油和肉松以外的材料放到搅拌桶中,加上酵母牛奶,低速搅拌均匀,中速搅拌 10 分钟,形成面筋扩展的面团,最后加入化软的黄油,搅拌成光滑的面团。

③将搅拌好的面团放到饧发箱中进行第一次发酵至原来面团体积的 2.5 倍大左右。

④发酵好的面团取出,分割成两份;然后将两份面团分别擀成一个长面片,撒上适量肉松,卷起两条肉松卷并列排在一起,并把两头捏弄。

⑤整理好形状的面团排上烤盘,放到饧发箱中进行第二次发酵至原来体积的 2 倍大左右。

⑥面团表面刷牛奶,烤箱预热至185℃,烤箱中层,烤制18~20分钟。

(4)风味特点　色泽金黄,口感松软,馅心香咸。

78. 布里欧修(Brioche)面包

(1)原料配方

①种子面团配方:高筋面粉175克,细砂糖15克,干酵母2克,全蛋液80克,水75毫升。

②主面团配方:低筋面粉75克,细砂糖35克,盐3克,黄油75克,干酵母3克,鲜牛奶25毫升。

(2)制作工具或设备　搅拌桶,搅拌机,笔式测温计,西餐刀,饧发箱,擀面杖,保鲜膜,烤盘,烤箱。

(3)制作过程

①将种子面团配方中材料放入搅拌桶中,搅拌成面团,至均匀有弹性,放到饧发箱中发酵至原来体积的3~4倍大。

②将主面团配方中材料放入发酵完成的种子面团中,搅拌成均匀光滑的面团,放到容器里,蒙上保鲜膜,发酵30分钟,体积大约变大到原来体积的2倍。

③将发酵好的面团分成8份,每个大约55克,逐个滚圆,蒙保鲜膜松弛10分钟左右。

④将松弛好的面团,搓成一头大一头小的水滴状,擀长卷起,排上烤盘。

⑤将整理好形状的面团,放到饧发箱中进行第二次发酵,至原来体积的2~2.5倍大。

⑥面团表面刷全蛋液,烤箱预热至200℃,放入烤箱中层,烤制10分钟。

(4)风味特点　色泽金黄,油润适口,既香且软。

79. 菠菜面包

(1)原料配方　高筋面粉230克,菠菜汁125克,细砂糖25克,盐

2 克,干酵母 3 克,黄油 25 克。

(2)制作工具或设备　搅拌桶,搅拌机,笔式测温计,西餐刀,饧发箱,擀面杖,保鲜膜,烤盘,烤箱。

(3)制作过程

①将除黄油以外的其他材料,放在搅拌桶中搅拌成面团,最后再把黄油加入,慢慢搅拌进面团,至面团比较光滑,放到饧发箱中进行第一次发酵至原来面团体积的 2.5~3 倍大。

②把发酵好的面团取出,排去大部分空气,分割成 9 份小面团,并逐个滚圆,蒙保鲜膜松弛 10 分钟左右。

③松弛好的面团,用手掌压扁,并用擀面杖再擀大一些,将面团折叠整理好,并将其底部接口处捏弄,翻面即成两头小中间大的橄榄状。

④将整理好的面团排上烤盘,放到饧发箱中进行第二次发酵至原来体积的 2~2.5 倍大。

⑤烤箱预热至 190℃,放入烤箱中层,烤制 18 分钟左右。

(4)风味特点　色泽浅绿,松软诱人。

80. 沙拉酱面包

(1)原料配方

①面团配方:高筋面粉 210 克,低筋面粉 90 克,奶粉 12 克,细砂糖 30 克,盐 3 克,全蛋 60 克,温水 85 毫升,汤种 75 克,酵母 6 克,无盐黄油 45 克。

②馅心配方:沙拉酱 75 克,海苔碎 15 克。

(2)制作工具或设备　搅拌桶,搅拌机,电磁炉,笔式测温计,西餐刀,饧发箱,擀面杖,保鲜膜,烤盘,烤箱。

(3)制作过程

①汤种调制。按照粉和水比例 1:5,另取 20 克面粉加上 100 毫升水搅拌均匀,放入小盆中以电磁炉小火,边加热边不断搅拌至 65℃左右离火(搅拌时出现纹路,面糊略浓稠),盖上保鲜膜降至室温或冷藏 24 小时后使用。

②将酵母溶入温水中搅拌均匀,静置10分钟备用。

③在搅拌桶中依次放入盐、糖、蛋液、汤种、高筋面粉、低筋面粉和奶粉,最后倒入酵母水,中速搅拌均匀,形成面团,最后加入软化过的无盐黄油,继续搅拌,揉至面团完成阶段,表面光滑。

④面团完成后,表面喷少许水,放入饧发箱进行基本发酵,发至原来体积的2.5~3倍大。

⑤排气分割滚圆。将面团分割成个9个小面团,每个约60克,逐个滚圆盖保鲜膜,中间发酵10分钟。

⑥分别将面团按扁排气,整成橄榄形状,收口捏紧。

⑦最后发酵。将面团放入饧发箱,约温度38℃,湿度85%,发至原来体积的2倍大。

⑧发酵完成,表面刷一层薄薄的全蛋液,撒上白芝麻,185℃烤15分钟左右出炉。

⑨面包对半切口,不要切断,里面抹上沙拉酱,合并后在表面涂上沙拉酱,沾上海苔碎即可。

（4）风味特点　色泽金黄,油润松软,海苔飘香。

81. 心形面包

（1）原料配方　高筋面粉300克,干酵母4克,细砂糖30克,盐3克,牛奶120毫升,植物黄油30克,鸡蛋60克,汤种65克,奶粉10克。

（2）制作工具或设备　搅拌桶,搅拌机,笔式测温计,西餐刀,饧发箱,擀面杖,保鲜膜,烤盘,烤箱。

（3）制作过程

①将除黄油以外的材料放入搅拌桶,用搅拌机中速搅拌10分钟,搅拌成面团,然后加入植物黄油30克继续搅拌至光滑。

②将面团盖上保鲜膜,放入饧发箱发酵1~2小时,至原来面团体积的2倍大。

③轻拍面团,分割滚圆,盖上保鲜膜松弛15分钟。

④取一小面团,稍微拍扁,擀成长方形,从上往下轻轻卷起,接口

处捏紧。稍微在案板上滚一下,用擀面杖在中间压一下,两头折叠,整成心形。

⑤将面包坯放入饧发箱发酵45分钟,至原来面团体积的2倍大。

⑥烤箱预热至185℃,取出面包坯,刷上蛋清,撒上芝麻。

⑦放入烤箱,烤制15分钟即可。

(4)风味特点 色泽金黄,心形造型,松软诱人。

82. 挪威圆面包

(1)原料配方 高筋面粉650克,牛奶350毫升,干酵母10克,黄油80克,白糖100克,鸡蛋180克,盐6克,葡萄干50克。

(2)制作工具或设备 搅拌桶,搅拌机,笔式测温计,西餐刀,饧发箱,擀面杖,保鲜膜,烤盘,烤箱。

(3)制作过程

①将牛奶加热,至30~35℃,加入干酵母搅溶,静置10分钟备用。

②将高筋面粉、白糖、盐、鸡蛋放入搅拌桶中,再将温牛奶酵母倒入,搅拌均匀,最后加入黄油搅拌成面筋扩展而且光滑的面团。

③用保鲜膜将面团盖住,放在饧发箱中,发酵80分钟。

④将葡萄干浸泡在清水中,等面团发酵的差不多的时候,将葡萄干取出,沥干水分;再将葡萄干揉进面团中。

⑤将面团分成30等份,揉成小圆团,放入烤盘。

⑥放入饧发箱,再次发酵40分钟。

⑦将一个鸡蛋打散,把蛋液刷到小面团上。

⑧烤箱预热至220℃,将烤盘放在烤箱中间位置,烤10~15分钟即可。

(4)风味特点 色泽金黄,松软适度。

83. 椒盐羊角面包

(1)原料配方

①面团配方:高筋面粉300克,白砂糖20克,猪油20克,冰鸡蛋

20克,花生油10克,酵母5克,奶粉10克,清水110毫升,食盐3克。

②装饰面料配方:鸡蛋75克,黑芝麻100克,椒盐3克。

(2)制作工具或设备　搅拌桶,搅拌机,笔式测温计,西餐刀,饧发箱,擀面杖,烤盘,烤箱。

(3)制作过程

①将猪油、糖、盐和其他辅料搅匀;酵母用适量温水溶化,投入搅拌机内搅拌后倒入面粉继续搅拌直到不粘手为止,进饧发箱(36~38℃)发酵。

②将发酵好的面团分成小块(每块44克),每块再分摘成5只,搓成长10厘米的条子,用擀面杖压成16厘米乘17厘米的薄片,面上刷油,静置片刻卷起来,搓成两头尖中间粗,弯成羊角形。

③置盘饧发箱中发酵到七成,表面刷鸡蛋液,撒上芝麻进炉。

④炉温控制在220~240℃,烘成老黄色出炉。

(4)风味特点　羊角形状,表面有黑芝麻,老黄色有光泽,底面棕褐色,质地软绵。

84.巧克力牛奶面包

(1)原料配方　高筋面粉180克,低筋面粉25克,砂糖30克,黄油40克,牛奶110毫升,酵母4克,盐2克,黑巧克力25克。

(2)制作工具或设备　搅拌桶,搅拌机,笔式测温计,西餐刀,饧发箱,擀面杖,保鲜膜,烤盘,烤箱。

(3)制作过程

①牛奶温热放入酵母搅拌均匀,静置10分钟备用。

②将高筋面粉、低筋面粉、砂糖、盐放入搅拌桶中,再将温牛奶酵母倒入,搅拌成面筋扩展而且光滑的面团,最后加入化软的黄油和巧克力继续搅拌均匀。

③把面团放入容器,盖上保鲜膜,放饧发箱中发酵原来面团体积的2.5~3倍大。

④将面团取出,揉匀,分割成5等份,逐个搓圆,盖上保鲜膜松弛10分钟。

⑤烤盘放油纸,放面包,放饧发箱中发酵至原来面坯体积的 2 倍大。

⑥取出烤盘,在面包坯上刷蛋液,撒芝麻。

⑦烤箱预热至 185℃,把面团放入烤箱中层烤 20 分钟。

(4)风味特点　面包表面浅褐色,底面棕褐色,气孔细密有层次。

85. 软绵鱼松面包

(1)原料配方　高筋面粉 500 克,鸡蛋 120 克,牛奶 120 毫升,盐 4 克,奶粉 60 克,蜂蜜 60 克,鲜奶油 60 克,吉士粉 10 克,酵母粉 10 克,黄油 60 克,鱼松 50 克。

(2)制作工具或设备　搅拌桶,搅拌机,笔式测温计,西餐刀,饧发箱,擀面杖,面包模,锡纸,烤盘,烤箱。

(3)制作过程

①将除黄油、鱼松外所有原料放入搅拌桶中,中速搅拌 10 分钟,搅拌面团到光滑可以拉成薄膜时,加入黄油继续搅拌均匀。

②将面团放入饧发箱中,基本发酵到原来面团体积的 2 倍大左右。

③取出发好的面团,分割成 120 克/个,滚圆松弛 10 分钟。

④将面剂子用擀面杖擀扁,包入鱼松,收口朝下放入面包模,表面喷一点点水,再放入饧发箱中进行第二次发酵。

⑤发酵至满模后,面包表面刷蛋液再划上三刀。

⑥烤箱预热至 180℃,送入烤箱中层,发现表面上色后加盖锡纸,温度调至 160℃,一共烘烤 15 分钟即可。

(4)风味特点　色泽金黄,质地超级绵软。

86. 德国蒜头面包

(1)原料配方　高筋面粉 350 克,砂糖 30 克,细盐 3 克,黄油 50 克,干酵母 5 克,水 160 毫升,蒜头丁 50 克,蒜头粉 2 克。

(2)制作工具或设备　搅拌桶,搅拌机,笔式测温计,西餐刀,饧发箱,擀面杖,保鲜膜,烤盘,烤箱。

（3）制作过程

①先将高筋面粉、砂糖、细盐、蒜头粉、干酵母及水放入搅拌桶中，中速搅拌 10 分钟，形成面筋扩展表面光滑的面团。

②搅拌好的面团再加入黄油，充分拌匀。

③面团用保鲜膜盖好，放入饧发箱发酵 60 分钟。

④将面团取出，揉匀，分割成 200 克/个的小块，搓圆后松弛 10 分钟。

⑤将面剂子用擀面杖擀薄，包入蒜头丁，卷起两头捏紧。

⑥放入饧发箱再次发酵 30 分钟。

⑦取出烤盘，在面包坯表面用刀割上刀纹，放入烤箱，以 150℃烘烤，边烤边沿刀线割几次，才能裂得好看。

（4）风味特点 色泽金黄，蒜味突出，口感具有弹性。

87. 椰蓉半圆面包

（1）原料配方 高筋面粉 300 克，糖 25 克，盐 2 克，干酵母 3 克，牛奶 75 毫升，水 50 毫升，鸡蛋 60 克，椰奶 25 克，植物黄油 25 克，椰蓉馅 50 克。

（2）制作工具或设备 搅拌桶，搅拌机，微波炉，笔式测温计，西餐刀，饧发箱，擀面杖，烤盘，烤箱。

（3）制作过程

①把牛奶、椰奶和水搅在一起，用微波炉转一下，温热（35℃左右），加糖，加酵母，搅拌溶化，静置 10 分钟备用。

②将高筋面粉放入搅拌桶中，加盐，加鸡蛋，用溶好的牛奶酵母水，分几次搅拌入植物黄油，一直搅拌至光滑、面筋扩展阶段。

③然后放在饧发箱中发酵至原来面团体积的 1 倍大。

④用拳头击打发好的面团，放出气泡，在案板上分成小块儿。擀成厚皮儿，包入椰蓉馅，包好以后，封口向下，放在案板上。

⑤小心地擀成椭圆形的片儿，不要用力太大，否则椰蓉馅儿会跑出来。对折，划分四刀，翻一下，使得椰蓉馅露出。

⑥将面包坯放入饧发箱进行二次发酵，至原来面团体积的 1

倍大。

⑦放进预热至180℃的烤箱,烤15分钟左右。

(4)风味特点 色泽金黄,质地膨松,椰蓉香脆。

88. 香橙菠萝面包

(1)原料配方

①面团配方:高筋面粉220克,糖30克,蜂蜜10克,盐2克,酵母2克,改良剂1.5克,超软乳化油4克,黄油15克,水120毫升。

②香橙菠萝皮配方:黄油100克,糖粉100克,鸡蛋50克,低筋面粉200克,香橙浓缩香油0.05克。

(2)制作工具或设备 搅拌桶,搅拌机,笔式测温计,西餐刀,饧发箱,擀面杖,烤盘,烤箱。

(3)制作过程

①香橙菠萝皮调制。将黄油、糖粉拌匀至黄油发白,慢慢加入鸡蛋使之均匀,最后加入香橙浓缩香油、低筋面粉搅拌均匀,分成18克/个。

②将面团配方中原料放入搅拌桶中慢速搅拌3分钟,再快速搅拌6分钟左右至面筋完全扩展,理想温度为28℃。

③松弛饧发30分钟,分割滚圆;每个50克,松弛饧发15分钟。

④18克香橙菠萝皮包50克面团,逐个做完,放入饧发箱发酵。

⑤取出面团,表面刷蛋黄。

⑥烘焙温度:上火180℃,下火170℃;烘焙时间:14分钟。

(4)风味特点 色泽金黄,表皮酥脆,橙味飘香。

89. 芝士面包条

(1)原料配方 高筋面粉300克,温水150毫升,鲜奶油100毫升,黄油25克,芝士碎25克,盐3克,糖15克,干酵母3克,蛋清1个,芝麻15克。

(2)制作工具或设备 搅拌桶,搅拌机,笔式测温计,西餐刀,饧发箱,擀面杖,烤盘,烤箱。

（3）制作过程

①把酵母和糖加入温水拌匀,待酵母溶化之后静置10分钟左右,直到酵母液表面出现很多气泡。

②鲜奶油加入酵母液混匀,然后加入面粉搅拌成光滑的面团。

③面团放入饧发箱,发至面团体积成为原来的2倍大。

④把面团里面的气泡揉出,继续放入饧发箱,发至原体积的两倍。

⑤在面案上面撒一点干面粉,然后把发好的面团放在上面揉出气泡,擀成一个12寸大小的方面片,上面刷上黄油,再撒上芝士碎。

⑥把面片重叠起来,擀成一个7寸乘14寸的面片,然后切成14个7寸乘1寸的条。

⑦每个面包条转几圈,转出花纹,放在刷了油的烤盘上面。每个面包条之间要保持一定距离,因为面包条还会发起。

⑧烤箱预热至185℃。

⑨蛋清里面混一小勺水,打匀,然后刷在面包条上面,再撒上芝麻,放入烤箱烤15~20分钟。

（4）风味特点　色泽金黄,芝士芝麻香味杂陈,质地松软。

90. 橙味牛奶面包

（1）原料配方　高筋面粉270克,低筋面粉30克,糖40克,酵母2克,盐2克,牛奶125毫升,鸡蛋60克,奶粉20克,淡奶油25克,橙味牛奶125毫升。

（2）制作工具或设备　搅拌桶,搅拌机,笔式测温计,西餐刀,饧发箱,擀面杖,保鲜膜,烤盘,烤箱。

（3）制作过程

①将酵母和糖加入到温牛奶中化开,静置10分钟备用。

②所有的材料和酵母液混合,用搅拌机和成光滑的面团,放入饧发箱静置到面团发酵至原来体积的2倍大。

③面团用手揉扁,分割成8份,滚圆,盖保鲜膜静置15分钟。

④拿一份面团,擀成一个长条的面片,然后三折,折叠后翻过去,再擀成一个细长的条,再翻过来,把长条卷起来。

⑤折叠好的面团放入烤盘,每个面团之间要保留很大的空隙,盖上保鲜膜放入饧发箱,静置到面团发酵到原来体积的2倍大。

⑥烤箱预热至185℃。

⑦在面团表面刷上一层蛋液,放入烤箱烘烤20~25分钟。

(4)风味特点　色泽金黄,内部丝空密集相连,橙味香浓。

91. 椰香奶黄卷

(1)原料配方

①面团配方:高筋面粉500克,牛奶300毫升,鸡蛋60克,黄油50克,白糖50克,酵母粉7克,椰蓉25克。

②奶黄馅配方:低筋面粉10克,玉米淀粉10克,蛋黄粉20克,砂糖30克,鸡蛋60克,黄油10克,炼奶30克,牛奶120毫升。

(2)制作工具或设备　搅拌桶,搅拌机,笔式测温计,西餐刀,饧发箱,擀面杖,烤盘,烤箱。

(3)制作过程

①奶黄馅调制。将所有干材料混匀,黄油融化之后和牛奶、炼奶混匀,倒入干材料里面拌匀。鸡蛋打散,倒入奶黄糊拌匀,开水上屉蒸熟,晾凉待用。蒸的时候每隔几分钟就要搅拌一下,直到馅料成熟。

②将酵母粉和一勺白糖混匀,用温牛奶化开,静置10分钟左右;黄油化软备用。

③将高筋面粉、白糖、鸡蛋、黄油和酵母液混合,揉成光滑的软面团,放入饧发箱,静置到面团发起到原来面团体积的2倍大。

④把发好的面团揉出空气,分成50克1个的剂子。奶黄馅按40克一份分开。

⑤取一个剂子,擀成长条的面皮,然后取一份奶黄馅,在面皮上面摊平。

⑥把面皮卷起来,用手慢慢压平一些,再将压平的长条卷起来。

⑦取一个烤盘,刷一层黄油,把卷好的奶黄卷放进去,再放入饧发箱,静置30分钟左右。

⑧奶黄卷上面刷一层牛奶,然后撒上椰蓉,放进预热至185℃的烤箱烤到表面变色即可。

(4)风味特点　色泽焦黄,馅心软嫩,椰香宜人。

92.蜜糖玉桂卷

(1)原料配方

①面团配方:高筋面粉500克,牛奶300毫升,鸡蛋60克,黄油50克,白糖50克,酵母粉7克。

②调料配方:黄油25克,玉桂粉2克,白糖15克,蜂蜜35克。

(2)制作工具或设备　搅拌桶,搅拌机,笔式测温计,西餐刀,饧发箱,擀面杖,烤盘,烤箱。

(3)制作过程

①酵母粉加上白糖混匀,用温牛奶化开,静置10分钟;黄油化软。

②将高筋面粉、白糖、鸡蛋、黄油和酵母液混合,用搅拌机搅拌成光滑的软面团,放入饧发箱,静置到面团发起到原来面团体积的2倍大。

③将发好的面团重新揉过,把空气揉出去。

④把面团擀成一张大面片,上面刷一层溶化的黄油。

⑤把白糖和玉桂粉混匀,在黄油上面均匀地刷一层。

⑥面片从一端卷起,卷成长形的大卷,然后用刀切成长短均匀的段。

⑦面段横过来,上面刷一层蜂蜜,放入饧发箱,静置30分钟左右。

⑧烤箱预热至210℃。

⑨把面段放进烤箱烤制15~20分钟,表面变成金黄即可。

(4)风味特点　色泽金黄,油润松软,蜜甜玉桂发出阵阵清香。

93.面包环

(1)原料配方　高筋面粉300克,低筋面粉120克,水280毫升,酵母15克,改良剂3克,盐3克,糖15克。

（2）制作工具或设备　搅拌桶,搅拌机,笔式测温计,西餐刀,饧发箱,擀面杖,烤盘,烤箱。

（3）制作过程

①将面粉、水、改良剂、酵母,一起慢速搅拌两分钟,加入盐,中速搅拌,将面筋打至扩展阶段。

②面团温度为25℃,放入饧发箱,发酵2.5~3小时。

③把面团分割成600克/个,揉匀搓成圆柱形,圈成环状。

④放在刷油的烤盘上,置于饧发箱,饧发1小时。

⑤用刀片在面包环上划成所需形状,250℃入炉,烤(打蒸汽)15分钟后关火,再烤15分钟即可。

（4）风味特点　色泽金黄,形状如环,质地松软。

94. 椰蓉奶酪纸杯面包

（1）原料配方　高筋面粉350克,汤种95克,鸡蛋60克,鲜奶油85克,盐2克,奶粉30克,白糖50克,干酵母10克,黄油120克,苏里拉奶酪100克,椰蓉100克。

（2）制作工具或设备　搅拌桶,搅拌机,笔式测温计,西餐刀,饧发箱,擀面杖,保鲜膜,烤盘,烤箱。

（3）制作过程

①汤种调制。另取20克高筋面粉,加上100毫升清水拌成糊,放火上熬到能搅拌出圈痕即可,晾凉后,用保鲜膜封口备用。

②先在搅拌机的搅拌桶中放入全部汤种、鸡蛋、鲜奶油、盐,再放高筋面粉、奶粉、白糖、干酵母等,中速搅拌15分钟后,此时面团已经成形,将30克黄油切碎化软放入,继续搅拌均匀。

③把搅拌好的面团放入饧发箱中,进行基础发酵。发酵好的面团,用手指头戳一下,小坑不反弹就是发酵成功了。

④把面团拿出来,轻轻压压,排出空气,用保鲜膜包裹好,放在室温下中间发酵15分钟。

⑤发酵的同时,将90克黄油融化之后,拌入100克椰蓉、100克马苏里拉奶酪拌匀,形成椰蓉奶酪馅。

⑥将面团取出轻轻排出气体,分割成 70 克/个的小面剂。

⑦取一个面剂轻压成中间厚周围薄的圆片,放入椰蓉奶酪馅,封口后稍微揉圆,放入纸杯中。

⑧将纸杯放入饧发箱中第二次发酵。

⑨待面团发到纸杯边缘左右时,取出刷上鸡蛋液。

⑩放入烤箱以 180℃烤 20 分钟左右。

(4)风味特点　色泽金黄,馅心软嫩具有奶香和椰香,内部软松。

95.汤种奶酥面包

(1)原料配方　高筋面粉 250 克,低筋面粉 60 克,奶粉 100 克,盐 2 克,干酵母 3 克,鸡蛋 60 克,水 285 毫升,汤种 80 克,无盐黄油 90 克,糖粉 30 克,玉米淀粉 15 克,椰蓉 25 克,白糖 10 克。

(2)制作工具或设备　搅拌桶,搅拌机,笔式测温计,西餐刀,饧发箱,擀面杖,保鲜膜,烤盘,烤箱。

(3)制作过程

①汤种调制。在 200 毫升水中加入 40 克高筋面粉,搅拌均匀。小火边加热边搅拌,加热至 65℃离火,面糊在搅拌时会略有纹路,盖保鲜膜放至室温后使用。

②馅心调制。将 70 克无盐黄油室温放软搅拌光滑,加入 30 克糖粉打发。加入一半鸡蛋拌匀,筛入玉米淀粉、80 克奶粉拌匀,即成为馅心。

③酵母粉放入小碗中,加入 85 毫升水,搅拌均匀,静置 10 分钟。

④将 210 克高筋面粉、低筋面粉、20 克奶粉、糖和盐放入搅拌桶中,加入酵母粉水、汤种、剩余蛋液倒入混合均匀的干性材料中,揉成略光滑的面团后加入 20 克黄油。

⑤先将黄油和面团揉均匀,再揉至扩展阶段,即面团表面光滑不粘手且可以拉出薄膜。

⑥搅拌好的面团收出一个光滑面,放到涂了黄油的盆中,盖保鲜膜,放入饧发箱,做基本发酵,基本发酵的温度为 29℃左右,发至原来体积的 2 倍大,将食指沾满面粉刺到底,指孔不回缩即为发酵完成。

⑦将基本发酵完成的面团拿出分成 8 份滚圆,静置 15 分钟做中间发酵,将收口朝下稍按扁包入内馅。

⑧在包好内馅的面团上刷一层清水,撒适量椰蓉放入饧发箱,进行最后发酵。

⑨发好的面包以 180℃烘烤 15 分钟。

(4)风味特点 色泽金黄,表面酥脆,内部松软。

96. 绿茶面包

(1)原料配方 高筋面粉 300 克,温水 125 毫升,鸡蛋 60 克,酵母粉 3 克,绿茶粉 3 克,白糖 15 克,盐 2 克,黄油 20 克。

(2)制作工具或设备 搅拌桶,搅拌机,笔式测温计,西餐刀,饧发箱,擀面杖,保鲜膜,烤盘,烤箱。

(3)制作过程

①把酵母粉和绿茶粉用温水化开,静置 10 分钟备用。

②在搅拌桶中加入高筋面粉、鸡蛋、白糖、盐等材料搅拌均匀,加入酵母和绿茶粉、水等低速搅拌成团,中速搅拌 10 分钟,形成面筋扩展的面团,最后加入化软的黄油,搅拌均匀。

③面团搅拌好,盖上保鲜膜,放入饧发箱,发酵 1~2 小时,温度控制在 30℃。

④取出面团,揉匀,分割成 8 份,55 克/份,逐个搓圆,放入刷油的烤盘中。

⑤将烤盘放入饧发箱,进行第二次发酵,至原来面包坯的 1 倍大。

⑥取出烤盘,在面包坯上刷上鸡蛋液。

⑦放入烤箱,以 190℃,烤制 30 分钟。

(4)风味特点 色泽浅绿,质地松软,绿茶口味。

97. 金钱面包

(1)原料配方 高筋面粉 300 克,低筋面粉 300 克,干酵母 10 克,盐 6 克,牛奶 250 毫升,鸡蛋 120 克,细砂糖 120 克,黄油 100 克,枫糖酱 50 克。

（2）制作工具或设备 搅拌桶,搅拌机,笔式测温计,西餐刀,饧发箱,擀面仗,保鲜膜,圆饼干模具,烤盘,烤箱。

（3）制作过程

①将材料放入搅拌桶中,酵母不要和糖、盐放于一堆,以免造成酵母脱水。

②先低速搅拌均匀成团,然后中速搅拌10分钟,把面团搅拌至面筋扩展阶段,最后加入化软的黄油搅拌成表面光滑的面团。

③将面团盖上保鲜膜,放入饧发箱,基本发酵为原体积的两倍。

④取出面团,用手轻拍面团,排气,松弛15分钟。

⑤将面团用擀面杖擀平,擀至约2厘米的厚度,用圆饼干模具压出一只只小面团,整齐地排列在烤盘内,表面刷一层蛋液,松弛15分钟。

⑥烤箱预热至180℃,烤约10～12分钟即可。

⑦趁热出炉,淋上枫糖酱即成。

（4）风味特点 色泽金黄,形似金钱,面包松软,枫糖香甜。

98. 鲜奶油8字面包

（1）原料配方

①面团配方:高筋面粉200克,细砂糖30克,盐1克,蛋黄1个,酵母粉3克,动物鲜奶油100克,牛奶40毫升,无盐黄油20克。

②酥松粒配方:糖粉30克,低筋面粉50克,奶粉5克,无盐黄油40克。

（2）制作工具或设备 搅拌桶,搅拌机,笔式测温计,西餐刀,饧发箱,擀面杖,烤盘,烤箱。

（3）制作过程

①酥松粒调制。将糖粉、低筋面粉、奶粉混合,加入未软化的黄油用手轻轻搓成均匀的小颗粒即可。

②将面团配方中材料除黄油外放入搅拌桶中,搅拌均匀成团后,最后加入黄油揉至扩展阶段,放入饧发箱,基本发酵约80分钟。

③取出面团分成6等份,滚圆后,松弛15分钟。

④面团整形成约 28 厘米的长条,两头相反卷成卷,形成"8"字造型,最后发酵约 30 分钟。

⑤表面刷蛋液,撒上酥松粒,入烤箱 180℃烤约 20 分钟。

(4)风味特点　色泽金黄,8 字造型,奶香味浓。

99. 汤种绿豆面包

(1)原料配方　高筋面粉 220 克,低筋面粉 60 克,奶粉 20 克,细砂糖 40 克,盐 2 克,干酵母 6 克,鸡蛋 30 克,水 85 毫升,汤种 84 克,无盐黄油 20 克,绿豆馅 75 克,黑芝麻 5 克。

(2)制作工具或设备　搅拌桶,搅拌机,笔式测温计,西餐刀,饧发箱,擀面杖,烤盘,烤箱。

(3)制作过程

①将原料配方中材料除绿豆馅和黑芝麻外放入搅拌桶中混合,中速搅拌 10 分钟,揉成较光滑的面团,加入黄油揉至扩展阶段,放入饧发箱,基本发酵约 40 分钟至原来面团体积的 2 倍大。

②把面团分割成 9 等份,60 克/个,滚圆松弛 10 分钟。

③取一个小面团,用手压成圆饼状,包上绿豆馅,收口朝下放置。

④放入饧发箱,最后发酵 40 分钟。

⑤发酵完成后,刷上蛋液,在中间撒少许黑芝麻。

⑥放入烤箱,以 170℃烤约 15 分钟。

(4)风味特点　色泽金黄,馅心甜软,松软适口。

100. 全麦奶酪包

(1)原料配方　高筋面粉 250 克,全麦粉 40 克,奶油奶酪 80 克,盐 4 克,糖 35 克,酵母 5 克,鸡蛋 60 克,牛奶 120 毫升,黄油 35 克。

(2)制作工具或设备　搅拌桶,搅拌机,笔式测温计,西餐刀,饧发箱,擀面杖,烤盘,烤箱。

(3)制作过程

①将除黄油外所有的原料混合在一起,拌匀。

②放入搅拌机内,中速搅拌 10 分钟,搅拌到扩展状态可以拉开面团成膜。

③放入饧发箱,进行基础发酵,发酵至原来面团体积的 2 倍大。

④打开取出面团分割成相等的小份,搓圆整形,松弛 10 分钟。

⑤间隔地放入烤盘上,放入饧发箱,饧发 30～40 分钟,至原来面团体积的 2 倍大。

⑥将发好的面团表面刷上蛋液。

⑦放入烤箱以 170℃,烤制 15 分钟。

(4)风味特点　色泽金黄,奶酪味香,内部丝孔密布,松软适度。

101. 家常香蒜面包

(1)原料配方

①面团配方:高筋面粉 200 克,盐 3 克,酵母 3 克,糖 16 克,面包改良剂 1 克,奶粉 8 克,鸡蛋 10 克,水 100 毫升;黄油 20 克。

②香蒜糊配方:香菜碎 50 克,蒜泥 15 克,盐 3 克,味精 0.5 克,黄油 25 克。

(2)制作工具或设备　搅拌桶,搅拌机,笔式测温计,西餐刀,饧发箱,擀面杖,烤盘,烤箱。

(3)制作过程

①香蒜糊调制。将香菜碎、蒜泥、盐、味精和化软的黄油混合成香蒜糊。

②将除黄油外所有的原料放入搅拌机搅拌桶内,中速搅拌 10 分钟,搅拌到扩展状态可以拉开面团成膜。

③面团放在饧发箱里进行第一次饧发,在 28℃左右,需要 40～60 分钟,等面团的体积有原来的 2 倍大就可以了。

④饧发好的面团按需要进行分割,每个面团 50 克,分割好后,再饧 20 分钟,这是中间发酵。

⑤逐个把面团按压成饼,擀成长椭圆形,包入香蒜糊,把一边一点点卷进去,保持中间鼓两头尖,呈橄榄形,码放在烤盘,用尖刀在面团中间割竖口。

⑥放入饧发箱,进行最后发酵,40~60分钟。等面包坯再膨胀至原来的两倍就可以烤了。

⑦在面包坯表面刷蛋黄液。

⑧烤箱预热至170~185℃,烤15分钟(可根据面团的大小做调整)。

(4)风味特点　色泽金黄,具有浓烈的香蒜味道。

102. 鲜奶软面包

(1)原料配方　高筋面粉300克,糖40克,盐3克,干酵母3克,改良剂1.2克,鸡蛋40克,鲜奶66克,水60毫升,黄油35克。

(2)制作工具或设备　搅拌桶,搅拌机,笔式测温计,西餐刀,饧发箱,擀面杖,烤盘,烤箱。

(3)制作过程

①将高筋面粉、糖、盐、干酵母、改良剂、鸡蛋等材料放入搅拌桶中,用搅拌机慢速搅拌1分钟,加入鲜奶和水再搅拌2分钟,后改用快速搅拌约3分钟,再加入黄油慢速搅拌2分钟,改用快速搅拌约7分钟至面团扩展完成。面团理想温度为26℃。

②放入饧发箱,基本发酵环境温度为26℃,相对湿度为75%,基本发酵时间为45分钟至1小时后,储存于冷藏库约5小时。

③取出面团,用擀面杖擀至1厘米厚,然后切成方块状,放置在平底烤盘中。

④将烤盘置于饧发箱,最后饧发温度为36℃,相对湿度为85%,最后饧发时间为45~60分钟。

⑤放入烤箱,以上火、下火180℃,烘烤15~20分钟。

(4)风味特点　色泽金黄,口感暄软。

103. 培果(Bagel)面包

(1)原料配方　高筋面粉900克,水600毫升,低筋面粉100克,蛋清2个,干性酵母12克,食盐18克,细砂糖30克,黄油20克。

(2)制作工具或设备　搅拌桶,搅拌机,笔式测温计,西餐刀,饧

发箱,擀面杖,保鲜膜,烤盘,烤箱。

(3)制作过程

①将全部材料倒入搅拌桶内慢速搅拌3分钟,搅拌均匀后,中、高速混合交叉搅拌6～8分钟。搅拌好后温度约27℃,面团处于面筋扩展阶段,表面光滑。

②将面团盖上保鲜膜,放入饧发箱,发酵时间为60分钟。

③将面团取出,分割成面剂子50克/个,再松弛10分钟。

④成形时如甜甜圈的形状,并排放置在撒上面粉的木板上,自然发酵20分钟。

⑤逐个将甜甜圈放入烤箱,以185℃,烤制成金黄色成熟即可。

(4)风味特点　色泽金黄,口感油润适口,具有油炸的香味和麦香味。

104. 奥利亚面包

(1)原料配方　高筋面粉800克,低筋面粉200克,香酥油150克,黄油100克,糖250克,蛋黄180克,酵母15克,盐15克,鲜奶10毫升,柠檬色香精0.005克,奶粉50克,水350毫升。

(2)制作工具或设备　搅拌桶,搅拌机,笔式测温计,西餐刀,饧发箱,擀面杖,保鲜膜,烤盘,烤箱。

(3)制作过程

①将香酥油、黄油、糖拌匀后慢慢加入蛋黄打发,加入高筋面粉、低筋面粉、酵母、盐、鲜奶、柠檬色香精、奶粉、水等,中、高速混合交叉搅拌10～15分钟,拌至面筋扩展。此时,面团温度为26～28℃。

②面团盖上保鲜膜,放入饧发箱,基本发酵30～40分钟。

③取出面团揉匀排气,分割成55克/个,逐个搓圆,放入烤盘,松弛10分钟。

④将面团再次放入饧发箱,发酵温度为35～38℃,湿度为75%～80%,最后发酵时间为60～70分钟。

⑤取出烤盘,放入烤箱,以上火200℃,下火180℃,烤制15分钟。

(4)风味特点　色泽金黄,口感松软油润,具有特殊的香味。

105. 日式德川面包

（1）原料配方　高筋面粉 500 克,酥油 40 克,砂糖 15 克,酵母 5 克,改良剂 2 克,细盐 7 克,奶粉 15 克,水 300 毫升,豆沙粒 75 克。

（2）制作工具或设备　搅拌桶,搅拌机,笔式测温计,西餐刀,饧发箱,擀面杖,烤盘,烤箱。

（3）制作过程

①将高筋面粉、砂糖、细盐、改良剂、酵母、奶粉等放入搅拌桶中,慢速搅拌 1 分钟拌匀。

②加入水慢速搅拌 1 分钟,中速搅拌 3 分钟,快速搅拌 1 分钟;加入酥油,慢速搅拌 2 分钟,中速搅拌 2 分钟,慢速搅拌 2 分钟,打至面筋 8 ~ 9 成。

③面团放入饧发箱,基本发酵 28℃,湿度 75%,发酵 50 分钟。

④取出面团,分割成 60 克/个,滚圆松弛 15 分钟。

⑤擀压成圆形,挤上 20 ~ 30 克豆沙粒,包成圆形结口朝下放入烤盘。

⑥放入饧发箱,进行最后发酵,在 35℃时,发酵 40 分钟。

⑦取出烤盘,以上火 200℃,下火 190℃,烤焙 12 ~ 15 分钟。

（4）风味特点　色泽金黄,口感酥软。

106. 圣诞装饰面包

（1）原料配方　高筋面粉 220 克,砂糖 32 克,干酵母 2 克,盐 3 克,鸡蛋 50 克,面包柔软剂 3 克,黄油 10 克,水 100 毫升,水果蜜饯碎 40 克。

（2）制作工具或设备　搅拌桶,搅拌机,笔式测温计,西餐刀,饧发箱,擀面杖,烤盘,烤箱。

（3）制作过程

①将高筋面粉、砂糖、干酵母、盐一起放入搅拌桶中拌匀,加入面包柔软剂和鸡蛋、水,慢速搅拌 3 分钟;中速搅拌 4 分钟,加入黄油,慢速搅拌使油渗入面团,中速打至面筋扩展即可,最后慢速拌入水果蜜饯碎。

②面团放入饧发箱,温度为28℃,湿度为75%,发酵50分钟。

③取出面团,滚圆松弛15分钟。

④将面坯滚圆后,在面坯上面装饰用面团制作的葡萄树、圣诞树。

⑤放入饧发箱,再次发酵30分钟。

⑥取出放入烤箱,以上下火185℃,烤制15分钟左右。

(4)风味特点　色泽金黄,造型美观,口感膨松。

107．松鼠造型面包

(1)原料配方　高筋面粉500克,盐10克,酵母7克,糖50克,黄油20克,奶粉30克,水230毫升。

(2)制作工具或设备　搅拌桶,搅拌机,笔式测温计,西餐刀,饧发箱,擀面杖,烤盘,烤箱。

(3)制作过程

①把原料放入搅拌桶中,用搅拌机搅拌均匀,约10分钟。

②取出面团饧发5分钟,然后在压面机(起酥机)上擀压,使面团内部结构密实。

③在擀好的面片上画出大致形状后,用小刀刻制,松鼠的尾巴和前肢的下部是用小刀切开后再用手做出毛发的大致形状。眼睛和鼻子是用提子装饰的,耳朵的中间要有凹槽以突出立体感;再刷上蛋液;面上用牙签扎眼。

④放入150℃烤炉,烤2个小时。

(4)风味特点　色泽金黄,造型惟妙惟肖,口感紧实。

108．花式烫种面包

(1)原料配方

①种子面团配方:高筋面粉1000克,高糖酵母18克,清水540毫升。

②主面团配方:高筋面粉1000克,牛油香粉15克,高糖酵母6克,砂糖500克,食盐30克,奶粉100克,鸡蛋250克,清水约300毫升,无水酥油200克。

（2）制作工具或设备 搅拌桶,搅拌机,笔式测温计,西餐刀,饧发箱,擀面杖,烤盘,烤箱。

（3）制作过程

①先将种子面团部分的 500 克的高筋面粉用 400 毫升沸水烫熟。

②将种子面团部分其他材料拌匀后,加入上述熟面,再改用快速搅拌至面筋开始扩展后即进行发酵。（温度控制在 24~26℃,在相对湿度 75%,温度 26~28℃环境中发酵 60~120 分钟,气温低时需放在饧发室内发酵。）

③将主面团配方部分除无水酥油之外的原料,用中、快速搅拌均匀,面筋开始扩展后再加入种子面团打至扩展后加入无水酥油。

④以中速搅拌至面筋充分扩展后,最后慢速搅拌 1 分钟。

⑤延续发酵 10 分钟左右。

⑥分割、滚圆,松弛约 15 分钟后,整形入模。

⑦放入饧发箱进行发酵,最后饧发温度为 35℃,相对湿度为 80%,饧发时间为 1~1.5 小时。

⑧取出烤模,放入烤箱。烘烤炉温:上火 180℃,下火 180℃,烤制时间:15~20 分钟。

（4）风味特点 色泽金黄,口感松软润口。

109. 葡萄干干果面包

（1）原料配方 高筋面粉 300 克,糖 20 克,盐 2 克,奶粉 15 克,干酵母 3 克,改良剂 1 克,蛋黄 15 克,水 180 毫升,黄油 20 克,葡萄干 20 克,干果 20 克。

（2）制作工具或设备 搅拌桶,搅拌机,笔式测温计,西餐刀,饧发箱,擀面杖,保鲜膜,烤盘,烤箱。

（3）制作过程

①将葡萄干和干果切碎,备用。

②将高筋面粉、糖、盐、奶粉、干酵母、改良剂等放入搅拌桶,慢速搅拌 1 分钟,加入蛋黄和水再搅拌 2 分钟,转快速搅拌 2 分钟,加入黄

油慢速搅拌 2 分钟后改快速搅拌约 7 分钟,加入葡萄干碎和干果碎慢速搅拌 1 分钟快速搅拌 1 分钟完成。面团理想温度为 28℃。

③给面团盖上保鲜膜,基本发酵环境温度为 28℃,相对湿度 75%,基本发酵时间 45 分钟。

④将面团分割整形,松弛时间为 15 分钟,造型可用长方形模子或做小圆形。

⑤放入饧发箱,最后饧发温度为 36℃,相对湿度为 80% ~85%。

⑥取出,放入烤箱。烘烤温度:上火 180℃,下火 180℃。烘烤时间:22 ~25 分钟。

⑦出炉后立即从模子中取出冷却。

(4)风味特点　色泽金黄,松软适度,营养丰富。

110. 蓝莓酱三角面包

(1)原料配方　富强粉 500 克,猪油 30 克,白糖 80 克,食盐 3 克,饴糖 30 克,鲜酵母 20 克,温水 210 毫升,鸡蛋 70 克,蓝莓酱 160 克。

(2)制作工具或设备　搅拌桶,搅拌机,笔式测温计,西餐刀,饧发箱,擀面杖,保鲜膜,烤盘,烤箱。

(3)制作过程

①将富强粉、猪油、白糖、食盐、饴糖、鲜酵母、温水、鸡蛋等放入搅拌桶中,中速搅拌 15 分钟,形成面筋扩展的面团。面团理想温度为 28℃。

②将面团盖上保鲜膜,基本发酵环境温度为 28℃,相对湿度 75%,基本发酵时间 45 分钟。

③取出面团,分割、切块、搓圆,松弛 10 分钟。

④将发好的小面团擀成圆饼形,中间放蓝莓酱,拉起面皮的两头捏成角形,再拉起另一头捏成三角形,放入刷油的烤盘内,置饧发箱饧发 40 分钟左右。

⑤待面包坯饧发至八成左右,表面刷蛋液入炉烘烤。

⑥以炉温 220℃烤制 10 分钟,至表面呈金黄色即可出炉。

(4)风味特点　呈三角形,形状饱满,表面金黄色,松软香甜,有果料香味。

111. 发财面包

（1）原料配方　高筋面粉 800 克,酵母 10 克,糖 5 克,改良剂 7 克,水 420 毫升,橄榄油 100 克,白酒 30 克,酸面团 220 克,盐 15 克,新鲜迷迭香叶 15 克,松子酱 20 克。

（2）制作工具或设备　搅拌桶,搅拌机,笔式测温计,西餐刀,饧发箱,擀面杖,烤盘,烤箱。

（3）制作过程

①将高筋面粉、酵母、糖、改良剂、水、橄榄油、白酒、酸面团、盐、新鲜迷迭香叶、松子酱等放入搅拌桶中,中速搅拌 15 分钟,形成面筋扩展表面光滑的面团。

②放入饧发箱,饧发 60 分钟,拍打一下排气。

③取出面团,拍打一下,松弛 10 分钟。

④用擀面杖将面团擀压成如烤盘的大小。

⑤烤盘内刷油,放上面包坯,放入饧发箱,在 38℃,湿度 70% 条件下,发酵约 40 分钟。

⑥放入烤箱,以 210℃,烤制 30 分钟。

（4）风味特点　色泽金黄,松软有弹性,具有香草的香味。

112. 红茶大理石面包

（1）原料配方

①面团配方:高筋面粉 800 克,低筋面粉 200 克,糖 100 克,盐 15 克,酵母 25 克,改良剂 5 克,超软乳化剂 20 克,黄油 150 克,水 400 毫升。

②馅心配方:大理石馅预拌粉(红茶味)400 克,水 400 克,黄油 100 克,蛋糕油 12 克。

（2）制作工具或设备　搅拌桶,搅拌机,笔式测温计,西餐刀,饧发箱,擀面杖,烤盘,烤箱。

（3）制作过程

①红茶大理石调制。先将水、黄油、蛋糕油混合加热至 50℃,搅

拌均匀,接着和大理石馅预拌粉放入搅拌桶内慢速拌匀后再快速搅拌至水、油、粉完全融合即可(约3分钟);然后将馅放入方形模型内,刮平后放入0℃冰箱内冷却成形即可使用。

②将高筋面粉、低筋面粉、糖、盐、酵母、改良剂、超软乳化剂、黄油、水等放入搅拌桶中,中速搅拌15分钟,再快速搅出6~7分的筋度,松弛20分钟,形成面筋扩展表面光滑的面团。

③将面团整成正方形,放入-20℃冰箱内冷冻至面团中心温度为0℃。

④冰好后用酥皮机压成长方片形,包入600克大理石馅,可使用四折一次或三折一次。

⑤最后压到酥皮机上的刻度为4即可卷起切片(可冷冻后切),最后发酵80分钟,即可烘烤。

⑥烤盘内刷油,放入面包坯,以上下火185℃,烤制15分钟左右。

(4)风味特点 色泽金黄,酥软香甜。

113. 杏仁巧克力面包

(1)原料配方 高筋面粉300克,水150毫升,黄油15克,香草2克,溶化巧克力35克,白糖15克,干酪粉5克,盐3克,干酵母2克,杏仁片15克。

(2)制作工具或设备 搅拌桶,搅拌机,笔式测温计,西餐刀,饧发箱,擀面杖,烤盘,烤箱。

(3)制作过程

①将上述除杏仁片以外的原料等放入搅拌桶中,中速搅拌15分钟,形成面筋扩展表面光滑的面团。

②放入饧发箱,饧发60分钟,拍打一下。

③取出面团,拍打一下,将面团分割成面剂子,逐个搓圆,松弛10分钟。

④烤盘内刷油,放上面包坯,放入饧发箱,发酵约40分钟,至原来面团体积的2倍大。

⑤在面包坯上刷上蛋液,沾上杏仁片。

⑥放入烤箱,以185℃,烤制15分钟。

(4)风味特点　色泽褐黄,松软有弹性,具有巧克力的香味。

114. 什锦果仁面包

(1)原料配方　高筋面粉1000克,酵母15克,牛奶550毫升,鸡蛋100克,细砂糖120克,盐15克,肉豆蔻粉1克,黄油150克,什锦水果蜜饯150克,葡萄干200克,杏仁碎粉250克。

(2)制作工具或设备　搅拌桶,搅拌机,笔式测温计,西餐刀,饧发箱,擀面杖,烤盘,烤箱。

(3)制作过程

①将高筋面粉、酵母、牛奶、鸡蛋、细砂糖、盐、肉豆蔻粉等原料放入搅拌桶中,用勾状拌打器慢速拌打2分钟,中速拌打3分钟搅至面团卷起。

②加入黄油慢速搅拌2分钟,中速搅拌10分钟搅至面团扩展。加入什锦水果蜜饯、葡萄干、杏仁碎粉等慢速搅拌1~2分钟混合均匀。

③将面团放入饧发箱,在温度26~28℃,湿度70%~75%条件下,发酵30分钟,面团约胀至原来的2倍大。

④分割成600克×4个,滚圆后松弛15~20分钟。

⑤将面剂子逐个用擀面杖擀成一厘米厚折叠。

⑥最后发酵。将面团放入饧发箱,在温度25~38℃,发酵40分钟。

⑦入炉前表面刷黄油并沾细砂糖。

⑧烤焙温度:上火180℃,下火180℃,烤制30~40分钟。

⑨冷却后可以在表面上撒些糖粉。

(4)风味特点　色泽金黄,蓬松适度。

115. 种子法甜面包

(1)原料配方

①种子面团配方:面包粉350克,白糖15克,奶粉10克,面包改

良剂 1.5 克,酵母 5 克,鸡蛋 50 克,水 160 毫升。

②主面团配方:面包粉 1500 克,牛奶香粉 15 克,椰子香粉 15 克,牛奶 25 毫升,水 800 毫升,盐 45 克,酥油 500 克。

(2)制作工具或设备　搅拌桶,搅拌机,笔式测温计,西餐刀,饧发箱,擀面杖,保鲜膜,烤盘,烤箱。

(3)制作过程

①种子面团调制。将种子面团配方中所有材料放入搅拌桶中,低速搅拌 1 分钟,然后改中速搅拌 10 分钟,形成面筋扩展的面团,最后将面团盖上保鲜膜,放入饧发箱,饧发 45 ~ 90 分钟。

②主面团调制。在种子面团中,加入面包粉、牛奶香粉、椰子香粉、牛奶、水、盐等材料进行搅拌打至光滑面筋完全扩展。

③加入酥油,中速搅拌均匀即完成面团操作(面团最后温度为 26 ~ 28℃)。

④打好面团松弛 15 分钟左右,分割,搓圆,再松弛 20 分钟左右,搓圆成形。

⑤将面包坯间隔地放在烤盘上,置于饧发箱中,进行最后饧发,温度 30℃,湿度 75%。

⑥取出烤盘,放入烤箱,以 185℃,烤制 15 分钟。

(4)风味特点　色泽金黄,质地蓬松。

116. 苹果馅面包

(1)原料配方

①面团配方:富强粉 500 克,白糖 110 克,鸡蛋 25 克,食盐 5 克,人造黄油 50 克,鲜酵母 15 克,奶粉 20 克,温水 250 毫升。

②馅心配方:苹果酱 100 克,苹果 1 个。

③饰面料配方:鸡蛋 25 克,椰丝 10 克。

(2)制作工具或设备　搅拌桶,搅拌机,笔式测温计,西餐刀,饧发箱,擀面杖,保鲜膜,裱花袋,烤盘,烤箱。

(3)制作过程

①原料加工。将苹果去皮心,切成小块浸泡在稀盐水中。

②将富强粉、白糖、鸡蛋、食盐、鲜酵母、奶粉、温水等放入搅拌桶中,低速搅拌均匀,然后中速搅拌 10 分钟,形成面筋扩展的面团,最后加入化软的黄油,搅拌成表面光滑的面团。

③将面团盖上保鲜膜,放入饧发箱,发酵 60～90 分钟。

④切块、搓圆、中间发酵,将发酵成熟的面团切成重 800 克和 200 克的大小两块,再分别各摘 15 个小团搓成球形,静置 10 分钟。

⑤将小面团揿扁擀成直径 10 厘米的圆形薄片放在烤盘上,把大面团搓成长约 32 厘米的细长条,首尾相接捏紧成圆环形,4 个手指伸进圆环将圆环接头朝下搓几次,使接头和圆环各部粗细一致放在台板上发酵几分钟。在薄圆片上涂层水把环状面团叠上去,要求边缘整齐。将苹果酱放裱花袋中挤入面包坯凹陷处,数量约为凹陷处的一半,中央放上苹果块。

⑥放入刷油的烤盘中,置于饧发箱,发酵至原来面团体积的 2 倍大。

⑦取出面包,表面涂蛋液,撒上椰丝即可进炉。

⑧炉温 200℃ 烤至表面呈金黄色出炉。

(4)风味特点　面包呈圆形,四周金黄色,中间果酱淡黄色,馅甜酸,皮松软。

117. 红豆面包

(1)原料配方

①种子面团配方:高筋面粉 500 克,全蛋 220 克,酵母 10 克,冰水 140 毫升。

②主面团配方:高筋面粉 450 克,细糖 300 克,食盐 10 克,改良剂 10 克,鲜奶 195 毫升,牛奶香粉 10 克,黄油 150 克,红豆 110 克。

(2)制作工具或设备　搅拌桶,搅拌机,笔式测温计,西餐刀,饧发箱,擀面杖,保鲜膜,烤盘,烤箱。

(3)制作过程

①将种子面团配方中高筋面粉、全蛋、酵母、冰水等放入搅拌桶中,搅拌均匀,形成面筋扩展的面团。

②将面团放入饧发箱,发酵 120 分钟(温度 26℃)。

③将发酵过的种子面团加入主面团(黄油、红豆除外)材料中,搅拌至成团后再加入黄油,再搅拌至面团表面光滑即可。

④给面团盖上保鲜膜,放入饧发箱,继续发酵 120 分钟(温度 26℃)。

⑤取出面团,揉匀分割成 60 克/个,松弛 15 分钟。

⑥逐个将面剂子擀薄包入红豆。

⑦放在烤盘中,进行最后发酵 40 分钟。

⑧入烤箱前请在表面刷全蛋加奶水。

⑨放入烤箱,以上火 180℃,下火 170℃,烤制 15 分钟。

(4)风味特点　色泽金黄,质地松软起层,馅心甜香。

118. 松仁豆蓉餐包

(1)原料配方　高筋面粉 500 克,酵母 6 克,砂糖 60 克,盐 3 克,鸡蛋 100 克,黄油 100 克,牛奶 150 毫升,香粉 15 克,豆蓉 200 克,松仁 30 克,蛋黄液 15 克。

(2)制作工具或设备　搅拌桶,搅拌机,笔式测温计,西餐刀,饧发箱,擀面杖,烤盘,烤箱。

(3)制作过程

①先把酵母放入温牛奶化开,静置 10 分钟备用。

②将除黄油、豆蓉外的原料加入酵母牛奶放入搅拌桶中,先搅拌至七成后,加黄油搅至面筋扩展,放入饧发箱,基础发酵 1 小时即可分割。

③将面团分割,搓圆,松弛 15 分钟。

④将面剂子擀成椭圆形,同时称量豆蓉,擀成同面坯等量椭圆形,盖在面坯上折成半圆形,用刀挤成荷叶型。

⑤将面包坯放入烤盘中,置于饧发箱,发酵至规定高度,刷蛋液,撒上松仁。

⑥取出烤盘,放入烤箱,以炉温 180℃,烤制 15 分钟。

(4)风味特点　色泽金黄,柔软香甜,有坚果的香味。

119. 红果面包

(1)原料配方　面包专用面粉 500 克,鸡蛋 100 克,糖 120 克,盐 6 克,酵母 7 克,水 240 毫升,椰子粉 10 克,红果馅 150 克,黑芝麻糊 200 克,黄油 50 克。

(2)制作工具或设备　搅拌桶,搅拌机,笔式测温计,西餐刀,饧发箱,擀面杖,烤盘,烤箱。

(3)制作过程

①先把酵母放入温牛奶化开,静置 10 分钟备用。

②将除黄油、红果馅外的原料加入酵母牛奶放入搅拌桶中,先搅拌至七成后,加黄油搅至面筋扩展,放入饧发箱,基础发酵 3 小时,温度 30℃。

③将面团取出分割,搓圆,松弛 30 分钟,包入红果馅,整形。

④最后发酵 45 分钟,温度 38℃,相对湿度 85%。

⑤生坯表面用黑芝麻糊装饰,入炉以 185℃,烤制 20 分钟左右。

(4)风味特点　色泽金黄,柔软香甜。

120. 胡桃面包

(1)原料配方　高筋面粉 300 克,全脂奶粉 10 克,起酥油 6 克,酵母 3 克,温水 150 毫升,胡桃碎 35 克,全麦粉 50 克,食盐 2 克,糖 10 克。

(2)制作工具或设备　搅拌桶,搅拌机,笔式测温计,西餐刀,饧发箱,擀面杖,烤盘,烤箱。

(3)制作过程

①先把酵母放入温水中化开,静置 10 分钟备用。

②将配方中除胡桃碎外所有的原料放入搅拌桶中,加入酵母水,先低速搅拌,然后高速搅拌,直至面筋扩展,最后加入胡桃碎搅拌均匀,放入饧发箱,基础发酵 3 小时,温度 30℃。

③将面团取出,切块揉圆,中间饧发 15～20 分钟。

④将面包坯间隔地放入烤盘中,放入饧发箱,基础发酵 1 小时。

⑤取出烤盘,在面包坯表面刷上蛋液。

⑥放入烤箱,在190℃下烘焙15分钟。

（4）风味特点　色泽金黄,有胡桃的香味。

121.绿茶墨西哥面包

（1）原料配方

①面团配方:高筋粉300克,糖45克,龙眼蜂蜜15克,盐3克,酵母3克,改良剂1.5克,超软乳化油2克,黄油10克,水180毫升。

②绿茶墨西哥酱配方:黄油100克,糖粉100克,鸡蛋100克,高筋粉100克,绿茶粉3克。

（2）制作工具或设备　搅拌桶,搅拌机,笔式测温计,西餐刀,饧发箱,擀面杖,烤盘,烤箱。

（3）制作过程

①绿茶墨西哥酱调制。将黄油、糖粉拌匀至糖粉溶化,慢慢加入鸡蛋使之均匀,最后加入高筋粉、绿茶粉拌匀待用。

②面团调制。将面团配方中原料放入搅拌桶中,慢速搅拌3分钟,再快速搅拌6分钟左右至面筋完全扩展,理想温度为28℃。

③松弛饧发60分钟,分割滚圆;每个50克,松弛饧发15分钟。

④整形,放入饧发箱,发酵1小时。

⑤面团发酵好后,把绿茶墨西哥酱挤在表面,每个大约15克。

⑥烘焙温度:上火180℃,下火170℃;烘焙时间:15分钟。

（4）风味特点　色泽金黄,具有绿茶的口味。

122.皇家葡萄干面包

（1）原料配方

①面团配方:高筋面粉250克,砂糖25克,奶粉10克,盐4克,鸡蛋35克,蜂蜜25克,白兰地酒15克,酵母5克,黄油50克,葡萄干15克,水120毫升。

②香酥粒配方:黄油45克,砂糖30克,低筋面粉70克。

（2）制作工具或设备　搅拌桶,搅拌机,笔式测温计,西餐刀,饧发箱,擀面杖,保鲜膜,烤盘,烤箱。

（3）制作过程

①香酥粒调制。将黄油软化至比需要打发时还软一些,加入砂糖搅匀,然后加入低筋面粉,双手轻搓即成。

②将酵母先用温水浸泡,静置10分钟备用。

③往搅拌机的搅拌桶里加除黄油和葡萄干以外的其他原料,最后放入酵母水,低速搅拌1分钟,然后高速搅拌7分钟,直至揉至面团起筋。

④加入软化的黄油,继续搅拌,至面团表面接近光滑的扩展阶段。

⑤加入沥干水分的葡萄干,继续搅拌至均匀后取出,放入饧发箱,进行基础发酵。

⑥基础发酵结束后的面团分成所需的小份,滚圆后放在案板上,盖保鲜膜松弛20分钟。

⑦再次滚圆后放入模具内,入饧发箱,进行最后发酵。

⑧最后发酵结束后,在面团表面刷蛋液,然后撒上香酥粒。

⑨入预热至190℃的烤箱,烤制20分钟。

（4）风味特点　色泽金黄,表面酥脆,具有白兰地酒的香味。

123. 黄油面包

（1）原料配方　高筋面粉300克,盐4克,糖30克,奶粉15克,鸡蛋60克,牛奶125毫升,酵母5克,黄油25克。

（2）制作工具或设备　搅拌桶,搅拌机,笔式测温计,西餐刀,饧发箱,擀面杖,烤盘,烤箱。

（3）制作过程

①把高筋面粉放入搅拌桶中,将除黄油以外的原料用搅拌机低速搅拌1分钟,然后改用高速搅拌7分钟,形成面筋控制的面团,加入黄油后继续搅拌形成表面光滑的面团。

②把面团放入饧发箱,发酵至原来面团体积的2倍大。

③把膨大的面团取出,揉面,释放气体,然后分割成等份。

④把分割的小面团滚圆,这样有利于形成面包的皮。

⑤把面团放入饧发箱,继续发酵(注意温度不超过 40℃)。

⑥等面团再次发酵到原来体积 2 倍大时,开始烘烤。

⑦上下火 180℃,烤 15 分钟,快好时在面包上均匀刷上黄油。

(4)风味特点　色泽金黄,具有黄油香味,松软适度。

124. 蓝莓面包

(1)原料配方

①面团配方:高筋面粉 200 克,水 100 毫升,酵母 2 克,盐 2 克,白砂糖 40 克,黄奶油 15 克,全蛋 11 克,奶粉 5 克,改良剂 0.8 克。

②蓝莓馅心配方:奶粉 50 克,黄油 500 克,细砂糖 200 克,玉米淀粉 120 克,水 50 毫升,蓝莓酱 50 克。

(2)制作工具或设备　搅拌桶,搅拌机,笔式测温计,西餐刀,饧发箱,擀面杖,烤盘,烤箱。

(3)制作过程

①蓝莓馅心调制。将黄油和细砂糖放入搅拌桶中,高速搅拌成蓬松羽毛状,然后加入玉米淀粉、水、蓝莓酱和奶粉搅拌均匀即可。

②面团调制。将配方中原料放入另一搅拌桶中,低速搅拌 3 分钟,然后高速搅拌 5 分钟,搅拌完成面团的温度为 28℃。

③让面团松弛 20 分钟,然后分割、滚圆,再松弛 15 分钟。

④将分割好的面团制作成环状,放入烤盘,然后放入饧发箱,饧发 100 分钟,饧发温度为 35℃,相对湿度为 75%。

⑤将饧发的面包沿环状挤入蓝莓果馅。

⑥取出烤盘,放入烤箱,以上火 200℃,下火 190℃,烤制 15 分钟。

(4)风味特点　面包环状部分金黄,馅心软嫩,散发着果香。

125. 枣泥面包

(1)原料配方

①种子面团配方:面粉 300 克,白砂糖 20 克,鲜酵母 10~15 克,水 175 毫升。

②主面团配方:面粉 700 克,白砂糖 50 克,食盐 4 克,水 350 毫升,鸡蛋 50 克,枣泥馅 400 克,花生油 10 克。

(2)制作工具或设备 搅拌桶,搅拌机,笔式测温计,西餐刀,饧发箱,擀面杖,烤盘,烤箱。

(3)制作过程

①将种子面团配方中所有原料放入搅拌桶中,中速搅拌成面筋扩展的面团,放入饧发箱,发酵至原来面团体积的 2 倍大。

②将主面团配方的面粉、白砂糖、食盐、水、鸡蛋等放入另一只搅拌桶,加上撕成块的种子面团,中速搅拌成表面光滑的面团。

③再次将面团放入饧发箱,发酵至原来面团体积的 2 倍大。

④将二次发酵并成熟的面团分割成 65 克/个,揉搓成有光滑面的小球,稍饧按扁,包入一小块枣泥(枣泥不要放在中间)合成半圆形,相合处露出一圈枣泥,找好距离,放入已刷油的烤盘内,送饧发箱饧发。温度约 40℃,相对湿度 85% 以上。

⑤待面包坯体积增大适宜后出饧发室,表面轻轻刷一层蛋黄,及时入炉烘烤。

⑥调整好炉温,用 185℃ 烘烤,烤制约 20 分钟熟透出炉,冷却包装即为成品。

(4)风味特点 金黄色和黑色相间,松软和酥脆相宜,具有甜枣的香味。

126. 核桃葡萄面包

(1)原料配方 高筋面粉 200 克,低筋面粉 50 克,全麦粉 50 克,干酵母 4 克,鸡蛋 42 克,糖 30 克,盐 6 克,牛奶 175 毫升,黄油 45 克,核桃 40 克,葡萄干 100 克。

(2)制作工具或设备 搅拌桶,搅拌机,笔式测温计,西餐刀,饧发箱,擀面杖,烤盘,烤箱。

(3)制作过程

①除黄油、核桃和葡萄干外所有材料混合放入搅拌桶中,中速搅拌 7 分钟,形成粗面团。

②加黄油再搅拌,表面光滑不沾手,拉开面团成薄膜状。

③放入饧发箱,基本发酵直至原来面团体积的 2 倍大。

④取出面团,排气擀平面团,平铺核桃和葡萄干。

⑤折成 1/3 长方形,再折成 1/9 正方形,分成两份滚圆,松弛 15～20分钟。

⑥擀平整形,放入饧发箱,最后发酵至原来面团体积的 2 倍大。

⑦烤箱预热至 190℃,用 180℃烤 25～35 分钟。

(4)风味特点 色泽金黄,具有核桃和葡萄干的香味。

127. 加央(Kaya)葡萄干面包

(1)原料配方 高筋面粉 500 克,绵白糖 80 克,酵母 5 克,面包改良剂 2 克,盐 8 克,鸡蛋 60 克,水 250 毫升,植物油 90 克,葡萄干 75 克,加央酱 50 克。

(2)制作工具或设备 搅拌桶,搅拌机,笔式测温计,西餐刀,饧发箱,擀面杖,烤盘,烤箱。

(3)制作过程

①将高筋面粉、绵白糖、酵母、面包改良剂、盐等,放入搅拌桶中用搅拌机低速搅拌均匀,加入鸡蛋和 70% 的水继续低速搅拌至成团,加入植物油中速搅拌 14 分钟(如果面团干可以加入水,过了 14 分钟后就不可以再加入水)。

②案板上抹少许植物油,把面团放上去揉一揉饧面 5 分钟。

③分割面团成 80 克/个,搓圆喷水饧面 5 分钟。

④逐个开始整形。将面剂子擀长反转擦一层薄薄的加央酱,然后放切碎的葡萄干卷起来切三段排成三角形,喷少许水。

⑤排入抹油的烤盘,放入饧发箱,最后发酵 60 分钟,至变为原来面团体积的 2 倍大。

⑥送进烤箱前喷少许水。

⑦用 180℃烤制 15 分钟。

(4)风味特点 色泽金黄,具有加央酱的特殊香味。

128. 樱桃果仁面包

（1）原料配方　高筋面粉 300 克,盐 2 克,砂糖 10 克,干酵母 3 克,罐装樱桃 25 克,碎核桃仁 15 克,牛奶 75 毫升,温水 75 克,鸡蛋 60 克,黄油 25 克。

（2）制作工具或设备　搅拌桶,搅拌机,笔式测温计,西餐刀,饧发箱,擀面杖,保鲜膜,烤盘,烤箱。

（3）制作过程

①在搅拌桶中加入筛好的面粉,放入盐、砂糖和干酵母,倒入牛奶、水和鸡蛋,低速搅拌成面团,然后中速搅拌 10 分钟,加入化软的黄油、碎樱桃和碎核桃仁,继续搅拌 2 分钟,形成面筋扩展,表面光滑的面团。

②把搅拌好的面团盖上保鲜膜,放在饧发箱,进行基础发酵,至变为原来面团体积的 2 倍大。

③把发好的面团取出后揉匀并分割成 5 份,把每份面团揉成 25 厘米长的粗面条。

④在烤盘上抹些植物油并撒些面粉。

⑤把其中三根粗面条编起来,放入烤盘里,把余下的两个面条也拧成麻花,放在上面,用保鲜膜封好,放在饧发箱中,至变为原来面包坯体积的 2 倍大。

⑥把烤箱预热到 220℃,把面包烤 10 分钟,然后把温度调低到 190℃后再烤 20 分钟。

⑦取出烤好的面包,刷上糖水,食用时点缀一些樱桃和核桃仁。

（4）风味特点　色泽金黄,质地蓬松,形状特别,点缀雅致。

129. 咖啡麦片果仁面包

（1）原料配方　高筋面粉 360 克,快熟麦片 50 克,水 230 毫升,糖 30 克,速溶咖啡 1 包,奶茶粉 20 克,含盐黄油 15 克,干酵母 3 克,盐 2 克,各种果仁 25 克。

（2）制作工具或设备　面包机,笔式测温计,西餐刀,饧发箱,擀面杖,烤盘,烤箱。

（3）制作过程

①以上材料放入面包机，搅拌 30 分钟后关机，让面团发酵。

②大约发酵 5 个半小时，看到发好就拿出来。

③分成四个面团，不用滚圆，用擀面杖直接擀开卷起，松弛 15 分钟。

④松弛好的面团再擀开，擀成长一点的椭圆形，铺上果仁卷起，铺上果仁的时候要压一压，将果仁压到面里，卷得紧一点，这样成品就不会有大洞，果仁也不会掉出来。

⑤整形好的面团排入烤盘，入饧发箱第二次发酵 1 小时。

⑥放入烤箱以 185℃，大约烤 25 分钟。

（4）风味特点 色泽褐黄，蓬松酥脆，具有咖啡的香气。

130. 奶酪果仁辫子面包

（1）原料配方 低筋面粉 400 克，冰牛奶 170 毫升，糖 30 克，植物油 40 克，蛋 120 克，干酵母 3.5 克，盐 3 克，熟果仁 35 克，马苏里拉奶酪 25 克，片状奶酪 25 克。

（2）制作工具或设备 搅拌桶，搅拌机，笔式测温计，西餐刀，饧发箱，擀面杖，保鲜膜，烤盘，烤箱。

（3）制作过程

①将除植物油、熟果仁、马苏里拉奶酪和片状奶酪外材料都加入搅拌桶中，低速搅拌成团后，中速搅拌 10 分钟，加入植物油，继续搅拌均匀形成面团。

②给面团盖上保鲜膜，放入饧发箱，发酵至原体积的 2 倍大。

③将发酵好的面团拿出，分割为 3 个小面团，压掉气滚圆，盖上保鲜膜松弛 15 分钟。

④将松弛好的面团用擀面杖擀开，每个都卷入果仁和片状奶酪，揉成长条编成一个大辫子。

⑤给大辫子盖上保鲜膜，入饧发箱第二次发酵 50 分钟。

⑥烤箱预热至 185℃，面包坯表面刷蛋黄水，撒上果仁碎和马苏里拉奶酪碎末。

⑦放入烤箱烤制 30～40 分钟。

(4)风味特点　色泽金黄,果仁酥脆,奶酪味香浓。

131. 芝香杂蔬面包

(1)原料配方

①面团配方:高筋面粉 250 克,低筋面粉 50 克,汤种 84 克,砂糖 35 克,鸡蛋 30 克,牛奶 110 毫升,奶粉 20 克,酵母粉 6 克,盐 3 克,黄油 25 克。

②芝香杂蔬馅心配方:玉米粒 50 克,豌豆粒 50 克,西式火腿粒 50 觅,肉松 25 克,黄油 25 克,马苏里拉奶酪丝 50 克。

(2)制作工具或设备　搅拌桶,搅拌机,笔式测温计,西餐刀,饧发箱,擀面杖,保鲜膜,纸质模具,烤盘,烤箱。

(3)制作过程

①芝香杂蔬馅心调制。将玉米粒、豌豆粒、西式火腿粒、肉松、黄油、马苏里拉奶酪丝放在一起,拌匀即可。

②面团调制。将除黄油外材料都加入搅拌桶中,低速搅拌成团后,中速搅拌 10 分钟,加入黄油,继续搅拌均匀形成面筋扩展、表面光滑的面团。

③将面团盖上保鲜膜,放入饧发箱,发酵至原来面团体积的 2 倍大。

④面团发酵后取出揉匀,分割成 9 个小面团,松弛 15 分钟。

⑤将面剂子逐个用擀面杖擀成扁平状,包入芝香杂蔬馅心。

⑥放入纸质模具中,然后放在饧发箱内继续发酵约 1 小时,至原来面团体积的 2 倍大。

⑦取出面包坯纸杯,表面刷上牛奶,在面包坯表面撒上芝香杂蔬馅心。

⑧放入烤箱以 190℃,烤制 15～18 分钟。

(4)风味特点　色泽鲜艳,搭配合理,松软适度,馅心味美。

132.抹茶甜瓜面包

（1）原料配方

①面团配方：高筋面粉 200 克,盐 3 克,糖 20 克,温水 100 毫升,鸡蛋液 20 克,黄油 20 克,酵母 3 克。

②装饰原料配方：低筋面粉 120 克,黄油 40 克,糖 40 克,鸡蛋液 40 克,泡打粉 1.5 克,抹茶粉 1 克,白砂糖 15 克,甜瓜酱 25 克。

（2）制作工具或设备 搅拌桶,搅拌机,笔式测温计,西餐刀,饧发箱,擀面杖,保鲜膜,烤盘,烤箱。

（3）制作过程

①装饰原料调制。用手动打蛋器将黄油打成蓬松羽毛状后,加糖继续打匀,分四五次加入鸡蛋液,每加一次打匀一次,筛入低筋面粉、抹茶粉、泡打粉,用塑料刮刀拌匀,最后加入甜瓜酱,用手抓捏成团,包上保鲜膜放冰箱冷藏备用。

②温水里加酵母,放入糖,静置 15 分钟左右。

③将高筋面粉 200 克,盐 3 克,糖 20 克,温水 100 毫升,鸡蛋液放入搅拌桶,低速搅拌成团,然后中速搅拌 10 分钟,形成面筋扩展阶段。

④将面团放入容器,盖上保鲜膜放饧发箱中,发酵至原来面团体积的两倍左右。

⑤把发酵好的面团擀成长方形,折三折,翻过来,分割成 8 份,滚圆后盖保鲜膜或湿毛巾松弛 10 分钟。

⑥将松弛好的面团揉一遍,再次滚圆,用手捏一捏收好口。

⑦将装饰抹茶饼材料从冰箱取出,揉一遍后分成 8 份,按扁,越大越好,将收口朝上,翻过来,在白砂糖里滚上一层糖,用刀刻上格子痕,放烤箱里进行二次发酵至原来面包坯体积的两倍左右。

⑧放入烤箱,以上下火 170℃,烤制中层 15 分钟。

（4）风味特点 色泽淡绿,表皮酥脆,面包内部松软。

133. 肉松面包卷

（1）原料配方

①汤种配方：水 125 毫升，高筋面粉 25 克。

②主面团配方：高筋面粉 200 克，低筋面粉 100 克，鸡蛋 60 克，盐 6 克，酵母 6 克，水 75 毫升，细砂糖 30 克，汤种 75 克，黄油 45 克，香葱 15 克，肉松 35 克，沙拉酱 50 克，白芝麻 15 克。

（2）制作工具或设备　搅拌桶，搅拌机，笔式测温计，西餐刀，饧发箱，擀面杖，烤盘，烤箱。

（3）制作过程

①汤种调制。将水和高筋面粉混合，放入煮锅，加热至可以出纹路，离火，晾凉后盖保鲜膜冰箱冷藏 1 个多小时。

②面团调制。将高筋面粉、低筋面粉、鸡蛋、盐、酵母、水、汤种、糖混合，放入搅拌桶中，中速搅拌揉成光滑的面团后，加入黄油揉至扩展阶段。

③面团盖保鲜膜放在饧发箱中，进行第一次发酵，大概 45 分钟，手蘸高粉插进面团，面团不回缩，说明发酵完成。

④将面团平均分割成两份，擀成正方形，松弛 15 分钟，放进烤盘。

⑤用叉子在面坯表面戳上几个眼，然后放入饧发箱，进行第二次发酵，大概 40 分钟。

⑥发酵完成后表面刷蛋液，撒上白芝麻，再撒上香葱末，放入烤箱。

⑦以 165℃，烤制 15～20 分钟。

⑧待面包晾凉后，翻过来在背面抹适量的沙拉酱，再撒上肉松，面包底下垫上烘焙纸，把面包卷成卷，然后压实，待面包定型 10 分钟之后，将烘焙纸撤掉，依喜好长度切成小块。

⑨在面包卷侧面抹上沙拉酱，再粘上一层肉松即可。

（4）风味特点　色泽金黄，形状似卷，质地松软，葱香宜人。

134. 巧克力香蕉面包

（1）原料配方

①面团配方：高筋面粉 120 克，低筋面粉 30 克，酵母粉 2.5 克，盐 1.5 克，细砂糖 38 克，蛋黄 30 克，奶粉 5 克，可可粉 10 克，水 75 毫升，黄油 15 克。

②香蕉馅配方：香蕉 75 克，细砂糖 25 克，蜂蜜 25 克，核桃仁 25 克，朗姆酒 5 克，黄油 10 克。

（2）制作工具或设备　搅拌桶，搅拌机，笔式测温计，西餐刀，饧发箱，擀面杖，保鲜膜，烤盘，烤箱。

（3）制作过程

①香蕉馅调制。将香蕉肉切小块，捣成泥状，加入细砂糖、蜂蜜、核桃仁碎、朗姆酒、黄油等，彻底搅拌均匀即可。

②将高筋面粉、低筋面粉、酵母粉、盐、细砂糖、蛋黄、奶粉、可可粉和水等材料放入搅拌桶中，中速搅拌 10 分钟，直至面筋扩展阶段。

③将面团盖上保鲜膜，放入饧发箱，进行基础发酵，至原来面团体积的 2 倍大。

④取出面团，揉匀，分割成 50 克/个，搓圆后松弛 10 分钟。

⑤将面剂子轻轻压平，包入香蕉馅，捏紧收口，整圆收口朝下摆放。

⑥放入饧发箱，进行最后发酵 50 分钟，刷上蛋液。

⑦放入烤箱，以 185℃，烤制 15 分钟。

（4）风味特点　色泽金黄，蕉香味浓。

135. 沙拉面包

（1）原料配方

①面团配方：高筋面粉 150 克，低筋面粉 20 克，细砂糖 30 克，盐 1.5 克，即溶酵母粉 2.5 克，全蛋液 16 克，奶粉 8 克，水 81 毫升，黄油 13 克。

②沙拉馅配方:午餐肉 25 克,玉米粒 15 克,豌豆粒 25 克,黄桃丁 15 克,沙拉酱 50 克,白胡椒粉 1 克,盐 1 克。

(2)制作工具或设备　搅拌桶,搅拌机,笔式测温计,西餐刀,饧发箱,擀面杖,保鲜膜,烤盘,烤箱。

(3)制作过程

①沙拉馅调制。将午餐肉切丁,加上玉米粒、豌豆粒、黄桃丁和沙拉酱、白胡椒粉、盐等,拌和均匀即可。

②面团调制。将面团配方中所有材料(除黄油外)放入搅拌桶中一起搅拌至光滑具有弹性后,再加入黄油,继续搅拌至能拉出薄膜,破洞呈锯齿状的扩展阶段。

③将面团盖上保鲜膜,放入饧发箱,基础发酵约 1 小时。

④将面团取出揉匀、排气后分成 60 克/个,共 5 个,滚圆后,盖上保鲜膜松弛 15 分钟。

⑤松弛好的面团按扁后,用擀面杖擀成圆饼形(直径要比纸模大),如果一次擀不开那么大,可以让面团再松弛一会儿再擀。

⑥将面饼放入纸模内,底下和边上都用手指压平,贴在纸模上(不用太工整,弄成碗的形状即可)。放入饧发箱,进行最后发酵约 40 分钟。

⑦沙拉馅用小匙分装在各个面团中,在露出的面团上刷一层蛋液。

⑧放入已预热的烤箱,以 180℃,烤制 20 分钟左右。

(4)风味特点　色泽艳丽,口感蓬松,口味咸鲜。

136. 火腿皇冠面包

(1)原料配方

①面团配方:高筋面粉 210 克,低筋面粉 90 克,奶粉 15 克,糖 30 克,盐 3 克,全蛋 60 克,水 70 毫升,黄油 45 克,汤种 75 克。

②馅心配方:沙拉 75 克,火腿粒 25 克,番茄酱 25 克。

(2)制作工具或设备　搅拌桶,搅拌机,笔式测温计,西餐刀,饧发箱,擀面杖,保鲜膜,烤盘,烤箱。

（3）制作过程

①将所有原料除黄油外放到搅拌桶内，中速搅拌十分钟到面团出筋。

②搅拌好后再加入黄油继续搅拌到扩展状态可以拉开面团成膜。

③将面团盖上保鲜膜，放入饧发箱，基础发酵约 1 小时。

④打开取出面团分割成相等的小份，整形松弛 10 分钟。

⑤将小面团擀成圆形抹沙拉酱，包入火腿擀成圆形，再包入沙拉酱，放上一点火腿粒，包好收口朝下滚圆。

⑥放入饧发箱，最后发酵约 2 小时。

⑦发好的面团刷蛋液，表面放火腿粒，挤沙拉酱和番茄酱。

⑧烤箱预热至 170℃，烤制 15 分钟。

（4）风味特点　色泽艳丽，松软适度，口味咸鲜。

137．香葱火腿芝士面包

（1）原料配方

①面团配方：高筋面粉 220 克，低筋面粉 60 克，奶粉 20 克，酵母 4 克，糖 40 克，盐 4 克，鸡蛋 35 克，水 125 毫升，黄油 28 克。

②表面馅料配方：葱花 15 克，西式火腿丁 25 克，蛋液 15 克，芝士丁 25 克。

（2）制作工具或设备　搅拌桶，搅拌机，笔式测温计，西餐刀，饧发箱，擀面杖，保鲜膜，烤盘，烤箱。

（3）制作过程

①将面团原料中除黄油以外所有的原料放入搅拌桶中，搅拌至面团出筋。

②加入黄油，继续搅拌至面筋扩展状态。

③面团放入盆中，盖保鲜膜，放饧发箱中进行基础发酵 1.5 小时。

④基础发酵结束后，将面团分割成 50 克/份，滚圆后松弛 15 分钟。

⑤松弛好的面团压扁，擀成长椭圆形，翻面后将长底边压薄。

⑥自上而下卷成条状,再搓成两头尖、中间鼓的长条,若不容易搓长就再松弛几分钟。

⑦取三根面条从中间开始编辫子,编好后翻个,把剩余的部分编完不要编得太紧,两头要捏紧,免得爆开。

⑧将编好的辫子排入烤盘,送入饧发箱,进行最后发酵。

⑨最后发酵结束,表面刷蛋液,然后放上葱花、西式火腿丁、芝士丁等馅料。

⑩放入预热至180℃的烤箱中层,上下火,烤制15分钟。

(4)风味特点 色泽艳丽,葱香奶香洋溢,松软适口。

138. 花生杏仁酱面包

(1)原料配方

①面团配方:高筋面粉250克,酵母4克,细砂糖30克,水155毫升,花生酱70克,盐2克。

②杏仁酱配方:蛋清30克,糖粉30克,杏仁粉20克。

(2)制作工具或设备 搅拌桶,搅拌机,笔式测温计,西餐刀,饧发箱,擀面杖,保鲜膜,烤盘,烤箱。

(3)制作过程

①杏仁酱调制。将配方中蛋清和糖粉搅打发泡,加上杏仁粉拌匀。

②温水溶解酵母,静置5分钟。

③将高筋面粉、细砂糖、盐,分次加入发酵水搅拌成面团,加入花生酱继续搅拌至面团光滑有薄膜。

④冷藏发酵15小时(冷藏5℃),取出回温1小时。(也可直接进行基础发酵至2.5~3倍大小。)

⑤分割滚圆盖上保鲜膜松弛15分钟。

⑥取一分割好的面团,稍微压扁,用擀面杖由中间向上下擀开。

⑦轻拉四个角,用擀面杖慢慢地向四面擀开成长方形,卷起,捏紧尾端。纵切两半(头部不切断),交叉编成麻花。

⑧排入烤盘(事先刷油),烤盘放入烤箱,关上烤箱发酵30分钟。

⑨烤箱设定160℃预热1分钟,加入一小碗热水。放入饧发箱,发酵30分钟。

⑩取出,刷上杏仁酱,放入烤箱中层,以175℃烤制22分钟。

(4)风味特点　色泽褐黄,形状美观,质地松软。

139. 抹茶红豆面包

(1)原料配方

①面团配方:高筋面粉240克,抹茶粉5克,细砂糖25克,盐2.5克,酵母4克,奶粉10克,温水157毫升,黄油20克。

②蜜红豆馅心配方:蜜红豆100克,清水1000毫升,白糖120克,炼乳25克。

(2)制作工具或设备　煮锅,搅拌桶,搅拌机,笔式测温计,西餐刀,饧发箱,擀面杖,保鲜膜,烤盘,烤箱。

(3)制作过程

①蜜红豆馅心调制。容器内放入红豆100克和200毫升清水盖上保鲜膜入冷藏室泡12小时;煮锅内放入800毫升水,煮开,放入泡好的红豆,中火再次煮开。盖上锅盖转小火继续煮40分钟,捞出沥干水分,加入适量的白糖和少许炼乳拌匀调味即可。

②酵母溶于温水中,搅拌均匀形成酵母水,静置5分钟备用。

③将除黄油以外的材料(酵母水要分次加入)放入搅拌桶,用搅拌机中速搅拌10分钟成团,加入黄油,继续搅拌至光滑有薄膜。

④放入饧发箱,发酵60~90分钟(28℃的条件下)也可进行冷藏发酵(5℃)12小时以上。

⑤分割滚圆,建议分割成6个面剂子,盖上保鲜膜松弛15分钟。

⑥取一松弛好的面团,按扁包入蜜红豆馅心,间隔地放进烤盘。

⑦放入饧发箱内发酵45分钟(温度控制在38℃)。

⑧取出面包坯,表面筛上高筋粉,用叉子背轻划一下。

⑨烤箱预热至180℃烤制20分钟。

(4)风味特点　色泽金黄,蜜红豆香甜,面包松软。

140.苹果麻花面包

（1）原料配方

①面团配方：高筋面粉 250 克，细砂糖 35 克，盐 2 克，干酵母 3 克，牛奶 65 毫升，苹果酱 120 克，黄油 40 克。

②苹果酱配方：苹果 1 个，柠檬汁 15 克，白糖 25 克。

（2）制作工具或设备　搅拌桶，搅拌机，微波炉，笔式测温计，西餐刀，饧发箱，擀面杖，保鲜膜，烤盘，烤箱。

（3）制作过程

①苹果酱调制。苹果洗净去皮，切成小块，放入少许柠檬汁和白糖拌匀放入微波专用碗内，微波小火加热 7 分钟，用搅拌机打成泥状，放凉，盖上保鲜膜，入冷藏室冷藏备用。

②将除黄油以外的材料放入搅拌桶内搅拌成团，加入黄油继续搅拌 5 分钟，至光滑有薄膜。

③面团放在容器内，盖上保鲜膜，放于饧发箱中，发酵至原来面团体积的 2 倍大。

④排出面团内的空气，分割滚圆，盖上保鲜膜松弛 15 分钟。

⑤小面团用擀面杖擀成扁平状，搓成条，编成麻花形，放入烤盘内，放于饧发箱中发酵 45 分钟至原来体积的 2 倍大。

⑥烤箱预热至 180℃，中层烘烤 18 分钟。

（4）风味特点　色泽金黄，形似麻花，蓬松适度。

141.树根蜜豆面包

（1）原料配方　高筋面粉 350 克，低筋面粉 150 克，酵母 10 克，白砂糖 60 克，奶粉 15 克，盐 8 克，蛋黄 60 克，牛奶 150 毫升，黄油 50 克，老面 100 克，鲜奶油 50 克，麸皮 15 克，蜜豆馅 15 克。

（2）制作工具或设备　搅拌桶，搅拌机，笔式测温计，西餐刀，饧发箱，擀面杖，烤盘，烤箱。

（3）制作过程

①用牛奶将老面化开，加上奶粉、糖、鸡蛋和鲜奶油完全搅拌均

匀,然后加上高筋面粉和低筋面粉、酵母、麸皮等搅拌,起面筋后加入黄油,继续搅拌形成光滑的面团。

②面团在常温下松弛 30 分钟。

③将面团擀扁平,均匀撒上蜜豆馅,卷成卷,放入饧发箱,发酵为原来面团体积的 2 倍大左右。

④取出面包坯刷上蛋黄,用叉子在表面划出条纹,似树根的外皮。

⑤放入烤箱,以 160℃,烤制 30 分钟。

(4)风味特点　色泽金黄,松软中具有蜜豆的软糯清香。

142. 红豆馅毛毛虫面包

(1)原料配方　高筋面粉 400 克,牛奶 250 毫升,黄油 20 克,橄榄油 15 克,糖 15 克,盐 3 克,鸡蛋 2 个,奶酪 2 片,红豆馅 35 克,芝麻 15 克。

(2)制作工具或设备　搅拌桶,搅拌机,笔式测温计,西餐刀,饧发箱,擀面杖,烤盘,烤箱。

(3)制作过程

①将酵母加入温牛奶中静置 10 分钟,备用。

②将高筋面粉、糖、鸡蛋、盐、牛奶、奶酪放入搅拌桶中混合后搅拌至光滑,然后放入室温软化的黄油和橄榄油,揉至扩展阶段。

③放入饧发箱,基础发酵 1 小时,发至原来面团体积的 2 倍大。

④拿出面团,拍出空气后等分成 4 份并滚圆,静置 15 分钟。

⑤擀成长方形后翻面,在下面 1/3 处切成一道道竖条,上面的 2/3 部分放上红豆馅。

⑥从上往下卷,将一条条竖条卷到面包背面并捏紧。

⑦放入饧发箱,最后发酵 40 分钟。

⑧刷上全蛋撒上芝麻装饰,放入 175℃ 的烤箱中烤制 20 分钟。

(4)风味特点　色泽金黄,馅心香甜,形似毛毛虫。

143. 山楂果编花面包

(1)原料配方　高筋面粉 220 克,低筋面粉 60 克,奶粉 15 克,糖

40克,盐3克,酵母4克,全蛋45克,牛奶75毫升,汤种84克,黄油20克,山楂果馅心75克。

（2）制作工具或设备　搅拌桶,搅拌机,笔式测温计,西餐刀,饧发箱,擀面杖,保鲜膜,烤盘,烤箱。

（3）制作过程

①将除黄油以外所有的原料放入搅拌桶,用搅拌机搅拌至面团出筋。

②加入黄油,继续搅拌至面筋扩展状态。

③在面团表面盖上保鲜膜,放入饧发箱,进行基础发酵,时间为1小时30分钟。

④基础发酵结束将面团分割成8块,逐个压扁,中间放上少许果酱包紧并搓成条状。

⑤每两根条相交差编成四股麻花辫,接缝处朝下。

⑥放入饧发箱,最后发酵至原来面团体积的3倍大左右。

⑦最后发酵结束后,表面刷蛋液,放入预热至180℃的烤箱中层,上下火,烤制15分钟。

（4）风味特点　色泽金黄,松软酸甜。

144.卡士达面包

（1）原料配方

①面团配方:高筋面粉200克,低筋面粉50克,细砂糖40克,盐2.5克,干酵母4克,全蛋25克,牛奶120毫升,黄油25克。

②卡士达酱配方:鸡蛋50克,细砂糖50克,低筋面粉30克,牛奶250毫升,黄油10克。

（2）制作工具或设备　搅拌桶,搅拌机,笔式测温计,西餐刀,饧发箱,擀面杖,保鲜膜,烤盘,烤箱。

（3）制作过程

①卡士达酱调制。将鸡蛋和细砂糖放在一起搅匀;牛奶加热至微沸,将牛奶分次加入蛋液中搅匀;再加入过筛的低筋面粉搅匀,用小火加热,边加热边不停搅动,以免糊底。开始会比较稀,搅至浓稠、

光滑时离火,趁热加入黄油搅匀;最后放凉备用,盖保鲜膜以防表面结皮。

②将面团配方中除黄油以外所有的原料放入搅拌桶中,揉至面团出筋。

③加入黄油,搅拌至扩展状态。

④盆底抹油,放入面团,盖保鲜膜,放饧发箱中进行基础发酵。

⑤基础发酵结束后,将面团分割成60克左右一份,滚圆后松弛15分钟。

⑥松弛后的面团压扁,翻面后包入卡士达酱。

⑦排入烤盘,送入饧发箱进行最后发酵。

⑧最后发酵结束后,表面转圈挤上剩余的卡士达酱装饰。

⑨放入预热至180℃的烤箱中层,以上下火,烤制15分钟。

(4)风味特点　色泽金黄,馅心软嫩,内部松软。

145. 花生酱面包

(1)原料配方　高筋面粉220克,低筋面粉60克,奶粉20克,细砂糖35克,盐2克,酵母3克,全蛋30克,水85毫升,汤种84克,黄油25克,花生酱175克。

(2)制作工具或设备　搅拌桶,搅拌机,笔式测温计,西餐刀,饧发箱,擀面杖,烤盘,烤箱。

(3)制作过程

①另取50克面粉以及250毫升清水,将50克面粉放到水里搅拌均匀,小火熬成糊状即成汤种,取84克备用。

②干酵母溶于温水,与除黄油和花生酱以外的其他材料放在搅拌桶中,搅拌成面团,再将黄油加入,慢慢搅拌进去,搅拌至面团可拉出薄膜。

③搅拌好的面团放到饧发箱中进行第一次发酵,发酵至原来体积的2.5~3倍大即完成第一次发酵。

④发酵好的面团,取出,分割成5份,滚圆。

⑤取一份面团用手掌压扁,将适量花生酱包入,收口,并将收口

朝下,用擀面杖擀成椭圆形,用小刀在中间划几刀,但两头不要切断,拿起面片两端稍微扯长些,扭一扭,给打个结,排上烤盘。

⑥整理好形状的面团,排上烤盘,放到饧发箱,进行第二次发酵,至原来体积的 2 倍大左右即可。

⑦烤箱预热至 170℃,在面包表面刷一层蛋液,放入烤箱中层,烤制 20 分钟左右。

(4)风味特点 色泽金黄,形状美观,具有花生酱的香味。

146. 竹炭卡士达面包

(1)原料配方

①面团原料:高筋面粉 250 克,竹炭粉 5 克,奶粉 15 克,细砂糖 40 克,盐 2.5 克,干酵母 4 克,水 120 毫升,黄油 25 克。

②卡士达酱配方:蛋黄 2 个,细砂糖 50 克,低筋面粉 30 克,牛奶 250 毫升。

(2)制作工具或设备 搅拌桶,搅拌机,笔式测温计,西餐刀,饧发箱,擀面杖,保鲜膜,烤盘,烤箱。

(3)制作过程

①卡士达酱调制。将蛋黄和细砂糖放在一起搅匀;牛奶加热至微沸,将牛奶分次加入蛋液中搅匀;再加入过筛的低筋面粉搅匀,用小火加热,边加热边不停搅动,以免糊底。开始会比较稀,搅至浓稠、光滑时离火,趁热加入一半黄油搅匀;最后放凉备用,盖保鲜膜以防表面结皮。

②将面团原料中除黄油以外所有的原料放入搅拌桶中,搅拌至面团出筋。

③加入黄油,继续搅拌至扩展状态。

④将面团放入盆中,盖保鲜膜,放饧发箱中进行基础发酵。

⑤基础发酵结束后,将面团分割成 60 克/份,滚圆后松弛 15 分钟。

⑥松弛后的面团压扁,翻面后包入卡士达酱。

⑦排入烤盘,送入饧发箱,进行最后发酵。

⑧最后发酵结束后,送入预热至180℃的烤箱中层,以上下火,烤制15分钟。

⑨出炉后表面刷熔化的黄油。

(4)风味特点　色泽黝黑,口感松软,馅心软嫩。

147. 玉米甜面包

(1)原料配方　高筋面粉220克,牛奶125毫升,橄榄油15克,鸡蛋120克,红糖25克,酵母2克,玉米面粉110克,罐头玉米35克,泡打粉2克,盐2克,南瓜子仁15克。

(2)制作工具或设备　搅拌桶,搅拌机,笔式测温计,西餐刀,饧发箱,擀面杖,烤盘,烤箱。

(3)制作过程

①将牛奶、橄榄油、鸡蛋、红糖等放入搅拌桶里,搅匀。然后,倒入玉米面粉、高筋面粉、罐头玉米、泡打粉、盐和酵母,轻轻搅匀。

②烤盘抹一层油,倒入搅好的糊糊,上面撒一层南瓜子仁。

③放入饧发箱,进行一次性发酵。

④放入预热到200℃的烤箱,烤15~25分钟,或烤至竹签插入,取出时不粘粉即可。晾凉,切块。

(4)风味特点　色泽金黄,表面布满瓜子仁,质地松软。

148. 甜蜜果酱面包

(1)原料配方　高筋面粉220克,低筋面粉60克,细糖40克,盐2克,全蛋30克,牛奶85毫升,汤种84克,奶粉20克,快速于酵母6克,无盐黄油22克,柠檬果酱50克。

(2)制作工具或设备　搅拌桶,搅拌机,笔式测温计,西餐刀,饧发箱,擀面杖,保鲜膜,烤盘,烤箱。

(3)制作过程

①黄油软化备用。

②牛奶隔水稍稍加温,倒入酵母搅匀,静置10分钟备用。

③将除无盐黄油和柠檬果酱外的其他原料放入搅拌桶中,加入

酵母牛奶低速搅拌均匀,然后中速搅拌成光滑的面团,最后加入黄油揉至面团能拉出薄膜。

④将搅拌好的面团放入大点的容器中盖上保鲜膜,放饧发箱中发酵至原来体积的 2~3 倍大小。

⑤将发好的面团揉出里面的气泡分成均匀的几块,松弛 15 分钟,把每个面团擀成面饼抹上柠檬果酱,卷起,排在烤盘上,中间间隙要大。

⑥再次放入饧发箱,待面团胀大至原来的两倍左右取出,刷上蛋液。

⑦烤箱预热至 180℃,中层烤 18 分钟。

(4)风味特点　色泽金黄,馅心甜蜜,面包松软。

149. 南瓜肉松小面包

(1)原料配方　高筋面粉 250 克,熟南瓜泥 130 克,干酵母 4 克,鲜牛奶 20 毫升,细砂糖 40 克,黄油 30 克,盐 2 克,肉松 50 克。

(2)制作工具或设备　搅拌桶,搅拌机,笔式测温计,西餐刀,饧发箱,擀面杖,烤盘,烤箱。

(3)制作过程

①南瓜切块入锅内蒸熟,取出趁热用勺背压成泥晾凉备用。

②将除黄油、肉松以外的材料,放入搅拌桶搅拌成团,加入黄油继续揉至光滑有薄膜。

③放在室内 28℃的温度下发酵至原体积的 2.5~3 倍大。

④排气,分割滚圆,松弛 10 分钟。

⑤包入肉松,整形。放入饧发箱内(温度控制在 38℃,湿度 75%),发酵 45 分钟。

⑥取出刷上蛋液。

⑦放入烤箱,以 175℃,烤制 20 分钟。

(4)风味特点　色泽金黄,口感松软,南瓜口味。

150. 香葱芝士面包

（1）原料配方

①面团配方：高筋面粉 280 克，低筋面粉 20 克，砂糖 25 克，盐 3 克，干酵母 5 克，改良剂 3 克，全蛋 35 克，奶粉 15 克，水 165 毫升，黄油 25 克。

②香葱芝士馅配方：葱末 25 克，马苏里拉芝士丝 180 克，全蛋 1 个，动物性鲜奶油 150 克，盐 3 克，白胡椒 1 克，火腿片切丁 15 克。

（2）制作工具或设备　搅拌桶，搅拌机，笔式测温计，西餐刀，饧发箱，擀面杖，烤盘，烤箱。

（3）制作过程

①香葱芝士馅制作：将鸡蛋与动物性鲜奶油搅匀，加上葱末、盐、白胡椒，火腿丁等拌均即可。

②将所有面团材料（除黄油外）一起搅拌至光滑具有弹性后，再加入黄油，继续搅拌至扩展阶段。

③发酵 1 小时（温度 28℃），面团发酵至原来面团体积的两倍大小。

④面团排气后，分割成 50 克/个，搓圆，松弛 15 分钟。

⑤再放入饧发箱，发酵 30 分钟。（温度 38℃，湿度 85%）。

⑥取出面包坯，用西餐刀划两道刀口，表面涂上全蛋液，放上香葱芝士馅。

⑦放入烤箱，以上火 190℃、下火 160℃，烤 20 分钟。

（4）风味特点　色泽金黄，葱香奶香和谐，松软适度。

151. 奶香椰蓉面包

（1）原料配方

①汤种配方：高筋面粉 30 克，水 150 毫升。

②面团配方：高筋面粉 300 克，奶粉 130 克，糖 70 克，盐 5 克，干酵母 10 克，鸡蛋 120 克，黄油 45 克，牛奶 30 毫升，水 100 毫升。

③椰蓉馅配方：椰丝 150 克，炼乳 120 克，鸡蛋 1 个，牛奶 250

毫升。

(2)制作工具或设备　搅拌桶,搅拌机,笔式测温计,西餐刀,饧发箱,擀面杖,保鲜膜,烤盘,烤箱。

(3)制作过程

①椰蓉馅调制。将椰丝、炼乳、鸡蛋混合,慢慢加入牛奶,搅拌均匀。

②汤种调制。将高筋面粉加水煮到糨糊状关火,盖上保鲜膜放凉。

③将水加上酵母融化,静置10分钟备用。

④将酵母水倒入搅拌桶中,再依次放入牛奶、鸡蛋、汤种、高筋面粉、奶粉,最上面放糖和盐。低速搅拌成团,中速搅拌10分钟,加入化软的黄油,搅拌成光滑的面团。

⑤盖上保鲜膜,发酵1小时(温度28℃),面团发酵至原来面团体积的2倍大。

⑥取出面团,揉匀排气,分成5份,室温下松弛15分钟。

⑦然后擀成圆形,包上椰蓉馅心,收口朝下,分别在模子里放好。

⑧再放入饧发箱,发酵30分钟。(温度38℃,湿度85%)。

⑨放入预热至170℃的烤箱,烤制16分钟左右。

(4)风味特点　色泽金黄,口感松软,椰蓉香软。

152. 玫瑰面包

(1)原料配方　高筋面粉250克,酵母3克,泡打粉2克,盐1克,白糖50克,奶粉15克,温水110毫升,黄油30克,鸡蛋60克。

(2)制作工具或设备　搅拌桶,搅拌机,笔式测温计,西餐刀,饧发箱,擀面杖,保鲜膜,烤盘,烤箱。

(3)制作过程

①先将白糖溶于热水中,降到40℃以下时加入酵母激活,静置10分钟备用。

②在搅拌桶中加入面粉、奶粉、泡打粉、盐等混匀,加鸡蛋和酵母水调匀,搅拌均匀后,加入黄油再次搅拌至面筋扩展阶段。

③盖上保鲜膜,放入饧发箱,发酵至原来面团体积的2倍大。

④取出揉匀,用手摘成11个面剂子,盖上湿毛巾。

⑤案板上撒少许干面粉,取一面团使劲揉光,揪一小块搓成圆锥形(花心),然后其余部分搓成长条顶端对折后用手指捏扁成花瓣形,包裹在花心上,然后反复揪花瓣,包裹,直到一朵玫瑰花完成。

⑥将玫瑰依次摆上,拼成一个心形,放入刷油的烤盘中,放入饧发箱,再次发酵至原来面团体积的2倍大。

⑦放入烤箱,以上下火180℃,烤制15分钟。面包表皮略上色时关掉底火,只用上火烤到金黄,取出趁热刷蜂蜜(也可以不刷)。

(4)风味特点 色泽金黄,形似玫瑰,松软适度。

153. 芝士汤种面包条

(1)原料配方 高筋面粉200克,低筋面粉100克,汤种75克,温水65毫升,蛋60克,糖30克,盐3克,干酵母4克,奶粉12克,黄油45克,芝士粒25克,巴西里粉(Parsley)3克。

(2)制作工具或设备 搅拌桶,搅拌机,笔式测温计,西餐刀,饧发箱,擀面杖,烤盘,烤箱。

(3)制作过程

①先将干酵母加入温水中,搅拌一下,静置15分钟。

②将除黄油外的材料混合,低速搅拌成团,中速搅拌至可以拉出薄膜。薄膜破口处成锯齿状为扩展阶段即可。

③放入饧发箱,基本发酵45~60分钟,用手蘸高筋面粉,插入面团不回缩即可(体积约为原来的2.5倍大)。

④将发酵好的面团用手轻轻按压,排气并将它分割为9个重60克的面团,松弛15分钟。

⑤将面团由中间向两端擀开(擀成长度15厘米即可),卷成长条状,收口压实。

⑥放入饧发箱,最后发酵40分钟左右,再在面包条上撒上芝士粒。

⑦烤箱预热至175℃,烤制15~20分钟。

⑧出炉再撒上一些巴西里粉。

（4）风味特点　金黄色泽中呈现出零零碎碎的巴西里粉的绿色，散发出芝士的香味。

154. 菠菜椰蓉面包卷

（1）原料配方　高筋面粉 265 克，干酵母 4 克，砂糖 25 克，食盐 3 克，鸡蛋 60 克，牛奶 140 毫升，菠菜泥 70 克，黄油 25 克，椰馅 75 克。

（2）制作工具或设备　搅拌桶，搅拌机，笔式测温计，西餐刀，饧发箱，擀面杖，保鲜膜，烤盘，烤箱。

（3）制作过程

①除了黄油、椰馅外，将面团的其他材料全部混合放到搅拌桶里，揉成团。然后搅拌入黄油，搅拌成光滑有弹性的面团。

②放在抹了薄油的盆中，盖上湿布，放在饧发箱中，做 60 分钟左右的基础发酵。

③取出发酵后的面团，排出气体，分成 2 份，用保鲜膜盖好，松弛 15 分钟。将每份面团擀成 28 厘米×15 厘米的长方形。铺上一半的椰馅，卷起，切分成 7 份。

④放入稍微抹油直径 28 厘米的圆形烤模中，放入饧发箱，发酵 60 分钟。

⑤面包坯刷上全蛋液。入预热至 175℃ 烤箱，烘焙 18~20 分钟。

（4）风味特点　色泽浅绿，具有椰蓉的香味。

155. 奶酪火腿面包卷

（1）原料配方

①面团配方：高筋面粉 200 克，低筋面粉 25 克，干酵母 3 克，砂糖 25 克，盐 2 克，奶粉 20 克，牛奶 150 毫升，黄油 30 克。

②奶酪馅心配方：马苏里拉奶酪丁 100 克，火腿丁 120 克。

（2）制作工具或设备　搅拌桶，搅拌机，笔式测温计，西餐刀，饧发箱，擀面杖，烤盘，烤箱。

（3）制作过程

①将除黄油以外的其他材料放在搅拌桶中,搅拌成面团,再将黄油加入,慢慢搅拌进面团,至面团完成阶段,可拉出薄膜(牛奶不要一下子全加进去,留少许根据面团湿软情况来添加)。

②搅拌好的面团放到饧发箱中进行第一次发酵至原来的 2.5~3 倍大。

③发酵好的面团取出,排去大部分空气,用擀面杖将面团擀成一个长方片,将马苏里拉奶酪和火腿丁撒在面片上,卷起,切小段(马苏里拉奶酪留下一些撒在表面上)。

④将切好的小段稍整理好形状,将切片朝上排上烤盘,放到饧发箱中进行第二次发酵至原来的 2~2.5 倍大,表面撒上适量马苏里拉奶酪。

⑤烤箱预热至 175℃,放入烤箱中层,烤制 18 分钟左右。

（4）风味特点　色泽金黄,质地松软,奶酪味浓。

156. 腊肠蒜苗面包

（1）原料配方　高筋面粉 250 克,盐 3 克,奶粉 10 克,砂糖 25 克,牛奶 130 毫升,酵母 4 克,鸡蛋 60 克,黄油 35 克,腊肠条 25 克,蒜苗碎 15 克。

（2）制作工具或设备　搅拌桶,搅拌机,笔式测温计,西餐刀,饧发箱,擀面杖,保鲜膜,烤盘,烤箱。

（3）制作过程

①将高筋面粉、盐、奶粉、砂糖等放入搅拌桶中,加上牛奶、酵母、鸡蛋搅拌成团,最后加入化软的黄油,直至面筋扩展阶段。

②将揉好的面团放入饧发箱,至原来体积的 2 倍大。

③发酵好的面团拿出揉匀,分成 6 份,盖上保鲜膜松弛 10 分钟。

④把小面团擀成饼,撒上腊肠条、蒜苗碎,打卷即可。

⑤做好形状的面包,放入饧发箱,继续发酵至原来体积的 2 倍大。

⑥刷上蛋液,烤箱预热至 180℃,烤制 18 分钟。

（4）风味特点　色泽金黄,面包松软,腊肠蒜苗咸鲜。

157. 番茄洋葱面包

（1）原料配方　高筋面粉170克,低筋面粉30克,干酵母3克,细砂糖20克,全蛋液25克,番茄汁90毫升,黄油20克,新鲜番茄125克(连皮),洋葱50克,培根2~3片,黑胡椒碎2克,盐3克。

（2）制作工具或设备　煎锅,搅拌机,笔式测温计,西餐刀,饧发箱,烤盘,烤箱。

（3）制作过程

①洋葱剁碎备用;新鲜番茄用开水烫2分钟,去掉外皮,剁碎;用纱布包起番茄碎,把番茄汁挤到容器里,尽量挤干一些(番茄汁不够90毫升可以加一些清水补足,或者另取一些番茄挤汁),培根切小丁。

②培根入锅,煎熟,待油分煎出,将黄油下锅,黄油化掉之后,把洋葱加入,中小火慢慢炒至洋葱有些黄了,出香味,把挤干的番茄泥、黑胡椒碎以及盐加入翻炒均匀即可装盘备用。

③将配方中高筋面粉、低筋面粉、干酵母、细砂糖、全蛋液等材料放在一起,基本揉成面团,将刚才炒好的番茄洋葱加入,揉进面团,待面团把油分吸收干净即可。

④搅拌好的面团放到饧发箱中进行第一次发酵,至原来面团体积的2.5~3倍大。

⑤将发酵好的面团取出,排去大部分空气,将面团分割成9份,滚圆,排上烤盘,放到饧发箱中进行第二次发酵,至原面团体积的2~2.5倍大。

⑥烤箱预热至200℃,放入烤箱中层烤制13分钟左右。

（4）风味特点　色泽金黄,口感蓬松,口味酸香。

158. 黑椒蘑菇培根面包

（1）原料配方

①面团配方:高筋面粉200克,低筋面粉100克,奶粉15克,细砂糖30克,盐3克,全蛋60克,水110毫升,汤种75克,酵母6克,无盐

黄油 45 克,白芝麻 5 克。

②馅心配方:罐头蘑菇 1 听,培根 35 克,黑椒汁 15 克,芝士粉 10 克,沙拉酱 25 克。

(2)制作工具或设备　煎锅,电磁炉,搅拌机,笔式测温计,西餐刀,饧发箱,保鲜膜,烤盘,烤箱。

(3)制作过程

①馅心调制。罐头蘑菇片挤干水分,培根切丁,调入适量黑椒汁和芝士粉,再挤些沙拉酱,以上材料混合均匀。

②汤种调制。面粉和水比例 1:5。另取 20 克面粉加上 100 毫升水搅拌均匀,放入小盆中以电磁炉小火,边加热边不断搅拌至 65℃ 左右离火(搅拌时出现纹路,面糊略浓稠),盖上保鲜膜降至室温或冷藏 24 小时后使用。

③将酵母溶入温水中搅拌均匀,静置 10 分钟备用。

④在搅拌桶中依次放入盐、糖、蛋液、汤种、高筋面粉、低筋面粉、奶粉,最后倒入酵母水,中速搅拌成团时加入软化过的黄油,继续揉搅拌,至面团完成阶段。

⑤搅拌完成后,面团表面喷少许水,放入饧发箱,进行基本发酵,发至原来面团体积的 2.5 ~ 3 倍大。此过程可以在烤箱中进行,空烤箱打开电源加热几分钟后关掉,底层放碗热水,中层放面团,温度 28℃,湿度 75%。

⑥分成 9 个小面团,每个约 60 克,滚圆盖湿布,中间发酵 10 分钟。

⑦小面团收口朝下按扁,从中间往上下擀成椭圆形,翻面,收口朝上,放入馅心,对折捏合。

⑧放入饧发箱,进行最后发酵,面团表面喷少许水,温度 38℃,湿度 85%。

⑨发酵完成,表面刷一层薄薄的过滤后的全蛋液,撒上白芝麻。

⑩放入烤箱,以 180℃ 烤 15 分钟左右出炉。

(4)风味特点　色泽金黄,具有黑椒和蘑菇等混合香气。

159. 葱花鸡肉肠面包

（1）原料配方

①面团配方：高筋面粉 300 克，低筋面粉 75 克，盐 4 克，奶粉 30 克，鸡蛋 60 克，牛奶 150 毫升，细砂糖 20 克，鸡肉肠 7 根，植物黄油 40 克，酵母 6 克。

②葱花馅配方：葱花 25 克，色拉油 50 克，盐 3 克，鸡蛋液 20 克，胡椒粉 2 克。

（2）制作工具或设备　煎锅，搅拌机，笔式测温计，西餐刀，饧发箱，保鲜膜，烤盘，烤箱。

（3）制作过程

①牛奶加热后放温，加入酵母拌匀，静置 10 分钟。

②在搅拌桶中依次放入盐、糖、蛋液、高筋面粉、低筋面粉、奶粉，最后倒入酵母水，中速搅拌成团时加入软化过的黄油，继续揉搅拌，至面团完成阶段。

③搅拌完成后，面团表面喷少许水，放入饧发箱，进行基本发酵，发至原来面团体积的 2.5～3 倍大。此过程可以在烤箱中进行，空烤箱打开电源加热几分钟后关掉，底层放碗热水，中层放面团，约温度 28℃，湿度 75%。

④取出，轻拍面团，压去里面的空气，分割成 7 份，滚圆松弛 15 分钟，盖上保鲜膜。

⑤取一面团搓一下，然后擀成长方形，放入鸡肉肠，由上至下卷起。切 4 刀，但不要切断，把切面往上翻，头和尾交错。

⑥放入刷好油的烤盘。放入饧发箱，放入烤盘继续发酵 30 分钟。

⑦取出刷上蛋水，抹上葱花馅。放在烤箱中层 175℃，烤制 20 分钟。

（4）风味特点　色泽金黄，面包松软，鸡肉肠细腻。

160. 咖喱面包

（1）原料配方

①面团配方：高筋面粉 250 克，糖 25 克，盐 2 克，干酵母 3 克，全

蛋 60 克,温水 100 毫升,奶粉 20 克,黄油 25 克。

②咖喱馅配方:猪肉蓉 100 克,油咖喱 15 克,洋葱半根,盐 3 克。

（2）制作工具或设备　煎锅,搅拌机,笔式测温计,西餐刀,饧发箱,保鲜膜,烤盘,烤箱。

（3）制作过程

①馅心调制。洋葱剁碎,煎锅里下油炒香洋葱碎,加猪肉蓉炒散,翻拌均匀,加油咖喱和盐适量,翻炒至馅熟了即可出锅备用。

②干酵母溶于温水,静置 10 分钟备用。

③将除黄油以外的其他材料放入搅拌桶中,加入酵母水,中速搅拌 10 分钟成面团,再将黄油慢慢加入,搅拌进面团,直至面团可拉出薄膜。

④搅拌好的面团放入饧发箱,进行第一次发酵,发酵至原来面团体积的 2.5~3 倍大即可。

⑤面团第一次发酵完成,用手掌轻轻压面团,排掉大部分气体,取出面团,分割成小份滚圆,蒙保鲜膜松弛 10 分钟。

⑥把松弛好的小面团压扁成圆形面片,放入适量咖喱馅,包起,收口朝下,用西餐刀在包好的面团顶部交叉划两道小口子,口子深度以露出咖喱馅为准。

⑦把整理好形状的面团,排上烤盘,放入饧发箱,进行二次发酵至原来面包坯体积的 2~2.5 倍大。

⑧二次发酵完成,表面刷上蛋液。

⑨放入烤箱,置于烤箱中层,以 180℃,烤制 20 分钟左右。

（4）风味特点　色泽金黄,咖喱味浓。

161.黑胡椒鸡肉面包

（1）原料配方

①面团配方:高筋面粉 220 克,糖 25 克,盐 2 克,干酵母 2 克,牛奶 135 毫升,黄油 25 克。

②馅心配方:鸡胸肉 75 克,麻辣炸粉 15 克,盐 2 克,黑胡椒 1 克。

（2）制作工具或设备　煎锅,搅拌机,笔式测温计,西餐刀,饧发箱,保鲜膜,烤盘,烤箱。

（3）制作过程

①馅心调制。将鸡胸肉切条,拌上麻辣炸粉和盐,开火,煎锅内下少许油,将鸡肉放下去划散,待鸡肉变色,下黑胡椒翻炒至鸡肉熟了即可。

②将除黄油以外的其他材料放在搅拌桶中搅拌成面团,再将黄油加入,慢慢搅拌进面团,直至面团可以拉出薄膜来。

③搅拌好的面团放入饧发箱,进行第一次发酵,发酵至原来面团体积的 2.5～3 倍大即可。

④面团第一次发酵完成,用手掌轻轻压面团,排掉大部分气体,取出面团,分割成小份滚圆,蒙保鲜膜松弛 10 分钟。

⑤将松弛好的面团取出,用手掌压扁,再用擀面杖擀开成椭圆形,其中半边放上适量鸡肉条,再将另外半边盖过来,折叠处两侧稍微捏拢上下两片。

⑥将整理好形状的面团,排上烤盘,放到饧发箱中进行第二次发酵,至原来面团体积的 2 倍大左右即可。

⑦烤箱预热至 180℃,放入烤箱中层,烤制 20 分钟左右。

（4）风味特点　色泽金黄,鸡肉鲜嫩,面包质地蓬松。

162. 迷你鱼肉面包卷

（1）原料配方　高筋面粉 250 克,低筋面粉 50 克,汤种 50 克,奶粉 20 克,砂糖 10 克,盐 3 克,干酵母 2 克,炼乳 25 克,温水 140 毫升,黄油 25 克,鱼肉肠 10 根。

（2）制作工具或设备　搅拌机,笔式测温计,西餐刀,饧发箱,烤盘,保鲜膜,烤箱。

（3）制作过程

①汤种调制。另取 20 克高筋面粉兑 80 毫升凉水,调匀,用小火不停搅拌,熬制成浓稠面糊状即为"汤种",按照上面材料中的分量,取 50 克。

②干酵母溶于温水,静置 10 分钟备用。

③把除黄油和鱼肉肠以外的其他材料放在搅拌桶中,加入酵母水,中速搅拌成面团,再将黄油加入,慢慢搅拌进面团,直至面团可以拉出薄膜来。

④搅拌好的面团放入饧发箱,进行第一次发酵,发酵至原来面团体积的 2.5~3 倍大即可。

⑤面团第一次发酵完成,用手掌轻轻压面团,排掉大部分气体,取出面团,分割成小份滚圆,蒙保鲜膜松弛 10 分钟。

⑥取出面团分为 30 克左右的小面团,滚圆,盖保鲜膜松弛 10 分钟。

⑦取小份面团,在案板上搓成一头大一头小的小长条,一手拿起长条小的那头,另一手用擀面杖把面条擀长,擀好后,将鱼肉肠放到面片末端,卷起即可。

⑧将整理好形状的面团,排上烤盘,放到饧发箱中进行第二次发酵,至原来面团体积的 2 倍大左右即可。

⑨烤箱预热至 190℃,面团放入烤箱中层,烤制 18 分钟左右。

(4)风味特点　色泽金黄,鱼肉鲜嫩,面包质地蓬松。

163. 火腿蔓越莓橄榄奶酥面包

(1)原料配方

①面团配方:高筋面粉 220 克,牛奶 110 毫升,酵母 3 克,糖 10 克,盐 3 克,全蛋液 25 克,黄油 20 克,蔓越莓干丁 40 克,火腿丁 40 克,橄榄丁 15 克。

②奶酥粒配方:糖粉 15 克,奶粉 3 克,低筋面粉 25 克,黄油 30 克。

(2)制作工具或设备　搅拌机,笔式测温计,西餐刀,饧发箱,保鲜膜,烤盘,烤箱。

(3)制作过程

①馅心调制。将糖粉、奶粉、黄油、低筋面粉混合搓成粒状,放冰箱里冷藏。

②除黄油、蔓越莓于、火腿丁、橄榄丁以外的其他材料放在搅拌

桶中,加入酵母水,中速搅拌成面团,再将黄油加入,慢慢搅拌进面团,直至面团可以拉出薄膜来,分次加入火腿丁、蔓越莓干丁、橄榄丁。

③将搅拌好的面团放入饧发箱,进行第一次发酵,发酵至原来面团体积的 2.5~3 倍大即可。

④面团第一次发酵完成,用手掌轻轻压面团,排掉大部分气体,取出面团,分割成小份滚圆,蒙保鲜膜松弛 10 分钟。

⑤将小份面团擀成椭圆形,再由下至上卷起,将两边收口,捏紧。

⑥放入饧发箱,进行第二次发酵,发酵至原来面团体积的 2 倍大。

⑦面包表面刷全蛋液,表面撒上奶酥粒。

⑧在表面略喷一点水,放入烤箱以 170℃烤制 20~25 分钟。

(4)风味特点　色泽金黄,口感松软,口味协调。

164. 意大利肉松面包

(1)原料配方　高筋面粉 220 克,牛奶 110 毫升,酵母 3 克,糖 10 克,盐 3 克,全蛋液 25 克,橄榄油 25 克,肉松 50 克,孜然 3 克,沙拉酱 25 克。

(2)制作工具或设备　搅拌机,笔式测温计,西餐刀,饧发箱,烤盘,烤箱。

(3)制作过程

①将除橄榄油、肉松、孜然和沙拉酱外,其他原料放入搅拌桶中,搅拌均匀,加入水慢速搅拌 3 分钟,快速搅拌 10 分钟搅拌至面筋完全扩展,加入橄榄油搅拌均匀。

②将面团放入饧发箱,基本发酵温度为 28℃,湿度为 75%~80%,时间为 3 小时。

③取出面团,分割成 10 份,搓圆成形,用西餐刀在表面划上"十"字形状,表面撒肉松及少量孜然,挤沙拉酱。

④放入饧发箱,最后发酵温度为 350C,湿度为 75%,发酵时间为 30 分钟。

⑤放入烤箱,烘烤温度为 200C,烤制 15 分钟。

(4)风味特点　色泽金黄,口味松香,口感绵软。

165.山楂面包

（1）原料配方 高筋面粉200克,盐3克,酵母3克,糖16克,面包改良剂1克,奶粉8克,蛋液(全蛋)10克,温水100毫升,黄油25克,山楂棒卷8根。

（2）制作工具或设备 搅拌机,笔式测温计,西餐刀,饧发箱,保鲜膜,烤盘,烤箱。

（3）制作过程

①干酵母溶于温水,静置10分钟备用。

②将除黄油以外的其他材料放在搅拌桶中,加入酵母水,中速搅拌成面团,再将黄油加入,慢慢搅拌进面团,直至面团可以拉出薄膜来。

③将搅拌好的面团放入饧发箱,进行第一次发酵,发酵至原来面团体积的2.5~3倍大即可。

④面团第一次发酵完成,用手掌轻轻压面团,排掉大部分气体,取出面团,分割成小份滚圆,蒙保鲜膜松弛10分钟。

⑤取出面团,分割成30克左右的小面团,滚圆,盖保鲜膜松弛10分钟。

⑥取小份面团,在案板上搓成一头大一头小的小长条,一手拿起长条小的那头,另一手用擀面杖把面条擀长,擀好后,将山楂棒卷放到面片末端,卷起即可。

⑦将整理好形状的面团,排上烤盘,放到饧发箱中进行第二次发酵,至原来面团体积的2倍大左右即可。

⑧烤箱预热至190℃,放入烤箱中层,烤制18分钟左右。

（4）风味特点 色泽金黄,质地蓬松,开胃健脾。

166.双味面包

（1）原料配方

①面团配方:高筋面粉310克,酵母5克,细砂糖15克,盐3克,奶粉20克,鸡蛋25克,温水160毫升左右,无盐黄油40克。

②咸味馅心配方:培根4片,洋葱碎15克,黑胡椒碎2克,比萨草

3 克。

③甜味馅心配方:细砂糖 5 克,肉桂粉 3 克,酒浸葡萄干 50 克。

(2)制作工具或设备　搅拌机,笔式测温计,西餐刀,饧发箱,保鲜膜,烤盘,烤箱。

(3)制作过程

①将酵母先置于温水中静置 10 分钟,待其成为酵母水备用。

②将高筋面粉、奶粉、盐、糖、鸡蛋,加入之前的酵母水搅拌成面团,再加入无盐黄油,继续搅拌成光滑的面团。

③盖上湿布放入饧发箱发酵 30～40 分钟。

④将发酵好的面团轻轻地排气后,分割成每个 40 克的面团 8 份。

⑤盖上保鲜膜,静置 20 分钟。

⑥在案板上撒些面粉,同时双手沾些面粉,将 8 份小面团滚圆,擀成椭圆长形,放一层培根片,再均匀撒一些洋葱碎、黑胡椒碎和比萨草,卷成卷,收口朝下放在烤盘上,做四个。在卷好的培根卷上用尖刀划一个口。将另外四个面团同样擀成椭圆长形,均匀撒满葡萄干、肉桂粉和细砂糖,卷好卷,收口朝下放在烤盘上。

⑦把烤盘放在饧发箱中发酵,室温在 28℃ 左右发酵约 40 分钟,发至原体积的 1.5 倍即可。

⑧放入预热至 160～180℃ 烤箱,面包表面刷一层鸡蛋液后放入烤箱中层,烤制 15 分钟。

(4)风味特点　色泽金黄,质地松软,双味可口。

167. 咖喱肉松面包

(1)原料配方　高筋面粉 200 克,低筋面粉 100 克,盐 3 克,细砂糖 30 克,奶粉 12 克,酵母 6 克,温水 85 毫升,全蛋 60 克,汤种 75 克,黄油 45 克,肉松 50 克,咖喱酱 25 克。

(2)制作工具或设备　搅拌机,电磁炉,笔式测温计,西餐刀,饧发箱,保鲜膜,烤盘,烤箱。

(3)制作过程

①汤种调制。在 500 毫升水中加入高筋面粉 100 克。先将水与

高筋面粉搅拌均匀,放到电磁炉上加热,不停搅拌,到65℃左右离火,面糊在搅拌时,会有纹路出现的状态。在面糊盒上贴一层保鲜膜,降到室温后使用(防止水分流失及表面结皮)。按照配方取75克汤种使用。

②酵母先置于温水中静置10分钟,待其成为酵母水备用。

③将高筋面粉、低筋面粉、盐、细砂糖、奶粉等过筛放入搅拌桶中,搅拌均匀,加入酵母水,中速搅拌10分钟,最后加入黄油,一起搅拌至面筋完成阶段(可拉开的薄膜,破洞边缘为光滑状)。

④将面团取出,收出一个光滑面。

⑤将面团放入饧发箱,进行基本发酵40分钟(温度28℃,湿度75%)。

⑥完成后分割成9份(每个60克),滚圆;进行中间发酵:10分钟(室温即可)。

⑦将面团收口朝下,用手拍扁排气,按成橄榄形,抹上肉松和咖喱酱,卷成卷。

⑧放入饧发箱,进行最后发酵(40分钟,温度38℃,湿度85%)。

⑨发酵完成后,刷上全蛋液,即可入炉烤。

⑩放入烤箱中层,以180℃,烤约15分钟。

(4)风味特点 色泽金黄,松软中具有肉松和咖喱的香味。

168. 芝士培根面包

(1)原料配方

①面团配方:高筋面粉220克,白糖15克,干酵母2克,盐2克,温牛奶75毫升,鲜奶油40克。

②馅心配方:培根4片,芝士3片,芝士丝15克。

(2)制作工具或设备 搅拌机,笔式测温计,西餐刀,饧发箱,烤盘,烤箱。

(3)制作过程

①将干酵母和白糖混匀,用温牛奶化开,静置10分钟左右,到酵母液表面充满气泡,备用。

②在搅拌桶中依次加入高筋面粉、盐、鲜奶油以及酵母牛奶,中速搅拌 10 分钟,形成面团,撕开成薄膜状或者叫伸展状。

③放入饧发箱,饧到面团发起至原来面团体积的 2 倍大。

④饧好的面团擀成面片,中间厚、两边薄。

⑤将芝士片铺在面片中间,再把培根摆在芝士片上面,面片从两边向中间折起。

⑥准备一个烤盘,上面刷一层油,把折好的面片倒过来接口朝下放在烤盘上面,静置 30～60 分钟。

⑦烤箱预热至 185℃。

⑧将饧好的面包生坯上面刷上蛋液,撒一层芝士丝,放入烤箱烤制 15 分钟即可。

(4)风味特点　色泽金黄,质地松软,具有芝士的香味。

169. 鸡腿面包

(1)原料配方

①面团配方:高筋面粉 250 克,鸡蛋 50 克,牛奶 120 毫升,盐 2 克,奶粉 30 克,糖 30 克,酵母粉 8 毫升,汤种 75 克,黄油 15 克。

②馅心配方:鸡腿 3 只,黄酒 15 克,鱼露 10 克,腐乳 15 克,胡椒碎 5 克,生抽 15 克。

(2)制作工具或设备　搅拌机,笔式测温计,西餐刀,饧发箱,保鲜膜,烤盘,烤箱。

(3)制作过程

①在搅拌桶中,依次放入高筋面粉、鸡蛋、牛奶、盐、奶粉、糖、酵母粉和撕成小块的汤种,大概中速搅拌 15 分钟后,面团成形,放入 15 克黄油,继续搅拌 3 分钟,直到面团能拉出薄膜。

②将面团取出,放入饧发箱,进行第一次发酵。

③把面团拿出来,轻轻压压,排出空气,用保鲜膜包裹好,放在室温下中间发酵 15 分钟。同时,鸡腿去骨,撕去鸡皮,用黄酒、鱼露、腐乳、胡椒碎、生抽抓匀腌制,备用。

④将面团分割成 120 克/个的面剂,滚圆,擀成牛舌饼状,将鸡腿

肉放在面片中间,把面片对折,接口捏紧,封口朝下,放在烤盘上。

⑤将烤盘放入饧发箱,进行最后发酵,约45分钟。

⑥在发酵好的面包坯上抹上蛋液,放入烤箱以180℃,烤30分钟(烤盘放入10分钟后,放入锡纸,防止表皮烤煳)。

(4)风味特点　色泽金黄,质地蓬松,馅心鲜嫩。

170.肉松面包夹

(1)原料配方

①面团配方:高筋面粉300克,酵母3克,盐2克,白糖30克,鸡蛋60克,牛奶75毫升,温水50毫升,黄油40克。

②馅心配方:肉松75克,沙拉酱50克,芝麻15克,香葱末15克。

(2)制作工具或设备　搅拌机,笔式测温计,西餐刀,饧发箱,保鲜膜,烤盘,烤箱。

(3)制作过程

①将高筋面粉、盐、白糖搅拌均匀,把酵母撒到温水中搅拌均匀,静置10分钟备用。

②鸡蛋打成蛋液,加上高筋面粉、盐、糖、酵母水搅拌均匀后,中速搅拌15分钟形成面筋扩展的面团,最后加入黄油,继续搅拌至可以拉出薄膜状。

③将搅拌好的面团放入饧发箱中,盖好保鲜膜在30℃的环境中发酵40分钟。

④取出基础发酵好的面团,用手压扁排气,将面团放到铺好油纸或锡纸的烤盘上,用擀面杖擀成烤盘大小。

⑤将面皮用叉子扎洞后作最后发酵,温度35℃,发酵30分钟,在发酵好的面皮上刷上一层全蛋液,撒香葱末和芝麻。

⑥烤箱预热至170℃。

⑦将烤盘放入,以170℃上下火中层烤15~20分钟。

⑧将烤好的面团取出切片,在底部刷上沙拉酱,撒上肉松,再将两片面包夹在一起即可。

(4)风味特点　色泽金黄,外酥里嫩,香味突出。

第三节　调理面包

1. 基本比萨

（1）原料配方

①饼皮配方（基本饼皮可以制作11寸/1个、8寸/2个、5寸/5个）：干酵母3克，温水165毫升，普通面粉300克，糖15克，盐2克，软化黄油30克。

②基本比萨汁配方：洋葱1/4个，大蒜头1瓣，黄油10克，番茄酱50克，水100毫升，盐3克，黑胡椒粉2克，比萨香草2克，糖10克，马苏里拉奶酪80克。

（2）制作工具或设备　煮锅，搅拌机，笔式测温计，轮刀，西餐叉，饧发箱，比萨烤盘，烤箱。

（3）制作过程

①把酵母与水、面粉、糖、盐等放入搅拌桶中，搅拌成面团。

②加入软化黄油基本10分钟到表面光滑有弹性，然后放在饧发箱中盖好发酵2小时（冬天要3小时），面团体积比原来大一倍就好。

③案板上撒上干面粉，把发好的面团倒在上面分成需要的份数，再发酵15分钟。

④擀成圆饼，铺在比萨烤盘上，整理好形状，边缘要厚点。

⑤用叉子在饼皮上刺洞，以免烤时鼓起。

⑥基本比萨汁调制。把洋葱和大蒜头去皮剁碎；炒锅加热，加黄油炒香洋葱、蒜末；加入剩下的番茄酱、盐、黑胡椒粉、比萨香草、糖、水等炒匀，烧开煮浓即可。

⑦烤箱预热至210℃，放在烤箱下层，烤20~25分钟，取出撒上乳酪丝，继续烤5~10分钟即可。

（4）风味特点　色泽艳丽，口味多样。

附：

6寸比萨原料组合配方：

饼皮材料(干酵母 1 克,中筋面粉 75 克,糖 5 克,盐 2 克,黄油 8 克,温水 35 毫升),比萨汁调味料包(黄油 8 克,糖 5 克,盐 2 克,黑胡椒粉 1 克,比萨香草 1 克)以及刨好丝的马苏里拉奶酪 40 克。

8 寸比萨原料组合配方:

饼皮材料(干酵母 2 克,中筋面粉 150 克,糖 10 克,盐 3 克,黄油 15 克,温水 75 毫升),比萨汁调味料包(黄油 10 克,糖 8 克,盐 3 克,黑胡椒粉 1.5 克,比萨香草 1.5 克)以及刨好丝的马苏里拉奶酪 80 克。

9 寸比萨原料组合配方:

饼皮材料(黄油 15 克,干酵母 3 克,中筋面粉 200 克,糖 15 克,盐 4 克,黄油 25 克,温水 110 毫升),比萨汁调味料包(黄油 15 克,糖 10 克,盐 4 克,黑胡椒粉 2 克,比萨香草 2 克)以及刨好丝的马苏里拉奶酪 100 克。

2. 家常比萨

(1)原料配方

①饼皮配方(8 英寸 PIZZA 盘):干酵母 2 克,温水 90 毫升,中筋面粉 150 克,糖 10 克,盐 3 克,橄榄油 10 克。

②比萨汁配方:洋葱 1/4 个,蒜头 3 瓣,橄榄油 8 克,番茄沙司 50 克,水 110 毫升,糖 10 克,盐 3 克,黑胡椒粉 1 克,比萨香草 2 克。

③比萨饼面材料:马苏里拉奶酪 80 克,红椒丝 35 克,火腿丝 75 克,甜玉米粒 50 克,青椒丝 35 克。

(2)制作工具或设备　煮锅,搅拌机,笔式测温计,轮刀,西餐叉,饧发箱,保鲜膜,比萨烤盘,烤箱。

(3)制作过程

①把酵母溶于温水,搅拌均匀,静置 10 分钟备用。

②将酵母水与面粉、糖、盐等放入搅拌桶中搅拌混合成面团,再将橄榄油揉进面团。

③给加了油揉好的面团,盖上保鲜膜,放饧发箱中发酵。

④比萨汁的调制。将洋葱蒜头剁碎;炒锅加热,放入橄榄油,将

剁碎的洋葱、蒜头放入,炒香(颜色开始变黄);将番茄沙司、水、糖、盐、黑胡椒粉、比萨香草全部加入,烧开煮浓,关火即成比萨汁。

⑤面团取出,滚圆,放比萨烤盘上松弛10分钟。

⑥待面团松弛完成,用手推匀,直到将其推到盖满比萨烤盘,成一个饼。边上稍注意一点,推个边起来,上面用牙签扎孔。

⑦将比萨汁淋到面饼上,边缘就不抹了。抹好之后,铺一些奶酪丝和红椒丝、火腿丝、甜玉米粒、青椒丝等饼面材料。

⑧饼皮边缘刷上鸡蛋液。

⑨将比萨放入预热至200℃的烤箱中下层,以200℃,上下火,烤制15分钟,取出,将剩余的奶酪丝铺上,入烤箱,再烤5分钟左右,奶酪丝化掉即可。

(4)风味特点　色泽艳丽,口味多样。

3.什锦海鲜比萨

(1)原料配方

①饼皮配方(6英寸PIZZA盘):干酵母1克,中筋面粉75克,糖5克,盐2克,黄油8克,水35毫升,改良剂1.5克。

②比萨汁配方:黄油8克,糖5克,盐2克,黑胡椒粉1克,比萨香草1克,洋葱15克,蒜头10克,番茄沙司75克,水35克。

③饼面材料:马苏里拉奶酪40克,各种海鲜共300克。

(2)制作工具或设备　煮锅,搅拌机,笔式测温计,轮刀,西餐叉,饧发箱,保鲜膜,比萨烤盘,烤箱。

(3)制作过程

①饼皮调制。把面团配方中所有原料(黄油除外)放入搅拌桶中,低速搅拌5分钟,然后用高速搅拌8分钟。加入改良剂再用低速搅拌2分钟,高速搅拌5分钟,形成均匀光滑的面团,搅拌完成的面团理想温度为28℃。将面团盖上保鲜膜放入饧发箱基本饧发20分钟,至原来面团体积的2~3倍大。

②案板上撒上干面粉,把发好的面团倒在上面分成需要的份数,再发酵15分钟;然后擀成圆饼,铺在比萨烤盘上,整理好形状,边缘要

厚点;用叉子在饼皮上刺洞,以免烤时鼓起。

③比萨汁调制。将洋葱蒜头剁碎;炒锅加热,放入黄油,将剁碎的洋葱,蒜头放入,炒香(颜色开始变黄);将番茄沙司、水、糖、盐、黑胡椒粉、比萨香草全部加入,烧开煮浓,关火即成比萨汁。

④面皮做好刺洞,抹上比萨汁,边缘不涂。虾仁洗净挑去泥肠,新鲜干贝横切片,蟹肉、蛤蜊烫过,墨鱼切成短条,蟹肉棒撕碎。任选海鲜共300克排在饼皮上,铺上一部分奶酪丝。

⑤将比萨放入烤箱中下层,以200℃,上下火,烤制15分钟,取出,将剩余的奶酪丝铺上,入烤箱,再烤5分钟左右,奶酪丝化掉即可。

(4)风味特点　色泽艳丽,海鲜味浓。

4.火腿橄榄比萨

(1)原料配方

①饼皮配方(8英寸PIZZA盘):干酵母2克,中筋面粉150克,糖10克,盐2克,黄油12克,水75毫升。

②比萨汁配方:黄油8克,糖5克,盐2克,黑胡椒粉1克,比萨香草1克。

③饼面材料:马苏里拉奶酪40克,美式火腿片100克,黑橄榄、绿橄榄各8粒,蘑菇40克,青椒60克。

(2)制作工具或设备　煮锅,搅拌机,笔式测温计,轮刀,西餐叉,饧发箱,保鲜膜,比萨烤盘,烤箱。

(3)制作过程

①饼皮及比萨汁的调制同3.什锦海鲜比萨。

②面皮做好刺洞,抹上比萨汁,边缘不涂;火腿切成小三角形,橄榄、蘑菇切片,青椒切丝,排在饼皮上,再铺上一部分奶酪丝。

③将比萨放入烤箱中下层,以200℃,上下火,烤制15分钟,取出,将剩余的奶酪丝铺上,入烤箱,再烤5分钟左右,奶酪丝化掉,即可。

(4)风味特点　色泽艳丽,火腿橄榄味浓。

5.夏威夷比萨

（1）原料配方

①饼皮配方（9 英寸 PIZZA 盘）：干酵母 3 克，中筋面粉 200 克，糖 15 克，盐 2 克，黄油 15 克，水 85 毫升。

②比萨汁配方：黄油 8 克，糖 5 克，盐 2 克，黑胡椒粉 1 克，比萨香草 1 克。

③饼面材料：马苏里拉奶酪 40 克，美式火腿片 100 克，菠萝 6 片，青椒 60 克。

（2）制作工具或设备　煮锅，搅拌机，笔式测温计，轮刀，西餐叉，饧发箱，保鲜膜，比萨烤盘，烤箱。

（3）制作过程

①饼皮及比萨汁的调制同 3.什锦海鲜比萨。

②面皮做好刺洞，抹上比萨汁，边缘不涂；火腿切成小三角形，菠萝切小块，青椒切丝，均匀铺在饼皮上，再铺上一部分奶酪丝。

③将比萨入烤箱中下层，以 200℃，上下火，烤制 15 分钟，取出，将剩余的奶酪丝铺上，入烤箱，再烤 5 分钟左右，奶酪丝化掉，即可。

（4）风味特点　色泽艳丽，具有菠萝的甜香味。

6.原味番茄比萨

（1）原料配方

①饼皮配方（9 英寸 PIZZA 盘）：干酵母 3 克，中筋面粉 200 克，糖 15 克，盐 2 克，黄油 15 克，水 85 毫升。

②比萨汁配方：黄油 8 克，糖 5 克，盐 2 克，黑胡椒粉 1 克，比萨香草 1 克。

③饼面材料：马苏里拉奶酪 40 克，番茄 100 克，新鲜罗勒香草 25 克。

（2）制作工具或设备　煮锅，搅拌机，笔式测温计，轮刀，西餐叉，饧发箱，保鲜膜，比萨烤盘，烤箱。

（3）制作过程

①饼皮及比萨汁的调制同 3.什锦海鲜比萨。

②面皮做好刺洞,抹上比萨汁,边缘不涂;番茄用开水烫一下去皮去子切成薄片,排在饼上,加上切碎的罗勒香草,再铺上一部分奶酪丝。

③将比萨放入烤箱中下层,以200℃,上下火,烤制15分钟,取出,将剩余的奶酪丝铺上,入烤箱,再烤5分钟左右,奶酪丝化掉,即可。

(4)风味特点　色泽艳丽,具有罗勒香草的甜香味。

7.水果比萨

(1)原料配方

①饼皮配方(9英寸PIZZA盘):干酵母3克,中筋面粉200克,糖15克,盐2克,黄油15克,水85毫升。

②比萨汁配方:黄油8克,糖5克,盐2克,黑胡椒粉1克,比萨香草1克。

③饼面材料:马苏里拉奶酪40克,菠萝4片,水蜜桃2片,葡萄干30克,玉米60克,猕猴桃1个,樱桃10颗。

(2)制作工具或设备　煮锅,搅拌机,笔式测温计,轮刀,西餐叉,饧发箱,保鲜膜,比萨烤盘,烤箱。

(3)制作过程

①饼皮及比萨汁的调制同3.什锦海鲜比萨。

②面皮做好刺洞,抹上比萨汁,边缘不涂;菠萝、水蜜桃切小块,连同葡萄干、玉米一起排放在饼皮上,再铺上一部分奶酪丝。

③将比萨放入烤箱中下层,以200℃,上下火,烤制15分钟,取出,把猕猴桃削皮切片,樱桃去梗,将剩余的奶酪丝铺上,入烤箱,再烤5分钟左右,奶酪丝化掉,即可。

(4)风味特点　色泽艳丽,具有各种水果的甜香味。

8.什锦蔬菜比萨

(1)原料配方

①饼皮配方(9英寸PIZZA盘):干酵母3克,中筋面粉200克,糖

15 克,盐 2 克,黄油 15 克,水 85 毫升。

②比萨汁配方:黄油 8 克,糖 5 克,盐 2 克,黑胡椒粉 1 克,比萨香草 1 克。

③饼面材料:马苏里拉奶酪 40 克,蘑菇 40 克,胡萝卜 40 克,青椒 60 克,黑橄榄 4 粒,玉米粒 100 克。

(2)制作工具或设备　煮锅,搅拌机,笔式测温计,轮刀,西餐叉,饧发箱,保鲜膜,比萨烤盘,烤箱。

(3)制作过程

①饼皮及比萨汁的调制同 3. 什锦海鲜比萨。

②面皮做好刺洞,抹上比萨汁,边缘不涂;蘑菇、胡萝卜用水煮沸放凉,取出切片,把所有材料切好铺在饼上,再铺上一部分奶酪丝。

③将比萨放入烤箱中下层,以 200℃,上下火,烤制 15 分钟,取出,将剩余的奶酪丝铺上,入烤箱,再烤 5 分钟左右,奶酪丝化掉,即可。

(4)风味特点　色泽艳丽,具有各种蔬菜的甜香味。

9. 辣椒牛肉丸比萨

(1)原料配方

①饼皮配方(9 英寸 PIZZA 盘):干酵母 3 克,中筋面粉 200 克,糖 15 克,盐 2 克,黄油 15 克,水 85 毫升。

②比萨汁配方:黄油 8 克,糖 5 克,盐 2 克,黑胡椒粉 1 克,比萨香草 1 克。

③饼面材料:马苏里拉奶酪 40 克,牛肉糜 180 克,鸡蛋 60 克,盐 3 克,黑胡椒粉 2 克,红辣椒 3 根,蘑菇 40 克,黑橄榄 6 粒。

(2)制作工具或设备　煮锅,搅拌机,笔式测温计,轮刀,西餐叉,饧发箱,保鲜膜,比萨烤盘,烤箱。

(3)制作过程

①饼皮及比萨汁的调制同 3. 什锦海鲜比萨。

②面皮做好刺洞,抹上比萨汁,边缘不涂。

③牛肉糜加上鸡蛋、盐、黑胡椒粉搅拌均匀,做成 40 个肉丸,排列

在饼面上,再将红辣椒、蘑菇、黑橄榄等切片排上,再铺上一部分奶酪丝。

④将比萨放入烤箱中下层,以 200℃,上下火,烤制 15 分钟,取出,将剩余的奶酪丝铺上,入烤箱,再烤 5 分钟左右,奶酪丝化掉,即可。

(4)风味特点　色泽艳丽,具有各种蔬菜和肉丸的香味。

10.培根洋葱比萨

(1)原料配方

①饼皮配方(9 英寸 PIZZA 盘):干酵母 3 克,中筋面粉 200 克,糖 15 克,盐 2 克,黄油 15 克,水 85 毫升。

②比萨汁配方:黄油 8 克,糖 5 克,盐 2 克,黑胡椒粉 1 克,比萨香草 1 克。

③饼面材料:马苏里拉奶酪 40 克,培根 100 克,洋葱 100 克。

(2)制作工具或设备　煮锅,搅拌机,笔式测温计,轮刀,西餐叉,饧发箱,保鲜膜,比萨烤盘,烤箱。

(3)制作过程

①饼皮及比萨汁的调制同 3.什锦海鲜比萨。

②面皮做好刺洞,抹上比萨汁,边缘不涂;培根切片,铺在饼上,再铺上一部分奶酪丝。

③将比萨放入烤箱中下层,以 200℃,上下火,烤制 15 分钟,取出,将剩余的奶酪丝铺上,入烤箱,再烤 5 分钟左右,奶酪丝化掉,即可。

(4)风味特点　色泽艳丽,具有洋葱的甜香味。

11.鸡丝芙蓉比萨

(1)原料配方

①饼皮配方(9 英寸 PIZZA 盘):干酵母 3 克,中筋面粉 200 克,糖 15 克,盐 2 克,黄油 15 克,水 85 毫升。

②比萨汁配方:黄油 8 克,糖 5 克,盐 2 克,黑胡椒粉 1 克,比萨香

草1克。

③饼面材料:马苏里拉奶酪40克,鸡脯肉100克,蘑菇50克,鸡蛋120克,豌豆25克,玉米15克,胡萝卜丁15克,盐3克,黑胡椒粉2克。

(2)制作工具或设备　煮锅,搅拌机,笔式测温计,轮刀,西餐叉,饧发箱,保鲜膜,比萨烤盘,烤箱。

(3)制作过程

①饼皮及比萨汁的调制同3.什锦海鲜比萨。

②面皮做好刺洞,抹上比萨汁,边缘不涂;鸡脯肉切细丝,蘑菇切片与鸡蛋、豌豆、玉米、胡萝卜丁、盐、黑胡椒粉等搅拌均匀,撒在面皮上,再铺上一部分奶酪丝。

③将比萨放入烤箱中下层,以200℃,上下火,烤制15分钟,取出,将剩余的奶酪丝铺上,入烤箱,再烤5分钟左右,奶酪丝化掉,即可。

(4)风味特点　色泽艳丽,具有鸡肉的香味。

12. 蒜蓉比萨

(1)原料配方

①饼皮配方(9英寸PIZZA盘):干酵母3克,中筋面粉200克,糖15克,盐2克,黄油15克,水85毫升。

②比萨汁配方:蒜蓉50克,大蒜粉10克,洋葱碎50克,黄油30克,鸡蛋60克,奶酪25克,精盐3克,刁草1克,阿里根奴1.5克。

(2)制作工具或设备　煮锅,搅拌机,笔式测温计,轮刀,西餐叉,饧发箱,保鲜膜,比萨烤盘,烤箱。

(3)制作过程

①饼皮调制同3.什锦海鲜比萨。

②将蒜蓉、大蒜粉、洋葱碎、鸡蛋、黄油、精盐、刁草、阿里根奴等用搅拌器混合均匀,抹在饼皮上。

③奶酪切成细丝,撒在所有原料上面。

④将烤盘放入250℃烤炉中,烘烤至面皮酥脆、奶酪熔化,即成。

(4)风味特点　色泽艳丽,具有蒜蓉和其他香草的香味。

13. 火腿红肠比萨

（1）原料配方：

①饼皮配方（9 英寸 PIZZA 盘）：干酵母 3 克，中筋面粉 200 克，糖 15 克，盐 2 克，黄油 15 克，水 85 毫升。

②比萨汁配方：黄油 8 克，糖 5 克，盐 2 克，黑胡椒粉 1 克，比萨香草 1 克。

③饼面材料：火腿 50 克，红肠 50 克，青椒 35 克，红椒 35 克，奶酪 25 克。

（2）制作工具或设备　煮锅，搅拌机，笔式测温计，轮刀，西餐叉，饧发箱，保鲜膜，比萨烤盘，烤箱。

（3）制作过程

①饼皮及比萨汁的调制同 3. 什锦海鲜比萨。

②面皮做好刺洞，抹上比萨汁，边缘不涂；火腿切细丝，红肠切片，青椒、红椒切圈等搅拌均匀，撒在面皮上，再铺上一部分奶酪丝。

③将比萨入烤箱中下层，以 200℃，上下火，烤制 15 分钟，取出，将剩余的奶酪丝铺上，入烤箱，再烤 5 分钟左右，奶酪丝化掉，即可。

（4）风味特点　色泽艳丽，具有火腿和红肠的香味。

14. 咸蛋黄虾仁比萨

（1）原料配方

①饼皮配方（9 英寸 PIZZA 盘）：干酵母 3 克，中筋面粉 200 克，糖 15 克，盐 2 克，黄油 15 克，水 85 毫升。

②比萨汁配方：黄油 8 克，糖 5 克，盐 2 克，黑胡椒粉 1 克，比萨香草 1 克。

③饼面材料：鲜虾仁 75 克，咸蛋黄 2 个，嫩玉米粒 50 克，青豆 25 克，奶酪 25 克。

（2）制作工具或设备　煮锅，搅拌机，笔式测温计，轮刀，西餐叉，饧发箱，保鲜膜，比萨烤盘，烤箱。

（3）制作过程

①饼皮及比萨汁的调制同 3. 什锦海鲜比萨。

②面皮做好刺洞，抹上比萨汁，边缘不涂；咸蛋黄压成泥；嫩玉米粒和青豆入沸水锅中氽一水。然后将虾仁丁、咸蛋黄泥、嫩玉米粒及青豆拌和均匀，一起铺在面皮上，再铺上一部分奶酪丝。

③将比萨放入烤箱中下层，以 200℃，上下火，烤制 15 分钟，取出，将剩余的奶酪丝铺上，入烤箱，再烤 5 分钟左右，奶酪丝化掉，即可。

（4）风味特点　色泽艳丽，具有咸蛋黄虾仁的香味。

15. 时蔬比萨

（1）原料配方

①饼皮配方（9 英寸 PIZZA 盘）：于酵母 3 克，中筋面粉 200 克，糖 15 克，盐 2 克，黄油 15 克，水 85 毫升。

②比萨汁配方：黄油 8 克，糖 5 克，盐 2 克，黑胡椒粉 1 克，比萨香草 1 克。

③饼面材料：土豆 35 克，洋葱 35 克，大青红椒 35 克，茄子 35 克，蘑菇 35 克，奶酪 25 克。

（2）制作工具或设备　煮锅，搅拌机，笔式测温计，轮刀，西餐叉，饧发箱，保鲜膜，比萨烤盘，烤箱。

（3）制作过程

①饼皮及比萨汁的调制同 3. 什锦海鲜比萨。

②面皮做好刺洞，抹上比萨汁，边缘不涂；土豆煮熟切成条；洋葱切成粗丝；大青红椒去蒂去籽切成粗丝；茄子切成条，入沸水锅中氽一水；蘑菇切成片。然后将土豆、洋葱、大青红椒、茄子、蘑菇用精盐拌匀，一起铺在面皮上，再铺上一部分奶酪丝。

③将比萨放入烤箱中下层，以 200℃，上下火，烤制 15 分钟，取出，将剩余的奶酪丝铺上，入烤箱，再烤 5 分钟左右，奶酪丝化掉即可。

（4）风味特点　色泽艳丽，具有时蔬的清香味。

16.烤鸭比萨

(1)原料配方

①饼皮配方(9英寸PIZZA盘):干酵母3克,中筋面粉200克,糖15克,盐2克,黄油15克,水85毫升。

②比萨汁配方:黄油8克,糖5克,盐2克,黑胡椒粉1克,比萨香草1克。

③饼面材料:烤鸭肉(带皮)150克,泡仔姜50克,奶酪25克。

(2)制作工具或设备　煮锅,搅拌机,笔式测温计,轮刀,西餐叉,饧发箱,保鲜膜,比萨烤盘,烤箱。

(3)制作过程

①饼皮及比萨汁的调制同3.什锦海鲜比萨。

②面皮做好刺洞,抹上比萨汁,边缘不涂;鸭肉用斜刀片切成片,泡仔姜则切成小片,一起铺在面皮上,再铺上一部分奶酪丝。

③将比萨放入烤箱中下层,以200℃,上下火,烤制15分钟,取出,将剩余的奶酪丝铺上,入烤箱,再烤5分钟左右,奶酪丝化掉,即可。

(4)风味特点　色泽艳丽,具有烤鸭的清香味。

17.苹果比萨

(1)原料配方

①饼皮配方(9英寸PIZZA盘):干酵母3克,中筋面粉200克,糖15克,盐2克,黄油15克,水85毫升。

②比萨汁配方:黄油8克,糖5克,盐2克,黑胡椒粉1克,比萨香草1克。

③饼面材料:苹果150克,白糖15克,朗姆酒15克,奶酪25克。

(2)制作工具或设备　煮锅,搅拌机,笔式测温计,轮刀,西餐叉,饧发箱,保鲜膜,比萨烤盘,烤箱。

(3)制作过程

①饼皮及比萨汁的调制同3.什锦海鲜比萨。

②面皮做好刺洞,抹上比萨汁,边缘不涂;苹果去皮,切成片,用白糖和朗姆酒腌渍10分钟,一起铺在面皮上,再铺上一部分奶酪丝。

③将比萨放入烤箱中下层,以200℃,上下火,烤制15分钟,取出,将剩余的奶酪丝铺上,入烤箱,再烤5分钟左右,奶酪丝化掉即可。

(4)风味特点　色泽艳丽,具有烤鸭的清香味。

18. 爱心比萨

(1)原料配方

①饼皮配方(9英寸PIZZA盘):干酵母3克,中筋面粉200克,糖15克,盐2克,黄油15克,水85毫升。

②比萨汁配方:黄油8克,糖5克,盐2克,黑胡椒粉1克,比萨香草1克,香蒜辣酱10克。

③饼面材料:青椒25克,洋葱35克,虾仁25克,口蘑35克,奶酪25克。

(2)制作工具或设备　煮锅,搅拌机,笔式测温计,轮刀,西餐叉,饧发箱,保鲜膜,比萨烤盘,烤箱。

(3)制作过程

①饼皮及比萨汁的调制同3.什锦海鲜比萨。

②面皮做好刺洞,抹上比萨汁,边缘不涂;将洋葱洗净切成圈,青椒洗净切成丁,口蘑洗净切成片,一起铺在面皮上,再铺上一部分奶酪丝。

③将比萨放入烤箱中下层,以200℃,上下火,烤制15分钟,取出,将剩余的奶酪丝铺上,入烤箱,再烤5分钟左右,奶酪丝化掉,即可。

(4)风味特点　色泽艳丽,具有香蒜辣酱的香味。

19. 朝鲜蓟比萨

(1)原料配方

①饼皮配方(9英寸PIZZA盘):干酵母3克,中筋面粉200克,糖

15 克,盐 2 克,黄油 15 克,水 85 毫升。

②比萨汁配方:黄油 8 克,糖 5 克,盐 2 克,黑胡椒粉 1 克,比萨香草 1 克,香蒜辣酱 10 克。

③饼面材料:意大利腊肠片 35 克,瓶装朝鲜蓟 30 克,新鲜罗勒叶 15 克,奶酪 25 克。

(2)制作工具或设备 煮锅,搅拌机,笔式测温计,轮刀,西餐叉,饧发箱,保鲜膜,比萨烤盘,烤箱。

(3)制作过程

①饼皮及比萨汁的调制同 3. 什锦海鲜比萨。

②面皮做好刺洞,抹上比萨汁,边缘不涂;将意大利腊肠片、朝鲜蓟、罗勒叶,一起铺在面皮上,再铺上一部分奶酪丝。在面皮边缘刷上牛奶,对折面皮边缘并捏出花纹。表层刷上牛奶上光,再撒上玉米粉。

③将比萨放入烤箱中下层,以 200℃,上下火,烤制 15 分钟,取出,将剩余的奶酪丝铺上,入烤箱,再烤 5 分钟左右,奶酪丝化掉,即可。

(4)风味特点 色泽艳丽,具有朝鲜蓟的清香味。

20. 煎锅比萨

(1)原料配方

①饼皮配方(9 英寸 PIZZA 盘):干酵母 3 克,中筋面粉 200 克,糖 15 克,盐 2 克,黄油 15 克,水 85 毫升。

②辅料配方:芝士 50 克,鸡肉 35 克,火腿 25 克,玉米 50 克,胡萝卜 35 克,豌豆 50 克,红葱头 35 克,泰式酸甜酱 100 克。

(2)制作工具或设备 煎锅,搅拌机,笔式测温计,轮刀,西餐叉,保鲜膜,饧发箱。

(3)制作过程

①辅料加工调制。将鸡肉切粒,火腿切粒,胡萝卜切块;锅里放少许油爆红葱头,放入全部用料倒入甜辣酱炒熟待用。

②饼皮调制同 3. 什锦海鲜比萨。

③锅里放油烧热,用小火先煎一面,再反面煎放料这边,上面撒少许芝士。

④再把炒熟的用料抹平放在饼上,再撒芝士,用锅盖盖着焗一会儿,芝士溶化即可切件装盘。

(4)风味特点　色泽艳丽,具有各种原料的香味和芝士香味。

21.爱情比萨

(1)原料配方

①饼皮配方(9 英寸 PIZZA 盘):干酵母 3 克,中筋面粉 200 克,糖 15 克,盐 2 克,黄油 15 克,水 85 毫升。

②辅料配方:番茄酱 120 克,洋葱丝 50 克,火腿片 35 克,玉米粒 50 克,豌豆粒 35 克,奶酪丝 65 克,番茄 35 克。

(2)制作工具或设备　煎锅,搅拌机,笔式测温计,轮刀,西餐叉,饧发箱,比萨烤盘,烤箱。

(3)制作过程

①饼皮调制同 3.什锦海鲜比萨。

②在发酵好的面皮上先用叉子叉几下,然后抹上一层番茄酱,再铺上玉米粒、豌豆粒、火腿片、洋葱丝、番茄丝,最后撒上厚厚的一层奶酪丝(根据个人口味),烤箱预热至 180℃,烤 20 分钟左右即可。

(4)风味特点　色泽艳丽,具有爱情般的味道。

22.绿花椰三角比萨

(1)原料配方

①饼皮配方(9 英寸 PIZZA 盘):干酵母 3 克,中筋面粉 200 克,糖 15 克,盐 2 克,黄油 15 克,水 85 毫升。

②辅料配方:盐 3 克,绿花椰菜 750 克,熟熏肉 200 克,番茄糊 150 克,现磨黑胡椒 1/2 茶匙,现磨瑞士艾门塔勒乳酪 100 克,葵花子 3 汤匙,涂在烤盘上的奶油 25 克。

(2)制作工具或设备　煎锅,搅拌机,笔式测温计,轮刀,西餐叉,饧发箱,比萨烤盘,烤箱。

（3）制作过程

①饼皮调制同 3. 什锦海鲜比萨。

②利用发面团的时间，煮 4000 毫升的水，并在水中加入 2 汤匙盐。清洗绿花椰菜，切成纽扣大小的小花球后，置于煮沸的盐水中烫 2 分钟。取出花椰菜，浸入冷水后，沥干。将熏肉切成小丁块。

③将烤箱调至 220℃，预热。在烤盘上涂匀一层奶油。将面皮平铺于烤盘上。在番茄糊中加入 1 茶匙盐和黑胡椒后，均匀涂刷于面皮上。接着摆绿花椰菜，在其间铺上熏肉丁，最后撒上磨碎的瑞士艾门塔勒乳酪。

④将比萨放入烤箱中，以 200℃ 先烤 10 分钟左右；取出比萨，撒上葵花子，再烤 10 分钟。

⑤将烤好的比萨切成小块的三角形，可随意热食或冷食。

（4）风味特点　色泽艳丽，具有浓烈的黑胡椒和奶酪的味道。

23. 河虾仁比萨

（1）原料配方

①饼皮配方（9 英寸 PIZZA 盘）：干酵母 3 克，中筋面粉 200 克，糖 15 克，盐 2 克，黄油 15 克，水 85 毫升。

②比萨汁配方：西红柿 3 个，黄洋葱半个，植物油 30 克，盐 2 克，糖 15 克、黑胡椒粉 3 克。

③饼面材料配方：河虾仁 75 克，青豆 50 克，青红椒丝 25 克，马苏里拉奶酪 50 克。

（2）制作工具或设备　煎锅，搅拌机，笔式测温计，轮刀，西餐叉，饧发箱，比萨烤盘，烤箱。

（3）制作过程

①饼皮调制同 3. 什锦海鲜比萨。

②比萨汁调制。植物油烧热后放入黄洋葱碎炒香变色，然后放西红柿丁翻炒均匀，放盐、糖和黑胡椒粉搅匀，一直大火搅动防止糊底直至汤汁收干，盛出来放凉备用。

③面皮做好刺洞，抹上比萨汁，边缘不涂；饼上均匀地涂一层酱，

然后放一层马苏里拉奶酪。之后撒上青豆、青红椒丝和虾仁段,上面再撒一层马苏里拉奶酪。在面皮边缘刷上牛奶,对折面皮边缘并捏出花纹。

④将比萨放入烤箱中下层,以200℃,上下火,烤制15分钟,取出,将剩余的奶酪丝铺上,入烤箱,再烤5分钟左右,奶酪丝化掉,即可。

(4)风味特点 色泽艳丽,具有河虾仁的清香味。

24.经典比萨

(1)原料配方

①饼皮配方(9英寸PIZZA盘):干酵母3克,中筋面粉200克,糖15克,盐2克,黄油15克,水85毫升。

②比萨汁配方:西红柿3个,黄洋葱0.5个,植物油30克,盐2克,糖15克,黑胡椒粉3克。

③饼面材料配方:马苏里拉奶酪110克,腊肉肠100克,火腿30克,洋葱15克,青椒15克,蘑菇10克,黑橄榄5克。

(2)制作工具或设备 煎锅,搅拌机,笔式测温计,轮刀,西餐叉,饧发箱,比萨烤盘,烤箱。

(3)制作过程

①饼皮及比萨汁的调制同23.河虾仁比萨。

②面皮做好刺洞,抹上比萨汁,边缘不涂;饼上均匀地涂一层酱,然后放一层马苏里拉奶酪。

③奶酪搓成细丝,腊肉肠切成薄片,火腿切成小丁,洋葱、青椒切成细丝,蘑菇切成薄片,黑橄榄切成薄片,然后均匀撒上饼面,上面再撒一层马苏里拉奶酪。在面皮边缘刷上牛奶,对折面皮边缘并捏出花纹。

④将比萨放入烤箱中下层,以200℃,上下火,烤制15分钟,取出,将剩余的奶酪丝铺上,入烤箱,再烤5分钟左右,奶酪丝化掉,即可。

(4)风味特点 色泽艳丽,具有奶酪的香味。

25. 自制比萨

（1）原料配方

①饼皮配方（9英寸PIZZA盘）：干酵母3克，中筋面粉200克，糖15克，盐2克，黄油15克，水85毫升。

②比萨汁配方：番茄500克，蒜茸25克，洋葱碎150克，白糖25克，植物油100克，香叶1片，精盐3克，胡椒粉2克，鲜汤500克。

③饼面材料配方：洋葱丝50克，青红椒丝25克，马苏里拉奶酪50克。

（2）制作工具或设备　煎锅，搅拌机，笔式测温计，轮刀，西餐叉，饧发箱，比萨烤盘，烤箱。

（3）制作过程

①饼皮调制同3. 什锦海鲜比萨。

②比萨汁调制。番茄去皮绞成番茄酱，植物油放入锅中烧热，先下蒜蓉和洋葱碎炒香，再倒入番茄酱，掺入鲜汤，调入白糖、精盐、胡椒粉接下来放入香叶，待小火将水分收干后，拣去香叶，即成。

③面皮做好刺洞，抹上比萨汁，边缘不涂；饼上均匀地涂一层酱，然后放一层马苏里拉奶酪。之后撒上洋葱丝、青红椒丝，上面再撒一层马苏里拉奶酪。在面皮边缘刷上牛奶，对折面皮边缘并捏出花纹。

④将比萨放入烤箱中下层，以200℃，上下火，烤制15分钟，取出，将剩余的奶酪丝铺上，入烤箱，再烤5分钟左右，奶酪丝化掉，即可。

（4）风味特点　色泽艳丽，具有番茄的清香味。

26. 番茄蔬菜比萨

（1）原料配方

①饼皮配方（9英寸PIZZA盘）：干酵母3克，高筋面粉100克，低筋面粉100克，干酵母粉，温水85毫升，橄榄油15克，盐2克，白砂糖15克，蛋黄2个。

②比萨汁配方:番茄500克,蒜茸25克,洋葱碎150克,白糖25克,植物油100克,香叶1片,精盐3克,胡椒粉2克,鲜汤500克。

③饼面材料配方:洋葱丝50克,青、红椒丝各25克,玉米粒35克,扁豆35克,马苏里拉奶酪50克。

(2)制作工具或设备 煎锅,搅拌机,笔式测温计,轮刀,西餐叉,饧发箱,保鲜膜,比萨烤盘,烤箱。

(3)制作过程

①饼皮调制。将干酵母粉放入小碗中,用温水拌匀。将高低粉过筛放入搅拌桶中,加入酵母水拌匀,再加入橄榄油、盐、白砂糖、蛋黄,混合后揉成面团。将和好的面团反复揉搓,封上保鲜膜,放入饧发箱,进行基本发酵约35分钟。待面团明显膨胀为2倍大时,将面团取出擀成扁圆面皮,中央用叉子叉出一个个的小洞,放在刷好油的烤盘上等待再次发酵约30分钟。

②案板上撒上干面粉,把发好的面团倒在上面分成需要的份数,再发酵15分钟;然后擀成圆饼,铺在比萨烤盘上,整理好形状,边缘要厚点;用叉子在饼皮上刺洞,以免烤时鼓起。

③比萨汁调制同25.自制比萨。

④将青、红椒切丝,洋葱切粒,扁豆焯熟备用;玉米粒解冻备用;奶酪刨丝备用。

⑤面皮做好刺洞,抹上比萨汁,边缘不涂;饼上均匀地涂一层酱,然后放一层马苏里拉奶酪。摆上扁豆、青、红椒丝、玉米粒、洋葱粒,上面再撒一层马苏里拉奶酪。在面皮边缘刷上牛奶,对折面皮边缘并捏出花纹。

⑥将比萨入烤箱中下层,以200℃,上下火,烤制15分钟,取出,将剩余的奶酪丝铺上,入烤箱,再烤5分钟左右,奶酪丝化掉,即可。

(4)风味特点 色泽艳丽,具有番茄和蔬菜的清香味。

27.猪肉比萨

(1)原料配方

①饼皮配方(9英寸PIZZA盘):干酵母3克,中筋面粉200克,糖

15 克,盐 2 克,黄油 15 克,水 85 毫升。

②比萨汁配方:黄油 8 克,糖 5 克,盐 2 克,黑胡椒粉 1 克,比萨香草 1 克。

③饼面材料:马苏里拉奶酪 40 克,洋葱 50 克,大辣椒 2 个,香菇 3 片,胡萝卜 2 根,猪肉馅 150 克,盐 3 克,黄酒 15 克,水 15 毫升,胡椒粉 2 克。

(2)制作工具或设备 煮锅,搅拌机,笔式测温计,轮刀,西餐叉,饧发箱,比萨烤盘,烤箱。

(3)制作过程

①饼皮及比萨汁的调制同 3.什锦海鲜比萨。

②猪肉馅加盐、料酒、胡椒、少许水拌好,然后将洋葱、大辣椒、香菇、胡萝卜切片与拌好的猪肉一起拌匀,调好味道。

③面皮做好刺洞,抹上比萨汁,边缘不涂;将猪肉馅心均匀铺在饼上,再铺上一部分奶酪丝。

④将比萨放入烤箱中下层,以 200℃,上下火,烤制 15 分钟,取出,将剩余的奶酪丝铺上,入烤箱,再烤 5 分钟左右,奶酪丝化掉,即可。

(4)风味特点 色泽艳丽,具有猪肉的香味。

28.玛格丽特比萨

(1)原料配方

①饼皮配方(9 英寸 PIZZA 盘):干酵母 3 克,高筋面粉 100 克,低筋面粉 100 克,干酵母粉,温水 85 毫升,橄榄油 15 克,盐 2 克,白砂糖 15 克。

②比萨汁配方:番茄 500 克,蒜蓉 25 克,洋葱碎 150 克,白糖 25 克,植物油 100 克,香叶 1 片,精盐 3 克,胡椒粉 2 克,鲜汤 500 克。

③饼面材料配方:洋葱丝 50 克,番茄丝 35 克,芦笋 25 克,马苏里拉奶酪 50 克。

(2)制作工具或设备 煎锅,搅拌机,笔式测温计,轮刀,西餐叉,饧发箱,比萨烤盘,烤箱。

（3）制作过程

①饼皮及比萨汁的调制同26.番茄蔬菜比萨。

②将小番茄切块，洋葱切粒，芦笋焯熟备用，奶酪刨丝备用。

③面皮做好刺洞，抹上比萨汁，边缘不涂；饼上均匀地涂一层酱，然后放一层马苏里拉奶酪。摆上芦笋、番茄块、洋葱粒，上面再撒一层马苏里拉奶酪。在面皮边缘刷上牛奶，对折面皮边缘并捏出花纹。

④将比萨放入烤箱中下层，以200℃，上下火，烤制15分钟，取出，将剩余的奶酪丝铺上，入烤箱，再烤5分钟左右，奶酪丝化掉，即可。

（4）风味特点　色泽艳丽，具有番茄和芦笋的清香味。

29. 蘑菇火腿比萨

（1）原料配方

①饼皮配方（9英寸PIZZA盘）：干酵母3克，中筋面粉200克，糖15克，盐2克，黄油15克，水85毫升。

②比萨汁配方：西红柿3个，黄洋葱0.5个，植物油30克，盐2克，糖15克、黑胡椒粉3克。

③饼面材料配方：蘑菇75克，火腿50克，洋葱丝25克，马苏里拉奶酪50克。

（2）制作工具或设备　煎锅，搅拌机，笔式测温计，轮刀，西餐叉，饧发箱，保鲜膜，比萨烤盘，烤箱。

（3）制作过程

①饼皮及比萨汁的调制同23.河虾仁比萨。

②面皮做好刺洞，抹上比萨汁，边缘不涂，然后放一层马苏里拉奶酪。之后撒上蘑菇片、洋葱丝和火腿片，上面再撒一层马苏里拉奶酪。在面皮边缘刷上牛奶，对折面皮边缘并捏出花纹。

③将比萨放入烤箱中下层，以200℃，上下火，烤制15分钟，取出，将剩余的奶酪丝铺上，入烤箱，再烤5分钟左右，奶酪丝化掉，即可。

（4）风味特点　色泽艳丽，具有蘑菇和火腿的香味。

30. 田园蔬菜比萨

（1）原料配方

①饼皮配方（9英寸PIZZA盘）：干酵母3克，中筋面粉200克，糖15克，盐2克，黄油15克，水85毫升。

②比萨汁配方：香蒜辣酱120克。

③饼面材料配方：蘑菇粒75克，玉米50克，青红椒粒25克，洋葱粒25克，马苏里拉奶酪50克。

（2）制作工具或设备　煎锅，搅拌机，笔式测温计，轮刀，西餐叉，饧发箱，保鲜膜，比萨烤盘，烤箱。

（3）制作过程

①饼皮调制同3.什锦海鲜比萨。

②面皮做好刺洞，抹上香蒜辣酱，边缘不涂，然后放一层马苏里拉奶酪。之后撒上蘑菇片粒、洋葱粒、玉米和青红椒粒，上面再撒一层马苏里拉奶酪。在面皮边缘刷上牛奶，对折面皮边缘并捏出花纹。

③将比萨放入烤箱中下层，以200℃，上下火，烤制15分钟，取出，将剩余的奶酪丝铺上．入烤箱。再烤5分钟左右，奶酪丝化掉，即可。

（4）风味特点　色泽艳丽，具有蔬菜的清香味。

31. 海鲜什锦比萨

（1）原料配方

①饼皮配方（9英寸PIZZA盘）：干酵母3克，中筋面粉200克，糖15克，盐2克，黄油15克，水85毫升。

②比萨汁配方：千岛沙拉酱120克。

③饼面材料配方：甜玉米30克，豌豆15克，红椒1/2个，鲜虾50克，蟹棒30克，奶酪100克，黑胡椒2克，黄油15克。

（2）制作工具或设备　煎锅，搅拌机，笔式测温计，轮刀，西餐叉，饧发箱，保鲜膜，比萨烤盘，烤箱。

（3）制作过程

①饼皮调制同3.什锦海鲜比萨。

②鲜虾从背部挑去沙肠,去壳洗净。蟹棒洗净,斜切成片。红椒洗净,切成薄片。奶酪切成细丝。

③面皮做好刺洞,抹上千岛沙拉酱,边缘不涂,然后放一层马苏里拉奶酪。再依次撒上鲜虾、蟹棒片、甜玉米、豌豆、红椒片和黑胡椒,上面再撒一层马苏里拉奶酪。在面皮边缘刷上牛奶,对折面皮边缘并捏出花纹。

④将比萨放入烤箱中下层,以 200℃,上下火,烤制 15 分钟,取出,将剩余的奶酪丝铺上,入烤箱,再烤 5 分钟左右,奶酪丝化掉,即可。

(4)风味特点　色泽艳丽,具有各种海鲜的香味。

32．黑胡椒火腿比萨

(1)原料配方

①饼皮配方(9 英寸 PIZZA 盘):干酵母 3 克,中筋面粉 200 克,白砂糖 15 克,盐 2 克,黄油 15 克,水 85 毫升。

②比萨汁配方:番茄酱 120 克。

③饼面材料配方:番茄酱 2 汤匙,奶酪 100 克,火腿 50 克,口蘑 50 克,香菇 30 克,洋葱 20 克,黑胡椒 3 克,黄油 15 克。

(2)制作工具或设备　煎锅,搅拌机,笔式测温计,轮刀,西餐叉,饧发箱,保鲜膜,比萨烤盘,烤箱。

(3)制作过程

①饼皮调制。牛奶中加入 40 毫升清水,加热至 40℃,放入干酵母,搅拌均匀后静置 10 分钟。将面粉、盐和白砂糖混合后,加入酵母水,揉成面团,加入黄油继续揉到面团光滑,盖上保鲜膜饧置 2 小时,之后擀成需要的饼底即可。

②案板上撒上干面粉,把发好的面团倒在上面分成需要的份数,再发酵 15 分钟;然后擀成圆饼,铺在比萨烤盘上,整理好形状,边缘要厚点;用叉子在饼皮上刺洞,以免烤时鼓起。

③火腿切成小片,口蘑洗净切片,香菇洗净后切丝,洋葱洗净切碎,奶酪切成细丝。

④在面皮上刺好洞,抹上番茄酱,边缘不涂,然后放一层马苏里拉奶酪。再依次撒上火腿片、洋葱碎、香菇丝、口蘑片和黑胡椒,上面再撒一层马苏里拉奶酪。在面皮边缘刷上牛奶,对折面皮边缘并捏出花纹。

⑤将比萨放入烤箱中下层,以200℃,上下火,烤制15分钟,取出,将剩余的奶酪丝铺上,入烤箱,再烤5分钟左右,奶酪丝化掉,即可。

(4)风味特点 色泽艳丽,具有各种黑胡椒的香味。

33.开心菠萝比萨

(1)原料配方

①饼皮配方(9英寸PIZZA盘):干酵母3克,中筋面粉200克,糖15克,盐2克,黄油15克,水85毫升。

②比萨汁配方:黄油8克,糖5克,盐2克,黑胡椒粉1克,比萨香草1克,番茄酱10克。

③饼面材料:青椒25克,洋葱35克,菠萝75克,胡萝卜35克,奶酪25克。

(2)制作工具或设备 煮锅,搅拌机,笔式测温计,轮刀,西餐叉,饧发箱,保鲜膜,比萨烤盘,烤箱。

(3)制作过程

①饼皮及比萨汁的调制同3.什锦海鲜比萨。

②在面皮上刺好洞,抹上比萨汁,边缘不涂;将洋葱洗净切成圈,菠萝、青椒洗净切成丁,胡萝卜洗净切成片,一起铺在面皮上,再铺上一部分奶酪丝。

③将比萨放入烤箱中下层,以200℃,上下火,烤制15分钟,取出,将剩余的奶酪丝铺上,入烤箱,再烤5分钟左右,奶酪丝化掉,即可。

(4)风味特点 色泽艳丽,具有菠萝的香味。

34. 汉堡包

（1）原料配方　高筋面粉 500 克，面包改良剂 2.5 克，酵母 5 克，白糖 50 克，奶粉 15 克，鸡蛋 60 克，水约 225 毫升，无盐黄油 50 克，盐 5 克。

（2）制作工具或设备　搅拌机，笔式测温计，西餐刀，饧发箱，烤盘，烤箱。

（3）制作过程

①将高筋面粉、面包改良剂、酵母、白糖、奶粉等倒入搅拌桶里混合拌匀，再加入鸡蛋和水慢速拌成面团再慢速搅拌 3～5 分钟，加入无盐黄油和盐搅拌至面团光滑有弹性（搅拌至面筋扩展，用手撑开有薄膜即可）静置松弛 15 分钟。

②将面团取出分割成 12 个小面团，分别滚圆并将面团内的大气泡压出，覆盖上保鲜膜或湿毛巾静置松弛 10～15 分钟，使面筋变软。

③整形。用手掌将滚圆松弛后的面团略为压扁一点，表面喷水撒上芝麻放入烤盘中。

④将面团放入饧发箱，发酵至原面团体积的 2～3 倍大，注意不要让面团表面干掉，可喷水保湿。

⑤烤箱预热至 180℃，面团表面刷蛋水入炉烘烤 12～15 分钟，出炉后放凉备用。

（4）风味特点　色泽金黄，表面芝麻均匀，质地香软。

35. 牛肉汉堡

（1）原料配方

①面团配方：高筋面粉 210 克，低筋面粉 56 克，奶粉 20 克，细砂糖 42 克，盐 1/2 茶匙，快速干酵母 6 克，全蛋 30 克，水 85 毫升，汤种 84 克，无盐牛油 22 克。

②馅心配方：白芝麻 15 克，生菜 9 片，火腿片 9 片，烟熏乳酪片 9 片，熟汉堡肉饼 9 个，番茄片 9 片，酸黄瓜 35 克，番茄沙司 75 克。

（2）制作工具或设备　煎锅,搅拌机,笔式测温计,西餐刀,饧发箱,保鲜膜,烤盘,烤箱。

（3）制作过程

①制作面包坯方法参考34.汉堡包。

②将面包横切剖开,分别夹上煎熟的熟汉堡肉饼,叠上火腿片、烟熏乳酪片、酸黄瓜片、生菜,浇上番茄沙司,最后盖上面包盖即成。

（4）风味特点　色泽金黄,外表松软,内部嫩香,荤素搭配。

36.鸡腿汉堡

（1）原料配方:

①面团配方:高筋面粉210克,低筋面粉56克,奶粉20克,细砂糖42克,盐1/2茶匙,快速干酵母6克,全蛋30克,水85毫升,汤种84克,无盐牛油22克。

②馅心配方:带皮去骨鸡腿肉块100克,西红柿片2个,生菜条100克,沙拉酱1瓶,姜粉2克,蒜粉2克,鸡粉2克,辣椒粉1克,胡椒粉0.3克,食盐6克,味精0.4克,酱油20克,水50毫升。

（2）制作工具或没备　煎锅,搅拌机,笔式测温计,西餐刀,饧发箱,保鲜膜,烤盘,烤箱。

（3）制作过程

①制作面包坯方法参照34.汉堡包。

②在制作面包坯的同时,制作馅心。首先,将姜粉、蒜粉、鸡粉、辣椒粉、胡椒粉、食盐、味精、酱油、水等制成腌汁,然后,将腌汁倒入一个干净的保鲜袋中,将鸡腿块放进保鲜袋,再把保鲜袋打结以防腌汁漏出,将保鲜袋反复搅动半小时,再静置1小时左右。最后,将腌制好的鸡腿肉于平底锅中煎熟。

③将面包横切剖开,涂上一层沙拉酱,然后放上西红柿片,少量生菜,再涂上少量沙拉酱,放上已熟的鸡腿块,涂上一点沙拉酱,最后盖上一片面包。

（4）风味特点　色泽金黄,外软内嫩,荤素搭配,具有鸡肉的香味。

37. 猪肉汉堡

（1）原料配方

①面团配方：高筋面粉500克，面包改良剂2.5克，酵母5克，白糖50克，奶粉15克，鸡蛋60克，水约225毫升，无盐黄油50克，盐5克。

②馅心配方：猪肉馅200克，洋葱20克，胡萝卜10克，鸡蛋60克，番茄30克，生菜2片，料酒5毫升，盐5克，番茄酱10毫升，橄榄油10毫升。

（2）制作工具或设备　煎锅，搅拌机，笔式测温计，西餐刀，饧发箱，保鲜膜，烤盘，烤箱。

（3）制作过程

①制作面包坯方法参考34.汉堡包。

②在制作面包坯的同时，制作馅心。首先，将猪肉馅中加入洋葱碎，胡萝卜碎，调入鸡蛋液、盐和料酒，用筷子沿同一方向搅打均匀，至肉馅呈黏稠状，将搅打好的肉馅分成两块，压扁成0.5厘米厚和汉堡坯面积相同的饼状；其次，中火烧热平底锅中的油，放入制好的猪肉饼煎至熟透时取出。

③将面包横切剖开，涂上一层番茄酱，夹入生菜叶，番茄圆片，煎熟的猪肉饼，再淋上番茄酱即可。

（4）风味特点　色泽金黄，表面芝麻均匀，质地香软。

38. 鱼肉汉堡

（1）原料配方

①面包配方：高筋面粉500克，面包改良剂2.5克，酵母5克，白糖50克，奶粉15克，鸡蛋60克，水约225毫升，无盐黄油50克，盐5克。

②馅心配方：鱼肉饼1个，面包糠100克，面粉80克，鸡蛋120克，生菜15克，番茄片50克，甜黄瓜片10克，太太汁40毫升，黄油30克，薯条1包，盐2克，白胡椒1克。

（2）制作工具或设备　煎锅，搅拌机，笔式测温计，西餐刀，饧发箱，保鲜膜，烤盘，烤箱。

（3）制作过程

①制作面包坯方法可参照34.汉堡包。

②在制作面包坯的同时，制作馅心。首先，将鱼肉饼沾上面粉，挂上鸡蛋液，再沾上面包糠，放入油中炸至两面金黄，外酥里嫩。

③将面包横切剖开，涂上一层黄油，放上鱼肉饼，浇上太太汁夹入生菜叶、番茄圆片及甜黄瓜，盖上面包盖，配上薯条即可。

（4）风味特点　色泽金黄，质地香软，具有鱼肉的香味。

39.奶酪汉堡

（1）原料配方

①面包配方：高筋面粉500克，面包改良剂2.5克，酵母5克，白糖50克，奶粉15克，鸡蛋60克，水约225毫升，无盐黄油50克，盐5克。

②馅心配方：牛肉饼180克，生菜30克，番茄片40克，莳萝酸菜片25克，洋葱片40克，菜丝沙拉30克，橄榄5克，薯条1包，瑞士奶酪40克，黄油20克，盐3克，白胡椒2克，法香枝1个。

（2）制作工具或设备　煎锅，搅拌机，笔式测温计，西餐刀，饧发箱，保鲜膜，烤盘，烤箱。

（3）制作过程

①制作面包坯方法可参照34.汉堡包。

②在制作面包坯的同时，制作馅心。首先，将牛肉饼放在煎炉上煎至所需程度。

③将面包分为两半，并将中心面朝上排在一起，将生菜、番茄片、洋葱片及莳萝酸菜片，放在烤好的底层面包上。注意：涂上黄油并烤好即刻用；将肉饼放在有蔬菜的面包上，上片面包放在上面，将其放在盘中，单独用菜丝沙拉，橄榄及法香枝做装饰，最后放上薯条。

（4）风味特点　色泽金黄，质地香软，具有奶酪的香味。

40.三文鱼奶酪汉堡

（1）原料配方

①面包配方：高筋面粉500克，面包改良剂2.5克，酵母5克，白糖

50克,奶粉15克,鸡蛋60克,水约225毫升,无盐黄油50克,盐5克。

②馅心配方:烟熏三文鱼180克,生菜30克,番茄片40克,薯条1包,瑞士奶酪40克,洋葱50克,番茄酱35克,法香枝1个。

(2)制作工具或设备 煎锅,搅拌机,笔式测温计,西餐刀,饧发箱,保鲜膜,烤盘,烤箱。

(3)制作过程

①制作面包坯方法可参照34.汉堡包。

②将面包分为两半,并将中心面朝上排在一起,将生菜、番茄片、洋葱片,放在烤好的底层面包上。将烟熏三文鱼放在有蔬菜的面包上,然后放上瑞士奶酪,浇上番茄酱最后将上片面包放在上面,将其放在盘中,配上法香枝做装饰,最后放上薯条。

(4)风味特点 色泽金黄,质地香软,具有奶酪的香味。

41.蓝波芝士汉堡

(1)原料配方

①面包配方:高筋面粉500克,面包改良剂2.5克,酵母5克,白糖50克,奶粉15克,鸡蛋60克,水约225毫升,无盐黄油50克,盐5克。

②馅心配方:牛肉蓉150克,洋葱碎15克,胡椒2克,鸡蛋60克,橄榄油15克,蓝波芝士25克,盐3克,芥末酱25克,生菜15克,番茄片2片。

(2)制作工具或设备 煎锅,搅拌机,笔式测温计,西餐刀,饧发箱,保鲜膜,烤盘,烤箱。

(3)制作过程

①制作面包坯方法参照34.汉堡包。

②在制作面包的同时,制作馅心。将牛肉蓉、洋葱碎、胡椒、鸡蛋、橄榄油、蓝波芝士、盐、芥末酱等放入搅拌桶中,搅拌上劲,做成两块牛肉饼,放入煎锅煎熟。

③将面包分为两半,并将中心面朝上排在一起,将生菜、番茄片,放在烤好的底层面包上。将蓝波牛肉饼放在有蔬菜的面包上,最后将上片面包放在上面,将其放在盘中即成。

(4)风味特点 色泽金黄,质地香软,具有牛肉和奶酪的香味。

42.营养芝士汉堡

（1）原料配方

①面包配方:高筋面粉500克,面包改良剂2.5克,酵母5克,白糖50克,奶粉15克,鸡蛋60克,水约225毫升,无盐黄油50克,盐5克。

②馅心配方:猪肉蓉150克,洋葱碎15克,胡椒2克,鸡蛋60克,橄榄油15克,芝士25克,盐3克,芥末酱25克,生菜15克,番茄片2个。

（2）制作工具或设备 煎锅,搅拌机,笔式测温计,西餐刀,饧发箱,保鲜膜,烤盘,烤箱。

（3）制作过程

①制作面包坯方法可参照34.汉堡包。

②在制作面包的同时,制作馅心。将猪肉蓉、洋葱碎、胡椒、鸡蛋、橄榄油、盐、芥末酱等放入搅拌桶中,搅拌上劲,做成两块猪肉饼,放入煎锅煎熟。

③将面包分为两半,并将中心面朝上排在一起,将生菜、番茄片,放在烤好的底层面包上。将猪肉饼放在有蔬菜的面包上,淋上溶化的芝士在上面,最后放上面包盖,将其放在盘中即成。

（4）风味特点 色泽金黄,质地香软,具有牛肉和奶酪的香味。

43.奶酪鸡肉汉堡

（1）原料配方

①面包配方:高筋面粉500克,面包改良剂2.5克,酵母5克,白糖50克,奶粉15克,鸡蛋60克,水约225毫升,无盐黄油50克,盐5克。

②馅心配方:葵花子油1汤匙,洋葱丝15克,大蒜碎10克,香葱5克,鸡肉蓉450克,脱脂酸奶2汤匙,面包粉50克,新鲜香料末1汤匙,乳酪碎块50克,盐3克,胡椒粉2克,罐头装玉米粒200克,胡萝卜丝25克,青辣椒丝25克,苹果酒醋5克,莴苣片25克,西红柿片5片,蔬菜沙拉50克。

（2）制作工具或设备 煎锅,搅拌机,笔式测温计,西餐刀,饧发箱,保鲜膜,烤盘,烤箱。

（3）制作过程

①制作面包坯方法可参照34.汉堡包。

②在制作面包的同时,制作馅心。首先,在一个平底煎锅里面把油预热,然后把大蒜和洋葱油煎5分钟,然后把香葱加进锅里,继续煎5分钟,然后盛在沙拉盘中备用;其次,往沙拉盘里加鸡肉蓉、酸奶、面包粉、香料、乳酪、盐和胡椒粉,搅拌均匀;第三,把搅拌好的鸡肉等分成六份,做成6个汉堡馅饼,盖好放在冰箱里冷藏20分钟;第四,开始准备调味品:把配方中罐头装玉米粒、胡萝卜丝、青辣椒丝、苹果酒醋放在一个平底煎锅里,加一汤匙水搅拌均匀,然后用文火加热,不时地搅拌;盖上锅盖,煨2分钟,然后把盖子掀开,继续煨1分钟;最后,把汉堡包馅饼放在涂上薄薄一层油的烤盘上,放在烤炉中,每面烤8~10分钟,直到馅饼完全熟透。

③将面包分为两半,中间夹上馅饼、莴苣、西红柿片和做好的调味品,即可与蔬菜沙拉一起食用了。

（4）风味特点　色泽金黄,质地香软,具有鸡肉和奶酪的香味。

44. 蔬菜汉堡

（1）原料配方

①面包配方:高筋面粉500克,面包改良剂2.5克,酵母5克,白糖50克,奶粉15克,鸡蛋60克,水约225毫升,无盐黄油50克,盐5克。

②馅心配方:胡萝卜碎300克,芹菜碎60克,洋葱碎60克,红椒碎30克,绿椒碎30克,核桃粉40克,蘑菇碎110克,小春葱100克,胡荽碎15克,鸡蛋120克,饼干碎35克,香油3毫升,辣椒子汁1毫升,盐3克,白胡椒2克,洋葱片110克,胡萝卜片100克,番茄片100克,生菜100克,薯条120克,奶酪片150克,菜丝沙拉150克。

（2）制作工具或设备　煎锅,搅拌机,笔式测温计,西餐刀,饧发箱,保鲜膜,烤盘,烤箱。

（3）制作过程

①制作面包坯方法可参照34.汉堡包。

②在制作面包的同时,制作馅心。首先,混合胡萝卜、芹菜、洋葱、白胡椒,压去多余液体,加入核桃粉、蘑菇碎、小春葱碎、鸡蛋、辣椒子汁及调味品。其次,加入足够的饼干碎使其坚固,形成圆馅饼。第三,如需要压入多些饼干碎,煎至金黄,放入125℃的烤箱中大约15分钟,根据需要转动,放上奶酪,使其溶化。

③将面包分为两半,中间夹上菜饼并用生菜、洋葱片、番茄片和胡萝卜片,取另一片生菜,将菜丝沙拉放在上面,配以薯条。

(4)风味特点　色泽金黄,质地香软,具有蔬菜的清香味。

45. 荷包蛋汉堡

(1)原料配方

①面包配方:高筋面粉500克,面包改良剂2.5克,酵母5克,白糖50克,奶粉15克,鸡蛋60克,水约225毫升,无盐黄油50克,盐5克。

②馅心配方:荷包蛋100克,生菜100克,番茄片120克,沙拉酱75克,番茄酱25克。

(2)制作工具或设备　煎锅,搅拌机,笔式测温计,西餐刀,饧发箱,保鲜膜,烤盘,烤箱。

(3)制作过程

①制作面包坯方法可参照34.汉堡包。

②将面包分为两半,底片抹上沙拉酱,放一层生菜、再放一层番茄片,淋上番茄酱,再放上荷包蛋,最后盖上面包片。

(4)风味特点　色泽金黄,外酥里嫩。

46. 鸡块汉堡

(1)原料配方

①面包配方:高筋面粉500克,面包改良剂2.5克,酵母5克,白糖50克,奶粉15克,鸡蛋60克,水约225毫升,无盐黄油50克,盐5克。

②馅心配方:鸡胸脯肉30克,面包糠25克,盐3克,胡椒粉2克,鸡蛋液25克,生菜(团叶)30克,青椒30克,柿子椒30克,植物油30克,沙拉酱75克。

（2）制作工具或设备　煎锅,搅拌机,笔式测温计,西餐刀,饧发箱,保鲜膜,烤盘,烤箱。

（3）制作过程

①制作面包坯方法可参照34.汉堡包。

②在制作面包的同时,制作馅心。首先,将生菜洗净切成条;青椒、柿子椒去子洗净切成丝;将鸡胸脯肉斜切成鸡柳用盐和胡椒粉腌渍,沾上鸡蛋液,裹上面包糠。其次,锅内放油烧热,放入鸡柳,炸至刚熟,捞出沥油。

③把汉堡面包横切开,取下半块抹上沙拉酱,放上生菜条、炸鸡柳、青椒丝、柿子椒丝,将另一半盖上即可。

（4）风味特点　色泽金黄,外酥软里鲜嫩。

47.鸡蛋蘑菇汉堡

（1）原料配方

①面包配方:高筋面粉500克,面包改良剂2.5克,酵母5克,白糖50克,奶粉15克,鸡蛋60克,水约225毫升,无盐黄油50克,盐5克。

②馅心配方:小葱碎2根,白蘑菇2个,盐3克,胡椒粉2克,鸡蛋液25克,生菜(团叶)30克,植物油30克,沙拉酱75克。

（2）制作工具或设备　煎锅,搅拌机,笔式测温计,西餐刀,饧发箱,保鲜膜,烤盘,烤箱。

（3）制作过程

①制作面包坯方法可参照34.汉堡包。

②在制作面包的同时,制作馅心。首先,将小葱切碎、新鲜的大白蘑菇切碎。其次,在锅里加热一匙油,倒入碎葱和碎蘑菇,加盐翻炒。炒蘑菇的同时,往碗里打两个鸡蛋,加点儿盐和胡椒粉,然后打散。蘑菇炒熟以后,关火,把炒好的蘑菇倒入鸡蛋碗里,拌匀。锅重新热油,把调好的蛋液倒入,转中小火,慢慢烘蛋饼。等蛋饼的表面几乎全部凝固的时候,小心翻面,稍微煎一下另一面,煎熟了以后关火。最后,将煎熟的蛋饼,切成4等份。

③取两个汉堡包用的面包,各分成上下两半。在每个底片的面

包上,放两块切好的蛋饼,挤上沙拉酱再盖上面包片即可。

（4）风味特点　色泽金黄,外酥软里鲜嫩。

48.煎封豆腐汉堡

（1）原料配方

①面包配方:高筋面粉 500 克,面包改良剂 2.5 克,酵母 5 克,白糖 50 克,奶粉 15 克,鸡蛋 60 克,水约 225 毫升,无盐黄油 50 克,盐 5 克。

②馅心配方:豆腐 1 块,鸡脯肉 75 克,胡萝卜粒 15 克,鸡蛋 120 克,红尖椒碎 5 克,葱 5 克,姜 5 克,盐 3 克,辣椒油 3 克,料酒 10 克,白糖 5 克,淀粉 15 克。

（2）制作工具或设备　煎锅,搅拌机,笔式测温计,西餐刀,饧发箱,保鲜膜,烤盘,烤箱。

（3）制作过程

①制作面包坯方法可参照 34.汉堡包。

②在制作面包的同时,制作馅心。首先,坐锅点火放入水,待水烧开后放入豆腐煮几分钟去除豆腥味,取出过凉将其捏碎,将鸡脯肉放入搅拌机中,加两个鸡蛋、葱、姜少许,放入盐和料酒打成泥备用;其次,取一器皿,放入鸡肉泥、豆腐泥,加淀粉、胡萝卜粒搅拌均匀;最后,坐锅点火倒少许油,将调好的馅制成饼状入锅煎,锅中留底油,放入葱姜末煸炒,加盐、辣椒油、白糖调味,用水淀粉勾芡,放入尖椒末,淋在煎好的豆腐汉堡上即成。

③取两个汉堡包用的面包,各分成上下两半。在每个底片的面包上,放两块煎好的豆腐饼,再盖上面包片即可。

（4）风味特点　色泽金黄,外酥软里鲜嫩,口感柔嫩,入口即化。

49.家常热狗

（1）原料配方　高筋面粉 150 克,低筋面粉 100 克,干酵母粉 2 克,盐 5 克,白砂糖 30 克,软化黄油 30 克,鸡蛋 60 克,温水 75 毫升,香肠适量。

（2）制作工具或设备　煎锅,搅拌机,笔式测温计,西餐刀,饧发箱,烤盘,烤箱。

（3）制作过程

①将温水和酵母粉混合搅拌,待15分钟让其溶解,然后将酵母和鸡蛋混合。

②在另一个搅拌桶中将高筋面粉、低筋面粉、盐、白砂糖、黄油混合搅拌,在中间挖一个洞,倒入混合好的酵母和鸡蛋,从中间开始搅拌,然后搅拌揉成一个面团。

③将面团放在光滑的桌面上,用力揉至光滑,有弹性,将面团放在一个干净的盆里,然后用湿毛巾盖住盆,静置30~45分钟。

④面团制好后,放在案板上,撒上一些面粉,将面团分成若干小份。

⑤将小面团分别制成长条,注意用力均匀才能使其粗细均匀。

⑥取一根小香肠,把面条小心地缠绕在香肠上,做成一个螺旋状的小热狗就可以了。

⑦在烤盘上涂层油,将小热狗放入,烤箱预热至190℃,放入烤盘烤15分钟即可。

（4）风味特点　色泽金黄,外表松软,内部浓香,油润适口。

50. 热狗

（1）原料配方　高筋面粉200克,低筋面粉50克,干酵母3克,细砂糖25克,盐2.5克,奶粉1大匙,黄油30克,全蛋25克,牛奶130毫升,肉肠8根。

（2）制作工具或设备　煎锅,搅拌机,笔式测温计,西餐刀,饧发箱,保鲜膜,烤盘,烤箱。

（3）制作过程

①将面团原料中除黄油以外所有的原料放入搅拌桶中,搅拌至面团出筋。

②加入黄油,继续搅拌至扩展状态。

③将面团放入搅拌桶中,盖保鲜膜,放饧发箱中,进行基础发酵。

④基础发酵结束后,将面团分割成60克左右一份,滚圆后松弛

15分钟。

⑤将面团压扁,擀成宽度与肉肠长度相同的椭圆形,再将边角拉开,成长方形。

⑥将一根肉肠放在中间,两边包起来捏紧。

⑦在包好的面团上均匀切五刀,分成六块,底边不切断,要连在一起。

⑧将切好的热狗肠坯交叉向两边翻开。

⑨排入烤盘,送入烤箱或微波炉或饧发箱进行最后发酵。(烤箱或微波炉里放一碗热水以增加湿度。)

⑩发酵完成的团面表面刷蛋液,送入预热至180℃的烤箱中层,上下火,烤制15分钟。

(4)风味特点　色泽金黄,外酥里嫩。

51. 汤种热狗

(1)原料配方

①汤种配方:高筋面粉75克,细砂糖6克,热水150毫升,黄油30克。

②面团配方:高粉225克,细砂糖35克,牛奶110克,盐3克,酵母4.5克,鸡蛋30克,奶粉12克。

③配料:热狗肠12根,芝麻适量。

(2)制作工具或设备　煎锅,搅拌机,笔式测温计,西餐刀,饧发箱,烤盘,烤箱。

(3)制作过程

①汤种调制。将黄油切成小块,加入热水,煮至沸腾,然后加入高筋面粉和细砂糖,搅拌均匀,揉成团。放凉后表面抹油,放冰箱冷藏18~24小时。

②将汤种面团取出回温软化。

③将所有原料放在搅拌桶中,加上撕成块的汤种面团,中速搅拌至扩展阶段。

④将面团放入饧发箱中,进行基础发酵。

⑤基础发酵结束后,将面团翻面排气。

⑥将面团分割成50克左右一份,滚圆后松弛15分钟。

⑦将松弛好的面团擀成长椭圆形,翻面后将长底边压薄。自上而下卷成条状,再搓长(若不容易搓长就再松弛几分钟)。将面条卷在热狗肠上,两头要缠好,免得最后发酵时爆开。

⑧将整好形的面包坯送入饧发箱,进行最后发酵。

⑨最后发酵结束后表面刷蛋液,撒少许芝麻。

⑩放入预热至180℃的烤箱中层,上下火,烤制15分钟。

(4)风味特点 色泽金黄,口感柔软。

52.葱花热狗

(1)原料配方

①面团配方:高筋面粉200克,低筋面粉100克,干酵母6克,盐6克,细砂糖30克,奶粉12克,全蛋60克,水65毫升,汤种75克,无盐黄油45克,脆皮热狗肠10根。

②表面葱花馅配方:葱花25克,全蛋液25克,色拉油1匙,盐1/2小匙,黑胡椒粉1小匙,白芝麻适量。

(2)制作工具或设备 煎锅,搅拌机,笔式测温计,西餐刀,饧发箱,保鲜膜,烤盘,烤箱。

(3)制作过程

①葱花馅调制。将葱花、全蛋液、色拉油、盐、黑胡椒粉等拌匀在一起即可。

②汤种调制。面粉和水比例为1:5。另取20克面粉加上100毫升水搅拌均匀,放入小盆中以电磁炉小火,边加热边不断搅拌至65℃左右离火(搅拌时出现纹路,面糊略浓稠),盖上保鲜膜降至室温或冷藏24小时后使用。

③将酵母溶入温水中搅拌均匀,静置10分钟。

④在搅拌桶中依次放入盐、糖、蛋液、汤种、高筋面粉、低筋面粉、奶粉,最后倒入酵母水,中速搅拌12分钟,面团搅拌成团时加入软化过的黄油,搅拌至面团光滑可拉出薄膜。

⑤将搅拌好的面团放到饧发箱中,进行基础发酵至原来面团体积的 2~3 倍大。(可以在烤箱中进行,空烤箱打开电源预热 40℃十分钟后关掉,底层放热水,中层放面团温度 28℃,湿度 75%,时间约 1 小时。)

⑥取出面团,揉匀排气,分成 9 个小面团,每个约 60 克,滚圆盖湿布,中间发酵 10 分钟。

⑦小面团收口朝下按扁,从中间往上下擀成椭圆形,翻面,收口朝上,放上热狗肠后卷成长条状,用切面刀切割 4 刀,不要切断。将头尾交叉错开,再将所有切割面翻朝上。

⑧放入饧发箱,进行最后发酵。温度 38℃,湿度 85℃左右,时间约 40 分钟,不要超过 1 小时。

⑨在发酵完成的面团上刷上蛋水,放葱花馅,撒上白芝麻,185℃烤 15 分钟左右。

(4)风味特点　色泽金黄,葱香浓郁。

53. 梅花热狗

(1)原料配方

①汤种配方:高筋面粉 20 克,牛奶 80 毫升。

②面团配方:高筋面粉 250 克,牛奶 120 克,干酵母 4 克,细砂糖 30 克,盐 3 克,鸡蛋 25 克,汤种 84 克,黄油 30 克。

③配料:肉肠 12 根。

(2)制作工具或设备　煎锅,搅拌机,笔式测温计,西餐刀,饧发箱,保鲜膜,烤盘,烤箱。

(3)制作过程

①汤种调制。先将高筋面粉倒入牛奶中搅匀,然后用小火边加热边搅拌,至面糊浓稠,晾凉 12 小时备用。

②将面团原料中除黄油以外所有的原料放入搅拌桶中,搅拌至面团出筋。

③加入黄油,连摔带揉至扩展状态。

④将面团放入盆中,盖保鲜膜,放饧发箱中进行基础发酵。

⑤基础发酵结束后,将面团分割成 60 克左右一份,滚圆后松弛 15 分钟。

⑥将面团压扁,擀成与肉肠等长的椭圆形,再将边角拉开,成长方形。

⑦将肉肠放在中间,两边包起来捏紧。

⑧在包好的面团上均匀切四刀,分成五块,底边不切断,要连在一起。将切好的小圆形一个个翻开,最后一个搭在一个上面,做成梅花形。

⑨排入烤盘,送入饧发箱(或烤箱或微波炉),进行最后发酵(烤箱或微波炉里放一碗热水以增加湿度)。

⑩发酵完成的团面表面刷蛋液,送入预热至 180℃ 的烤箱中层,上下火,烤制 15 分钟。

(4)风味特点 色泽金黄,形似梅花,口感松软油香。

54.简易热狗

(1)原料配方 热狗香肠(或火腿肠)4 根,圆白菜 4 片,胡萝卜半根,色拉油 25 克,盐 3 克,胡椒 1 克,长面包 4 个,黄油 25 克,番茄酱(根据口味也可以用蛋黄酱或调制的芥末酱)75 克。

(2)制作工具或设备 煎锅,西餐刀,烤盘,烤箱。

(3)制作过程

①用刀在热狗香肠上划出斜纹。

②将圆白菜和胡萝卜切成丝。

③在平底锅中倒入两小勺油,加热后放入热狗香肠略煎。

④倒入圆白菜和胡萝卜丝,略炒一下,撒上盐和胡椒。

⑤将长面包在微波炉中稍微加热,从中间切开,涂上黄油,夹入香肠和菜丝。

⑥最后将番茄酱挤在上面。

(4)风味特点 色泽金黄,荤素搭配。

55. 肉松热狗

（1）原料配方　高筋面粉500克,水300毫升,新鲜酵母18克,改良剂1克,细砂糖120克,盐7克,奶粉20克,全蛋60克,黄油60克,热狗肠20根,肉松200克,蛋黄酱100克。

（2）制作工具或设备　煎锅,搅拌机,笔式测温计,西餐刀,饧发箱,烤盘,烤箱。

（3）制作过程

①把除黄油外的所有面团材料搅拌成团,再加入黄油继续搅拌至面筋扩展完成阶段。

②把面团放在温暖湿润处,进行基础发酵至原体积的2~2.5倍。

③将面团取出排气,分割成60克/个的小面团,滚圆,松弛15分钟。

④将中间发酵完成的面团擀开成长方形;包入一根热狗后,用刀割7刀(注意要把热狗割断,但不要把面团全割断),然后两边交叉摆放,然后排入烤盘,在饧发箱中进行最后发酵。

⑤在最后发酵完成后,在面团的表面刷全蛋液。

⑥放入预热至180℃的烤箱中层,上下火,烤制约15分钟即可。

⑦待冷却后,在中间挤上蛋黄酱,撒上肉松即可。

（4）风味特点　色泽金黄,肉松干香,热狗肠油润。

56. 奶酪火腿三明治

（1）原料配方　法式棍面包1段,火腿片12片,奶酪12片,番茄片12片,生菜叶50克,芥末酱75克。

（2）制作工具或设备　煎锅,西餐刀,烤盘,烤箱。

（3）制作过程

①将面包从横断面剖开,取底下的那片面包,在其上面抹上适量芥末酱。

②然后依次铺上生菜叶、火腿片、奶酪片、番茄片,挤上芥末酱。

③最后,再用上面的那片面包将其覆盖,即可食用。

(4)风味特点 几何体成型,荤素搭配,营养丰富。

57. 鸡蛋三明治

(1)原料配方 咸面包片 3 片,鸡蛋 2 个,薄方火腿 2 片,黄油 10 克。

(2)制作工具或设备 煎锅,西餐刀,烤盘,烤箱。

(3)制作过程

①面包片要稍厚些,先放进烤箱里烤至微黄,备用。

②把鸡蛋打散,在平锅里放少许黄油后,将蛋液倒入铺开,放入方火腿肉,取出后用刀一分为二切开,备用。

③把一片面包抹上黄油,铺上方火腿鸡蛋,盖上第二片面包,再放上方火腿鸡蛋。

④然后,把第三片面包抹上黄油,并油面朝下覆盖,再用刀把三明治对角切成两个三角形即成。

(4)风味特点 色泽鲜艳,营养丰富,美味可口。

58. 咸肉蔬菜三明治

(1)原料配方 面包片(白或全麦)3 个,番茄片 40 克,烟熏咸肉 100 克,生菜 25 克,蛋黄酱 75 克,薯条 1 包,菜丝沙拉 30 克,橄榄 3 克,法香枝 1 个。

(2)制作工具或设备 煎锅,西餐刀,烤盘,烤箱。

(3)制作过程

①将两片烤好的面包各一面涂上蛋黄酱,另一片两面涂上蛋黄酱,将一片的蛋黄酱面朝上,两面都有酱的放在中央,另一片蛋黄酱向下盖在上面。

②将一片生菜放在第一片面包上,并放上一半的番茄片及烟熏咸肉,并轻微调味;重复上述步骤放在中央片上。

③将中央片放在第一片上,并将第三片面包蛋黄酱面朝下盖在中央片上,并使其成为三层三明治。

④用四根牙签分别插在 12 点,3 点,6 点,9 点并距边 1 厘米处,

使三明治更坚固,并在牙签上端放上橄榄,切去四边,并去掉屑。

⑤将三明治切为 4 个大小相等的角,并配以薯条、菜丝沙拉及装饰法香枝。

(4)风味特点　色泽金黄,三角成形,美味美观。

59. 火鸡三明治

(1)原料配方　法式长棍面包 2 条,火鸡肉 500 克,黄油 75 克,瑞士奶酪 120 克,盐 3 克,胡椒 2 克。

(2)制作工具或设备　煎锅,西餐刀,烤盘,烤箱。

(3)制作过程

①将火鸡肉用适量的盐、胡椒腌制后烤熟。

②法式长面包从中间剖成两半。在面包内侧均匀地涂抹上黄油。

③将火鸡腿肉片摆放在面包内,并放上瑞士奶酪片,夹好后放在烤箱内烘烤 3~5 分钟即可。

(4)风味特点　色泽金黄,营养丰富,口感松软。

60. 金枪鱼火腿三明治

(1)原料配方　培根火腿 4 片,西红柿片 2 个,金枪鱼碎 200 克,生菜 5 大片,全麦面包 3 片,沙拉酱 75 克。

(2)制作工具或设备　煎锅,西餐刀,烤盘,烤箱。

(3)制作过程

①将全麦面包片抹上沙拉酱。

②在一片面包上抹上金枪鱼碎,放上培根火腿、西红柿片、生菜,挤上沙拉酱,盖上面包片,再依次放上原料,最后盖上面包片。

③夹好后放在烤箱内烘烤 3~5 分钟即可。

(4)风味特点　色泽金黄,营养丰富,口感松软。

61. 日式三明治

(1)原料配方　吐司面包 250 克,猪排 500 克,土豆 125 克,绿叶蔬菜 125 克,牛肉 250 克,猪扒汁 75 克,盐 2 克,辣酱油 10 克。

(2)制作工具或设备　煎锅,西餐刀,烤盘,烤箱。

(3)制作过程

①将吐司面包切片,去边儿,在烤箱里微烤一下。

②将猪排洗净,用一半猪扒汁腌制半小时,然后炸至金黄色。

③将土豆去皮洗净切块,用清水煮熟。将各色绿叶蔬菜洗净在沸水中焯一下。将土豆块和一半绿叶蔬菜混合,根据自己的口味加入沙拉汁。

④将牛肉用盐和酱油腌制半小时,切块,然后在锅中炸熟。

⑤先放一片吐司,再在上面放上猪排和另一半猪扒汁。然后放上一层土豆沙拉,再放上一层炸牛肉及蔬菜。最后再加上一片吐司即可。

(4)风味特点　色泽金黄,荤素搭配,营养丰富。

62. 火腿奶酪三明治

(1)原料配方　法棍面包 1 段,火腿片 4 片,生菜 5 片,西红柿片 4 片,奶酪片 4 片。

(2)制作工具或设备　煎锅,西餐刀。

(3)制作过程

①生菜洗净,西红柿洗净切片,面包横切两半。

②在面包上依次铺上火腿片、奶酪片、西红柿片、生菜即可。

(4)风味特点　原料简单,制作时间很短,营养丰富。

63. 金枪鱼三明治

(1)原料配方　吐司面包 2 片,金枪鱼罐头 1 听,蛋黄酱 75 克,鸡蛋 1 个,西红柿片 2 片,生菜叶 3 片。

(2)制作工具或设备　煎锅,西餐刀。

(3)制作过程

①西红柿洗净切片,鸡蛋煮熟切片,去掉吐司面包的四边。

②从罐头里取出适量金枪鱼块和蛋黄酱拌匀,铺在一层吐司面

包上。

③在金枪鱼上依次铺鸡蛋、生菜和西红柿。

④盖上另一片面包,沿对角线切成两个三角形三明治。

(4)风味特点 口感鲜美,营养丰富。

64.茄子三明治

(1)原料配方 法棍面包1段,茄子片4片,盐1克,胡椒粉0.5克,鸡蛋60克,面包糠25克,西红柿4片,鲜奶酪4片。

(2)制作工具或设备 煎锅,西餐刀。

(3)制作过程

①茄子、西红柿洗净切薄片。

②茄子片用盐和胡椒粉腌渍,裹鸡蛋、面包糠炸熟。

③在面包上依次铺鲜奶酪、炸茄子片、西红柿片即可。

(4)风味特点 色泽金黄,奶酪味浓。

65.烤鸡三明治

(1)原料配方 法棍面包1段,烤鸡肉50克,生菜3片,西红柿片3片,黑胡椒3克。

(2)制作工具或设备 煎锅,西餐刀,烤盘,烤箱。

(3)制作过程

①法棍面包横切两半,烤鸡肉切薄片。

②生菜洗净,西红柿洗净切片。

③在面包上铺烤鸡肉片,根据个人口味撒适量黑胡椒。

④最后在烤鸡上依次铺西红柿片、生菜即可。

(4)风味特点 色泽金黄,几何体成形,方便快捷。

66.肉松三明治

(1)原料配方 牛角面包1个,肉松25克,鸡蛋60克,沙拉酱15克。

(2)制作工具或设备 煎锅,西餐刀,烤盘,烤箱。

（3）制作过程

①鸡蛋煮熟切片。

②牛角面包在烤箱中略烤一下后横切两半。

③每片面包先涂一层沙拉酱,然后铺上肉松,最后放上鸡蛋片即可。

（4）风味特点　色泽金黄,口感外酥里松。

67. 火腿蛋三明治

（1）原料配方　火腿2片,鸡蛋60克,面包片3片,生菜1片,沙拉酱25克,酸黄瓜2片。

（2）制作工具或设备　煎锅,西餐刀,微波炉。

（3）制作过程

①把鸡蛋放进微波炉煎蛋器里,煎成规则的圆形煎蛋。生菜洗净,沥干水,备用。

②把面包片切去四边备用。

③在一片面包上涂上沙拉酱,放上生菜、煎蛋,再铺一片面包,依次放上酸黄瓜、火腿片,然后用一片面包盖在上面。

④最后把面包从中间切成三角形,即可。

68. 番茄乳酪三明治

（1）原料配方　番茄1个,乳酪2片,沙拉酱15克,生菜1片,面包片3片。

（2）制作工具或设备　煎锅,西餐刀。

（3）制作过程

①把番茄洗净,从中间横剖切开,切两大片备用。

②生菜洗净,面包片切去四边备用。

③在一片面包上涂上沙拉酱,放上生菜,再铺一片面包,依次放上乳酪片、番茄片,然后用一片面包盖在上面。

④最后把面包从中间切成三角形,即可。

（4）风味特点　色泽金黄,形似三角,制得松软。

69. 烧烤鸡排三明治

（1）原料配方　鸡胸肉（去骨带皮）1 大块，生菜 1 片，番茄 1 片，乳酪 1 片，面包片 3 片，黑胡椒粉 2 克，盐 3 克，五香粉 1 克，生抽 10 克，蜂蜜 15 克。

（2）制作工具或设备　煎锅，西餐刀，烤盘，烤箱。

（3）制作过程

①把鸡肉放进容器里，用黑胡椒粉、盐、五香粉、生抽腌起来，放进冰箱里，腌制 1 小时。

②把腌制好的鸡肉放在烤箱（或微波炉）烤盘上，两面涂抹蜂蜜，烤熟。

③生菜洗净，面包片切去四边备用。

④在 1 片面包上铺上烤熟的鸡肉，再铺 1 片面包，依次铺上乳酪、生菜和番茄片，然后用 1 片面包盖在上面。

⑤最后把面包从中间切成三角形，即可。

（4）风味特点　色泽金黄，味道醇厚。

70. 牛排三明治

（1）原料配方　牛排 2 大块，全麦吐司 3 片，蛋黄酱 25 克，生菜 1 片，番茄片 3 片，奶酪片 1 片，迷迭香香料 1 大匙，蒜泥 1 小匙，橄榄油 1 大匙，黑胡椒 3 克，盐 3 克。

（2）制作工具或设备　煎锅，西餐刀，烤盘，烤箱。

（3）制作过程

①将牛排均匀抹上所有腌料，冷藏 12 小时以上腌至入味备用。

②用平底锅（不放油）将腌好的牛排两面各煎 1 分钟，再放入烤箱以 180℃烤 8 分钟至熟，备用。

③取 1 片全麦吐司，抹上蛋黄酱，依序铺上辅料，盖上第 2 片吐司，抹上蛋黄酱，放上香料牛排，再盖上第 3 片吐司便完成。

④在三明治的四边各插上牙签固定，用锯齿刀修去硬边，再将三明治直切或对角切成两半摆盘即可。

（4）风味特点　色泽金黄，牛排味香，面包松软。

71. 橄榄三明治

（1）原料配方　葱头碎1个,橄榄8个,胡椒粉3克,辣椒粉3克,青蒜花10克,面包片8片,黄油25克。

（2）制作工具或设备　煎锅,西餐刀,烤盘,烤箱。

（3）制作过程

①把所有原料都拌匀,调好味。

②在4片面包的面上涂黄油,撒上胡椒粉和辣椒粉。

③在另4片面包的另一面涂上调好的酱,加上橄榄。

④把两种不同的面包片对一块即可。

（4）风味特点　色泽金黄,面包松软。

72. 扁豆玉米煎饼三明治

（1）原料配方　扁豆15克,辣椒粉1克,葱头碎1个,清水3杯,小茴香1/8茶匙,蒜花2克,盐3克,芹菜末3克,玉米煎饼6个。

（2）制作工具或设备　煎锅,西餐刀,烤盘,烤箱。

（3）制作过程

①煎锅烧热,放入少许油,加入葱头碎、芹菜末炒香,再放入扁豆和其他调料用水烧烂。

②在另一个炒锅内倒一点油,把玉米煎饼放入锅内煎一下后取出。

③在煎饼上抹刚准备好的糊,两片夹起即可。

（4）风味特点　色泽金黄,口感酥脆。

73. 蘑菇西红柿三明治

（1）原料配方　面包8片,鲜蘑菇丝1/2杯,乳酪15克,西红柿块1/2杯,蒜末5克。

（2）制作工具或设备　煎锅,西餐刀,烤盘,烤箱。

（3）制作过程

①把乳酪放到面包片上,再加入蒜末、鲜蘑菇丝和西红柿块。

②合上另一片面包。

③把面包放到烤箱里面烤,直至乳酪熔化。

(4)风味特点　色泽金黄,清新爽口。

74. 芸豆三明治

(1)原料配方　清水 25 毫升,小茴香 1 大匙,芸豆 25 克,西红柿 4 片,胡椒粉 1 克,葱头碎 2 个,盐 3 克,辣椒 2 个,玉米煎饼 6 片,灯笼椒片 1/2 茶匙。

(2)制作工具或设备　煎锅,西餐刀。

(3)制作过程

①把水倒入锅内煮开,倒入芸豆,盖上锅,再煮 2 分钟。

②移开明火,闷 1 小时。把所有的其他原料都倒到锅内,再炖 0.5 ~ 1 小时至芸豆烂熟,撒盐,调好味。

③把玉米煎饼放到油锅内煎一下,用匙将准备好的糊涂到玉米煎饼上,撒上点乳酪,即可食用。

(4)风味特点　色泽金黄,口感酥脆。

75. 素菜三明治

(1)原料配方　大面包片 2 片,莴苣丝 25 克,乳酪块 4 块,西红柿 1 个,煮熟的蘑菇和葱头 3/4 杯。

(2)制作工具或设备　煎锅,西餐刀,烤盘,烤箱。

(3)制作过程

①在其中 1 片面包上加乳酪,放到烤炉上烤,使乳酪熔化,然后加上蘑菇、葱头、莴苣和西红柿。

②合上另外 1 片面包,用刀将面包切成小块,趁热吃用。

(4)风味特点　色泽金黄,清新爽口。

76. 梨蛋三明治

(1)原料配方　薄面包片 8 片,胡椒粉 2 克,黄油 15 克,盐 2 克,煮熟鸡蛋 4 个,莴苣片 15 克,蛋黄酱 25 克,梨片 1 个。

（2）制作工具或设备　煎锅,西餐刀。

（3）制作过程

①在面包片上抹少量的黄油。

②将梨片、鸡蛋片和蛋黄酱等调料拌匀备用。

③将混合好的酱抹到其中 4 片面包片上,再加点莴苣片。

④分别合上另外 4 片面包,即可。

（4）风味特点　色泽金黄,口味清新,口感松软。

77.蒜泥沙拉三明治

（1）原料配方　蒜头碎 1 个,葱花 10 克,芹菜末 1 大匙,胡椒粉适量,芥末 1/4 茶匙,盐 1 克,泡菜 1/2 茶匙,面包片 8 片,蛋黄酱 1 大匙,黄油 25 克。

（2）制作工具或设备　煎锅,西餐刀,烤盘,烤箱。

（3）制作过程

①将除面包片外其他所有的原料拌和到一块,加上盐,调好味后,置于冰箱内冷藏 30 分钟。

②在其中 4 片面包上抹黄油,另外 4 片面包上抹蛋黄酱。将它们合到一起即可。

（4）风味特点　色泽金黄,蒜泥味浓。

78.烤鸭三明治

（1）原料配方　吐司面包 2 片,烤鸭肉 80 克,蘑菇（罐装）40 克,黄油 20 克,奶油沙司 60 克,食盐 3 克,胡椒粉 0.5 克。

（2）制作工具或设备　煎锅,西餐刀,烤盘,烤箱。

（3）制作过程

①将烤鸭肉切成 1 厘米见方的小块,蘑菇一切四。

②把黄油置锅内,加热至熔化后,放入烤鸭肉和蘑菇轻轻炒一下,加盐、胡椒粉以及奶油沙司搅拌均匀。

③吐司面包烤黄,夹上裹上奶油沙司的烤鸭肉和蘑菇。

（4）风味特点　色泽金黄,口感酥脆,馅心鲜嫩。

79. 猪柳三明治

（1）原料配方　猪柳 600 克,培根 8 片,西生菜 4 份,番茄 2 片,橄榄油 25 克,白吐司 8 片,西洋芥末 1 大匙,盐 3 克,黑胡椒 2 克。

（2）制作工具或设备　煎锅,西餐刀,烤盘,烤箱。

（3）制作过程

①烧热油锅,将培根放入煎脆备用;西生菜洗净、番茄洗净切厚片。

②将盐、黑胡椒和西洋芥末等调味料涂抹在猪柳的表面,腌约 3 小时后以中火将表面煎熟,封住肉汁后放入已预热的烤箱,以 160℃ 烤约 40 分钟至熟。

③将烤好的猪柳取出,静置冷却后放入冰箱,等要叠放在吐司上时再取出切成 3~5 毫米厚度薄片。

④将吐司放入烤箱或烤面包机中烤成金黄,将吐司放在最底层,依序放上西生菜、培根、番茄片,最后放上薄猪柳片即可。

（4）风味特点　色泽金黄,表面酥脆,馅心鲜嫩。

80. 串烧三明治

（1）原料配方　白吐司 2 片,牛肉片 70 克,蘑菇 4 朵,青椒 1/2 颗,红甜椒 1/2 颗,黄甜椒 1/2 颗,草莓 2 颗,柳橙片 1 片,黑胡椒酱 1 克,柠檬汁 3 克,黄油 1 大匙,盐 2 克,胡椒粉 1 克。

（2）制作工具或设备　煎锅,西餐刀。

（3）制作过程

①将两片白土司去边,各切成 9 等份的土司片备用;草莓洗净、柳橙片洗净切成三角小丁备用。

②蘑菇洗净横剖成两半,撒少许柠檬汁去除涩味,用黄油煎熟备用;青椒、红甜椒、黄甜椒切成四方块,用黄油略煎备用。

③牛肉片撒上少许盐和胡椒粉,再用黄油煎熟,切成与土司片同样大小的四方块,沾上加热过的黑胡椒酱备用。

④依个人喜好,将吐司片与各式食材用细竹签穿插串起即可。

（4）风味特点　色泽金黄,口感多样,口味咸鲜。

81.公司三明治

（1）原料配方　方包3片,鸡蛋2个,西生菜3片,西红柿1个,蛋黄酱25克,火腿片2片。

（2）制作工具或设备　煎锅,西餐刀。

（3）制作过程

①将方包切去硬边,鸡蛋打入碗内搅散,西生菜洗净切成与方包大小的片,西红柿去蒂洗净切片,鸡蛋炒熟备用。

②净锅上火,烧热放进方包煎香,稍呈黄色时取出。

③在煎熟的方包上放上一片西生菜,再放上西红柿片,调入蛋黄酱、火腿片,以此法叠三片方包后,夹上炒好的鸡蛋,再盖上一片方包压紧,对角切成四瓣即成。

（4）风味特点　色泽金黄,营养丰富,方便快捷。

82.时尚三明治

（1）原料配方　全麦面包片2片,生菜1片,樱桃西红柿2个,熟火腿2片,沙拉酱或奶酪25克。

（2）制作工具或设备　煎锅,西餐刀,烤盘,烤箱。

（3）制作过程

①将面包片用面包炉烤至两面微黄。

②在面包的一面抹上沙拉酱或奶酪。

③铺上熟火腿、生菜,盖上面包片。

④切掉面包边,切成四块,用牙签固定。

⑤在面包上用熟火腿和西红柿(切对半,再切对半尾部不切断)、奶酪装饰。

（4）风味特点　色泽金黄,时尚味美。

83.蒜姜面包条

（1）原料配方　吐司2片,黄油25克,姜末5克,蒜泥10克。

（2）制作工具或设备　煎锅,西餐刀,烤盘,烤箱。

（3）制作过程

①吐司切条备用。

②有盐黄油用微波炉低火融化（要是用无盐黄油则融化后放盐），将姜末、蒜泥放进黄油里。

③用刷子蘸着煎香的姜末、蒜泥均匀地涂在吐司条上。

④烤盘里放锡纸，把面包条放在锡纸上，放于烤箱上数第二层，180℃，烤制 7~8 分钟即可。

（4）风味特点　色泽金黄，蒜姜味浓，口感酥脆。

84. 蔬果火腿面包

（1）原料配方　甜面包 4 片，鲜芒果 2 个，火腿 4 片，西生菜叶 4 块，鲜椰浆 1/4 杯，黄油 15 克，盐 1 克，胡椒粉 0.5 克。

（2）制作工具或设备　煎锅，西餐刀，烤盘，烤箱。

（3）制作过程

①芒果起肉，切片，西生菜叶洗净，沥干，火腿切条。

②甜面包片涂上黄油，上放生菜、火腿条和芒果片，最后添上调味料和鲜椰浆便可供食。

（4）风味特点　色泽艳丽，具有水果的香味。

85. 花开富贵面包

（1）原料配方　鸡胸肉 25 克，面包 4 片，白胡椒 0.5 克，盐 1 克，红葡萄酒 10 克，香肠片 15 克。

（2）制作工具或设备　煎锅，西餐刀，烤盘，烤箱。

（3）制作过程

①鸡胸肉用刀剁碎备用，面包切片切去四边成正方形备用。

②鸡肉泥用白胡椒、盐、红葡萄酒搅拌均匀备用，将面包片铺在底层，上面放一层鸡肉泥，铺满后再放上香肠片即可。

③烤箱预热至 150℃，隔水烤 20 分钟即可。

（4）风味特点　色泽金黄，造型如花，口感香酥。

86. 塔培那德酱面包

（1）原料配方　法国面包 1 条,去核黑橄榄 150 克,酸豆(Caper)
50 克,鳀鱼片 50 克,蒜 1 个,干邑酒(Cognac)1 茶匙,橄榄油 6 汤匙,
现磨黑胡椒 2 茶匙,绿橄榄 15 粒(包红甜椒块)。

（2）制作工具或设备　煎锅,煎铲,粉碎机,西餐刀,烤盘,烤箱。

（3）制作过程

①先将黑橄榄和酸豆放入粉碎机中,加入切碎的鳀鱼片、大蒜,
倒入橄榄油后,启动粉碎机,将所有调料打 2 分钟左右,至呈黏稠状。

②在调料中加入干邑酒和黑胡椒后,试尝调料的味道咸淡后,再
做添加。

③将法国面包斜切成 15 块后,涂上厚厚的调味酱。

④将绿橄榄对切,放在面包和调味酱上做装饰。

（4）风味特点　色泽艳丽,口味香,微辣,口感松软。

87. 火腿面包圈

（1）原料配方　面包 4 片,火腿 4 片,芦笋 12 小段,鸡蛋 240 克,
蛋黄酱 35 克。

（2）制作工具或设备　煎锅,煎铲,西餐刀,烤盘,烤箱。

（3）制作过程

①将面包两面稍微烤制,芦笋用水焯熟,鸡蛋煎成荷包蛋备用。

②在每片面包上放上火腿片,叠上荷包蛋,排上两小段芦笋,分
别淋上蛋黄酱即成。

（4）风味特点　甜咸适中,风味独特。

88. 面包粒沙拉

（1）原料配方　法国面包 1/2 条,番茄 1 个,黄瓜 1 个,紫红色卷
心菜 50 克,洋葱 1/2 个,黑橄榄 10 颗,生菜叶 20 克,白酒醋 30 毫升,
盐 2 克,黑胡椒 1 克,橄榄油 35 克。

（2）制作工具或设备　煎锅,煎铲,西餐刀,烤盘,烤箱。

（3）制作过程

①法国面包切丁,放入烤箱烤脆。

②将橄榄油与醋、盐、黑胡椒混合,以叉子快速搅匀,做成油醋酱汁备用。

③将番茄、黄瓜切丁,洋葱、卷心菜切丝和橄榄及生菜一起混合拌匀,最后加入烤脆的面包丁拌匀。

④沙拉在上桌前,拌入油醋酱即可。

（4）风味特点　色泽艳丽,清新爽口,口感酥脆。

89. 意大利面包布丁

（1）原料配方　黄油 15 克,小苹果 2 个,糖 75 克,朗姆酒 25 克,面包片 115 克,奶油 300 毫升,鸡蛋 120 克,橙子条 35 克。

（2）制作工具或设备　煎锅,煎铲,西餐刀,烤盘,烤箱。

（3）制作过程

①小苹果剥皮去核,切成圈。

②在盘子里加入奶油和鸡蛋,轻轻搅拌均匀。

③将苹果圈放在盘子底,撒上糖,然后倒上朗姆酒,加面包片,用手压扁,加上橙子条浸泡 30 分钟。

④放入烤箱中烤 25 分钟,即可。

（4）风味特点　色泽金黄,蓬松香浓,具有橙子的味道。

90. 黄油面包片

（1）原料配方　黄油 50 克,面包 100 克,橄榄油 25 克,苹果酱 1 瓶。

（2）制作工具或设备　煎锅,煎铲,西餐刀,烤盘,烤箱。

（3）制作过程

①将面包切成厚约 0.5 厘米的薄片,然后抹上橄榄油放入烤箱中烤约 15 分钟(无烤箱者可放在油锅中炸),取出。

②将烤干的面包片取出后,一面抹上黄油,一面抹上苹果酱即可食用。

（4）风味特点　脆松香甜,营养价值高。

91. 圣诞布丁

（1）原料配方　方面包8片,红糖100克,柠檬1粒,鸡蛋240克,葡萄干150克,白糖100克,朗姆酒100克,面粉100克,黄油150克,干果果仁50克。

（2）制作工具或设备　煎锅,煎铲,西餐刀,烤盘,烤箱。

（3）制作过程

①将面包撕成小块,与一个柠檬的柠檬皮,葡萄干,朗姆酒和红糖搅拌在一起待用。

②将生鸡蛋和100克白糖朝一个方向混合搅拌待用。

③将100克面粉与第(1)、(2)步骤中待用的材料混合搅拌至均匀。

④模子内侧刷上黄油,并在表面均匀撒上一层白糖。

⑤将步骤(3)中准备好的材料倒入模子压紧,放入烤箱以185℃,烤制20分钟。

⑥取出布丁,用新鲜可口的干果果仁装饰表面,待凉透后即可。

（4）风味特点　色泽金黄,口感松软,味道甜香。

92. 蓝莓面包布丁

（1）原料配方　面包200克,奶油奶酪120克,蓝莓50克,鸡蛋180克,牛奶120毫升,白糖50克,黄油25克,糖浆50克。

（2）制作工具或设备　煎锅,煎铲,西餐刀,保鲜膜,烤盘,烤箱。

（3）制作过程

①面包切块,奶油奶酪切成和蓝莓差不多大小的丁。

②烤盘里面薄薄地涂一层黄油。

③取一半的面包块,均匀地铺在烤盘里面,再撒上蓝莓和奶油奶酪,再撒上另一半面包块。

④黄油融化,晾凉;加入打散的鸡蛋,倒入牛奶、糖浆和白糖,搅拌均匀。

⑤把搅好的牛奶鸡蛋糊倒入烤盘,用手适当轻压面包以保证所

有的面包块都沾到了牛奶糊,用保鲜膜把烤盘封好放入冰箱冷藏几个小时。

⑥烤箱预热至185℃。

⑦烤盘用锡箔纸盖好放入烤箱烤30分钟,然后拿去锡箔纸再烤30分钟。

(4)风味特点　色泽金黄,内部软嫩。

93. 肉馅面包炸

(1)原料配方　面包100克,肉蓉150克,盐3克,料酒15克,姜末5克,葱花5克,蛋清1个,淀粉15克,芝麻25克,白胡椒粉1克。

(2)制作工具或设备　煎锅,煎铲,西餐刀,烤盘,烤箱。

(3)制作过程

①面包用刀切成片。

②肉蓉加上盐,料酒,姜末,葱花,蛋清,淀粉,白胡椒粉搅拌均匀上劲,形成肉馅。

③将肉馅均匀地抹在面包片上,沾一层芝麻。

④放入煎锅煎熟或放入烤箱烤熟即可。

(4)风味特点　色泽金黄,外酥里嫩。

94. 面包炸火腿

(1)原料配方　咸面包1包,火腿100克,鸡蛋60克,花生油500毫升(实耗油50克),干生粉15克,炼奶20克。

(2)制作工具或设备　煎锅,煎铲,西餐刀,烤盘,烤箱。

(3)制作过程

①咸面包去边皮,切成长块,火腿切长块。

②鸡蛋打散,加入生粉调成糊,然后把面包一面挂上糊,再把火腿粘上待用。

③煎锅下油,待油温达到100℃时,放入面包酿火腿,炸至金黄捞起,蘸炼奶佐食。

(4)风味特点　色泽棕黄,口感酥脆。

95.汉堡奶酥面包

（1）原料配方

①面包配方：高筋面粉210克，低筋面粉60克，奶粉20克，细砂糖40克，盐3克，酵母6克，全蛋30克，水85毫升，汤种84克，尤盐黄油22克。

②汉堡馅配方：碎牛肉300克，洋葱丁50克，胡萝卜碎30克，水煮蛋1/2个，胡椒2克，盐1小匙、淀粉15克，煎蛋6个，芝士片6个，球生菜1只，千岛酱150克，白芝麻15克。

③奶酥馅配方：无盐黄油40克，酥油30克，糖粉30克，盐3克，全蛋30克，玉米粉15克，奶粉80克。

（2）制作工具或设备　搅拌机，笔式测温计，西餐刀，饧发箱，保鲜膜，烤盘，烤箱。

（3）制作过程

①牛肉饼制作。将碎牛肉，洋葱丁，胡萝卜碎，水煮蛋1/2个切碎，胡椒，盐，淀粉拌匀后，以同方向搅打至有黏性，均分成6份，揉成圆球状，放入平底锅中用煎铲压成圆形饼状，翻煎至两面金黄即可。

②奶酥馅制作。将黄油与酥油搅拌均匀，糖粉过筛与盐一起加入，略打发，全蛋分次加入搅拌均匀，将玉米粉与奶粉倒入，拿橡皮刮刀用切拌方式拌匀即可。

③面团调制。将面团配方中的材料（除了黄油）放入搅拌机的搅拌桶中，中速搅拌15分钟，加入黄油，继续搅拌5分钟后，至面筋完成阶段，手撕时呈薄膜状。

④基础发酵。将搅拌桶放入饧发箱（在桶上盖一层保鲜膜），直至面团体积发酵后约为原来的2倍大。

⑤倒出面团，拍扁，分割成6份，每份约60克，滚圆，盖保鲜膜，在室温下中间发酵10分钟。

⑥将面团滚圆，抹上奶酥馅，撒上一层白芝麻，进行最后发酵约40分钟。

⑦最后发酵完成后取出，刷全蛋液，烤箱温度175～180℃，烘烤

15~20分钟。

⑧取出面包,分割成两半,放上牛肉饼、煎蛋、生菜片,浇上千岛酱,最后盖上面包盖即成。

(4)风味特点　色泽金黄,外酥里嫩。

96.面包布丁

(1)原料配方　吐司面包75克,鸡蛋2个,牛奶250毫升,黑提子25克,糖25克,黄油50克。

(2)制作工具或设备　煎锅,煎铲,西餐刀,烤盘,烤箱。

(3)制作过程

①50克鸡蛋加糖熘匀,冲入热牛奶拌匀。

②吐司面包去皮,切成片浸入溶化的黄油中。

③烤模中涂一点油,放入面包丁、黑提子冲入牛奶鸡蛋液,再放入多余的黄油,送入烤箱。

④放入烤箱,以180℃,烤成金黄色即可。

(4)风味特点　色泽金黄,口感软嫩。

97.香蒜番茄面包

(1)原料配方　番茄1个,干罗勒香草2克,面包片10块,黄油50克,蒜粉3克,奶酪块25克。

(2)制作工具或设备　煎锅,煎铲,西餐刀,烤盘,烤箱。

(3)制作过程

①方面包片对角切两半成三角形,将黄油抹到面包片上,撒上蒜粉,放入烤箱。

②番茄切碎小块,待面包稍微变黄后将番茄块、奶酪块铺在面包上,撒上干罗勒香草,再放入烤箱直到面包焦黄。

(4)风味特点　色泽焦黄,外酥里嫩,具有奶酪和香草的香味。

98.鲜奶面包布丁

(1)原料配方　方面包片4片,鸡蛋2个,鲜奶200毫升,砂糖50

克,提子干 25 克,黄油 50 克。

(2)制作工具或设备 煎锅,煎铲,西餐刀,烤盘,烤箱。

(3)制作过程

①方面包片切边(不切也行),对角切成三角形,然后每片面包上涂一层黄油。

②将处理好的面包片均匀排在一个长方形的烤盘内。

③将鲜奶、糖及蛋汁搅匀,倒入烤盘内,然后把提子干均匀撒在面包上。

④烤箱预热至200℃,烤 10 ~ 15 分钟,面包表面呈金黄色即可。

(4)风味特点 色泽金黄,口感软嫩。

99. 面包比萨

(1)原料配方 切片方面包 1 片,马苏里拉奶酪 25 克,青豆 15克,玉米粒 15 克,火腿丁 15 克,番茄沙司 25 克,黑橄榄碎 15 克,比萨香草1 克。

(2)制作工具或设备 搅拌机,笔式测温计,西餐刀,饧发箱,烤盘,烤箱。

(3)制作过程

①青豆、玉米粒用开水焯熟,奶酪切碎或擦成丝。

②面包片上先薄薄地抹一层番茄沙司,然后再撒上部分奶酪丝。

③上面接着撒上青豆、玉米粒和火腿丁。

④在最上层撒上奶酪丝,再撒上比萨香草和黑橄榄碎。

⑤烤箱预热至200℃,烤 10 分钟即可。

(4)风味特点 色泽金黄,口感香酥。

100. 蛋汁面包

(1)原料配方 全麦面包 50 克,鸡蛋 120 克。

(2)制作工具或设备 煎锅,煎铲,西餐刀,烤盘,烤箱。

(3)制作过程

①把全麦面包稍切小块,裹上蛋液。

②煎锅里倒少许油,用中火煎黄。

③撒上盐和胡椒粉即可。

(4)风味特点　色泽金黄,口感酥脆。

第四节　酥油面包

1.菲律宾香叶面包

(1)原料配方　高筋面粉 1600 克,低筋面粉 400 克,酵母 30 克,盐 35 克,白糖 400 克,高级无水酥油 160 克,鸡蛋 100 克,奶粉 80 克,超软改良剂 10 克,水 1000 毫升,丹麦酥片油 550 克。

(2)制作工具或设备　和面机,笔式测温计,西餐刀,饧发箱,烤盘,烤箱。

(3)制作过程

①将配方中所有原料(无水酥油和酥片油除外)一起放入搅拌桶,用搅拌机低速搅拌 2 分钟,再转高速搅拌 4 分钟。

②加入无水酥油低速搅拌均匀,使面筋扩展 95%,面团温度为 25℃。

③将面团放入冷柜松弛 2 小时,然后取出裹入酥片油折三个三折,再放入冷柜松弛 30 分钟左右,最后取出造型。

④最后饧发 90 分钟,温度 35℃,相对湿度 75%。

⑤烘烤,上火 200℃,下火 180℃,时间约 12 分钟。

(4)风味特点　油酥松软,色泽金黄,形状如叶。

2.三瓣丹麦吐司

(1)原料配方　高筋面粉 280 克,低筋面粉 70 克,温开水 235 毫升,盐 3 克,糖 20 克,脱脂奶粉 15 克,黄油 50 克,酵母 3 克,鸡蛋 60 克。

(2)制作工具或设备　搅拌桶,笔式测温计,西餐刀,饧发箱,擀面杖,吐司模,烤盘,烤箱。

（3）制作过程

①面团搅拌扩展成薄膜展开状，置于室温基本发酵 15～20 分钟后，放入冷冻箱。

②冷冻后用手压入面团有指纹表示松弛够，取出预先冷藏备好的裹入用黄油，包在面团内接口两边压紧，放入冰箱。

③将面团取出，擀开面带长度 96 厘米左右三折一次，再接着擀三折两次，放入冷冻冰 25～30 分钟。

④再次取出面团，再擀开长度 96 厘米左右三折第三次，再放入冷冻 25～30 分钟冰硬面带。

⑤取出擀成长 40 厘米，宽 30 厘米的起酥面带，将面带两边修整齐。

⑥分割成 6 等份，每等份 360 克，再切成 3 条（上端不要切断）。

⑦先将左辫放入中辫和右辫之间，将三条交叉编成麻花辫，最后将编成辫子两头对折到底部，长度与烤模长度相同。

⑧用手压平后放入烤模中，纹路向上，放入模中，最后放入发酵箱，发酵 50～55 分钟。

⑨取出发酵约九分满的麻花辫，表面均匀地刷上蛋汁后入烤箱烤焙。

⑩烤焙后立即出炉，脱模，以防产品收缩变形。

（4）风味特点　色泽金黄，外酥脆内松软。

3. 丹麦水果面包

（1）原料配方　高筋面粉 240 克，低筋面粉 60 克，温水 120 毫升，酵母 8 克，鸡蛋 60 克，砂糖 20 克，盐 5 克，黄油 50 克，裹入用黄油 200 克，苹果 1 个，沙拉酱 50 克，苹果酱 50 克。

（2）制作工具或设备　搅拌桶，笔式测温计，西餐刀，饧发箱，擀面杖，吐司模，保鲜膜，烤盘，烤箱。

（3）制作过程

①将酵母和温水混合搅拌匀，静置 10 分钟备用。

②将鸡蛋放入搅拌桶内打散，边搅拌边加入水、糖、盐搅拌到糖溶化。

③加入高筋面粉、低筋面粉,酵母水搅拌成面团,最后加入化软的 50 克黄油拌匀,继续搅拌至面团光滑,稍有筋度即可。

④面团在常温下松弛 30 分钟,用保鲜膜包好放入冰箱冷藏 1~4 小时。

⑤案板上撒一些面粉防粘,用擀面杖敲打裹入用黄油,整形成厚 1.5 厘米的长方形片状。擀薄后的黄油软硬程度应该和面团硬度基本一致,经过敲打如果太软可放冰箱冷藏一会儿待用。

⑥从冰箱取出面团,先放置回室温 15 分钟,再用擀面杖擀成长方形。擀的时候四个角向外擀,这样容易把形状擀得比较均匀。擀好的面片,其宽度应与整形后的黄油的宽度一致,长度是黄油的三倍。把整形后的黄油放在面片中间。将两侧的面片包住黄油,然后将上下端捏死。

⑦将面片擀长至厚 1.5 厘米,然后像叠被子一样叠四折,包保鲜膜后放冰箱冷藏松弛 20 分钟;从冰箱取出面团,再擀开成 1 厘米厚的长方形,将面片折三折后放入冰箱再松弛 20 分钟,再重复一次即可。

⑧从冰箱取出面团,稍恢复室温后,用擀面杖将其擀成 0.5 厘米厚的面片。

⑨用直尺和轮刀将面片裁成整齐的长方形,再用轮刀切成大小均匀的正方形。

⑩将正方形小面片对折,在对折后的三角形两边 1 厘米处各切一刀,注意不要切断,然后打开三角形成正方形,将两边的切口对折成中空的菱形面皮。

⑪将整形面皮排入烤盘中饧发约 25 分钟,为使饧发的温度和湿度更合适,可以将烤盘整个放入烤箱,并同时放一盘开水关上炉门,至面团膨胀至 1.5 倍即可。

⑫水果切成片状。

⑬烤前刷上蛋黄液,中间挤入少量沙拉酱,放上苹果片,在苹果片外再刷上一层苹果酱。

⑭烤箱预热至 200℃,放烤箱中上层,烤约 15 分钟即可。

(4)风味特点　色泽金黄,酥脆甘香,果味突出。

4.丹麦牛角面包

（1）原料配方　高筋面粉240克,低筋面粉60克,水120毫升,黄油30克,酵母7克,砂糖20克,盐5克,鸡蛋60克,麦淇淋200克。

（2）制作工具或设备　搅拌桶,笔式测温计,西餐刀,饧发箱,擀面杖,吐司模,保鲜膜,烤盘,烤箱。

（3）制作过程

①水加热至微热,将酵母溶于水中搅拌混合,静置10分钟备用。

②将高筋面粉、低筋面粉、砂糖、盐、鸡蛋加上酵母水,放入搅拌桶中,中速搅拌10分钟成团,最后再加入黄油,继续搅拌成光滑、面筋扩展的面团。

③将揉匀的面团用保鲜膜盖好,放在室温中松弛20分钟。

④放入冰箱冷藏1~4小时。

⑤从冰箱取出,再放置回温,用擀面杖擀开成2厘米厚的长方形。

⑥将麦淇淋擀成面团的1/2大小,然后将其放在面团的左边摆齐。

⑦将面团对折,覆盖住麦淇淋,用手将面团重叠口轻轻压实捏紧。

⑧用擀面杖来回擀,将面团擀开成1厘米厚的长方形,擀面时力度适中以免擀穿面团。

⑨将面团折三折后就用保鲜膜包好放入冰箱冷冻20分钟。

⑩冷却20分钟后取出再次擀开,再将其折三折,再次冷冻。

⑪如此来回三次后把面团擀开成0.5厘米厚的长方形。

⑫将擀成0.5厘米厚的长方形切成适量大的等腰三角形,在三角形底边中间开一小口。

⑬将小口处的面块向左右两边轻轻撕开,撕开的小角向内折入。

⑭用左手捏住三角形顶角,右手把面块从底边向顶角卷起成牛角形。

⑮排入烤盘,中间发酵 1 小时至体积为原来的 3 倍左右。

⑯烤前刷上蛋液,烤箱预热至 175℃,约烤 15 分钟。

(4)风味特点　色泽金黄,外皮酥脆,内部松软,形状美观。

5. 丹麦奶油牛角面包

(1)原料配方

①面团配方:高筋面粉 400 克,牛奶 225 毫升,快速干酵母 9 克,细砂糖 15 克,盐 8 克,软化黄油 40 克,裹入用黄油 225 克。

②鲜奶油馅:鲜奶油 120 克,糖粉 75 克。

(2)制作工具或设备　搅拌桶,笔式测温计,西餐刀,饧发箱,擀面杖,吐司模,保鲜膜,保鲜袋,裱花嘴,烤盘,烤箱。

(3)制作过程

①鲜奶油馅调制。将鲜奶油和糖粉放入搅拌桶中,用搅拌机搅打成膨松羽毛状,即可。

②牛奶加热至沸腾,冷却至温热后,加入酵母溶解,静置 10 分钟备用。

③添加除裹入用黄油外的所有原料,放入搅拌桶中搅拌 5 分钟,形成光滑的面团,用保鲜膜包裹好,放在冰箱内冷藏 30 分钟。

④取裹入用黄油,用刀切成小块,然后装入保鲜袋,用擀面杖压成薄片,压好后放冷藏室冷藏至硬。

⑤将冷藏好的面团取出,擀成长方形,把黄油薄片放在中央。

⑥把一端的面片折起来,盖在黄油上,把另一端的面片也向中间折。

⑦用手把一端捏死。从捏死的一端,用手贴着面片向另一端方向压,把面片里的气泡压向另一端,等气泡排出后,把另一端也捏死。

⑧面片收口向下放置,再一次擀开成长方形。用擀面杖向面片的四个角擀,容易擀成规则的长方形。如果在擀的过程中,发现面片里还裹有气泡,用牙签扎破,使空气放出。

⑨将擀开后的面片折三折。放入冰箱松弛 20~30 分钟,这是第一轮三折。

⑩松弛好的面片,再次擀开成长方形,进行第二轮三折。三折后再擀开成长方形,进行第三轮三折。至此三轮三折完成。如果在擀的过程中,感到面片回缩不好擀开,或者黄油开始融化,则可以再放到冰箱松弛 20 分钟。如遇天气太热黄油太软,可以放到冷冻室,使黄油冻硬后再操作。

⑪三轮三折后的面团,用擀面杖轻轻擀成长条状。

⑫在擀成长条的面片上,用刀划出规则的三角形。如果有条件,可以用尺子测量,尽量做到划分均匀。

⑬划分好后,取一个小三角形面片,在三角形底部中点处划一道口子,用两只手,捏住两个角,向上卷。

⑭卷好后,排入烤盘,置于温度 30℃,湿度 65% 处进行最后发酵。

⑮发酵完成后,在表面轻轻刷上蛋液,200℃,烤焙 15 分钟左右。

⑯在牛角包的内部,用裱花嘴挤入膨松鲜奶油馅心即可。

(4)风味特点　色泽金黄,外酥脆里细腻。

6.肉桂奶油面包

(1)原料配方

①面团配方:高筋面粉 250 克,食盐 3 克,黄油 30 克,鲜酵母 15 克,白糖 20 克,温水 20 毫升,牛奶 110 毫升,裹入用人造奶油 140 克。

②馅料配方:奶油 100 克,肉桂粉 2 克,白糖粉 50 克,白葡萄干 25 克,鸡蛋 25 克。

(2)制作工具或设备　搅拌桶,笔式测温计,西餐刀,饧发箱,擀面杖,吐司模,保鲜膜,保鲜袋,烤盘,烤箱。

(3)制作过程

①馅料调制。将奶油放入容器中加热溶化,然后加入白糖粉和肉桂粉调匀即可。

②面团的制作方法参考 5.丹麦奶油牛角面包。

③将三轮三折后的面团,擀叠成长 35 厘米、宽 22 厘米的长方形

薄片。在面上涂肉桂奶油,再涂上白葡萄干卷起来切成3.5厘米厚的片形共6片,每片再切两刀,不切断,使三片连在一起,然后把它张开像扇子一样平放在烤盘上。

④将面包坯放进饧发箱。饧发箱内温度为28~30℃,待体积增加五成即可在其表面刷蛋液进炉。

⑤放入烤箱,以炉温225℃烤至表面呈金黄色即可出炉。

(4)风味特点　色泽金黄,呈扇形,有肉桂奶油香味。

7. 奶油螺丝卷面包

(1)原料配方

①面团配方:高筋面粉250克,奶油30克,食盐3克,鲜酵母15克,白糖20克,温水20毫升,牛奶120毫升,裹入人造奶油140克,鸡蛋25克。

②馅料配方:奶油150克,牛奶90毫升,鸡蛋25克,白糖150克。

(2)制作工具或设备　搅拌桶,笔式测温计,西餐刀,饧发箱,擀面杖,吐司模,保鲜膜,保鲜袋,裱花袋,烤盘,烤箱。

(3)制作过程

①馅料调制。将白糖、鸡蛋和牛奶置锅中边加温边搅拌直至将沸取下自然冷却。将奶油切成小块放入圆底容器中用搅拌机打松。然后将已烧热的糖牛奶分几次倒入,搅至奶油与糖牛奶融合一体呈细腻的油膏即成。

②面团的制作方法参考5.丹麦奶油牛角面包。

③将三轮三折后的面团,擀成长30厘米,宽25厘米的长方形面包,切成长30厘米、宽3厘米的长条共20条,放在台板上静置10分钟左右,然后卷在表面刷过黄油的锥形筒上,要求从锥头卷起,卷时不要拉紧,卷完后末端要捏紧,接着朝下逐个放在烤盘上。

④放入饧发箱,待面包坯体积增加1倍左右取出。

⑤表面刷蛋液即可进炉烘烤,炉温200℃烤至表面呈金黄色出炉。

⑥待面包冷却后从锥形模中取下。把奶油膏装入角袋中,左手

拿住螺丝卷面包,右手持裱花袋将奶油膏挤入螺丝卷面包中。若没有裱花袋也可以采用小匙舀取奶油膏填入螺丝卷面包中,不过开口处形态差些。

(4)风味特点　呈螺丝形面包,心松软,馅细腻,奶油味浓郁。

8.富士苹果面包

(1)原料配方

①面团配方:高筋面粉900克,低筋面粉100克,酵母20克,盐15克,白糖150克,无水酥油100克,鸡蛋100克,牛奶150毫升,面包改良剂10克,酥片油379克,水350毫升。

②富士苹果馅料配方:即溶吉士粉50克,富士苹果泥80克,牛奶100毫升,杏仁片15克,糖粉15克。

(2)制作工具或设备　搅拌桶,搅拌机,笔式测温计,西餐刀,饧发箱,擀面杖,吐司模,烤盘,烤箱。

(3)制作过程

①馅料调制。将富士苹果泥放入搅拌桶中,加入即溶吉士粉,加入牛奶搅拌均匀即可。

②将配方中所有原料用搅拌机低速搅拌2分钟,然后转高速搅拌8分钟,搅拌完成的面团理想温度为26℃。

③将面团放入2℃的冷柜中冷冻30分钟,然后取出面团裹入酥片油,折两个三折、一个两折。

④将面团擀成7毫米厚和40厘米长,卷起面团并切成蜗牛的形状,将平放好的面团轻压一下,在中间挤入富士苹果馅,封口并放入模具中。

⑤放入饧发箱,最后饧发60分钟,饧发温度32℃,相对湿度80%。

⑥烘烤,上火180℃,下火190℃,时间约20分钟。

⑦烘烤前刷蛋液并撒上杏仁片和糖粉。

(4)风味特点　色泽金黄,质地酥软,苹果味浓。

9. 奶油咸面包

（1）原料配方 富强粉 600 克,蛋黄 100 克,奶油 100 克,食盐 12 克,猪油 40 克,干酵母 5 克,白糖 50 克,温水 300 毫升。

（2）制作工具或设备 搅拌桶,笔式测温计,西餐刀,饧发箱,擀面杖,吐司模,烤盘,烤箱。

（3）制作过程

①将干酵母放入 100 毫升温水中溶化,静置 10 分钟备用。

②将白糖、猪油、蛋黄置搅拌桶中,加入 200 毫升温水搅拌至溶化后,再倒入用温水溶化的酵母液一起搅匀;逐渐拌入面粉和成光滑的面团置饧发箱发酵。

③将发酵成熟的面团放在案板上,摊成长方形,擀成 1 厘米厚的坯皮,再将奶油放在台板上搓软平铺在坯皮上,撒些食盐将面皮折成二折,再擀开,折成三折,连做 3 次,最后擀成 1 厘米厚的长方形,用刀切成 30 厘米长、10 厘米宽的长条,拉住条子的一头双手向前推卷使其成为纺锤形。逐一放在盘上进饧发箱发酵。

④待面包坯发至七成,表面刷蛋液。

⑤放入烤箱,炉温控制在 200～220℃,烤制 15 分钟。

（4）风味特点 色泽金黄,皮脆心软,肥润不腻。

10. 起酥甜面包

（1）原料配方

①面团配方:高筋面粉 250 克,奶粉 10 克,盐 2 克,糖 50 克,鸡蛋 60 克,酵母 8 克,植物油 25 克。

②酥皮配方:高筋面粉 125 克,水 75 毫升,糖 5 克,植物油 15 克,酥油 100 克。

（2）制作工具或设备 搅拌桶,笔式测温计,西餐刀,饧发箱,擀面杖,吐司模,烤盘,烤箱。

（3）制作过程

①面团调制。将所有材料放入搅拌桶中和成面团,基础发酵 90

分钟;将发酵好的面团分成 8 个大小一样的面团,滚圆,中间发酵 15 ~ 20 分钟;每个面团再揉好滚圆,进行 40 ~ 50 分钟的最后发酵。

②酥皮调制。将高筋面粉、水、糖、植物油等放入搅拌桶中,搅拌成表面光滑的面团,松弛 30 分钟。

③将面团擀成一个长方形的面饼,酥油也擀成面饼 1/3 大小的薄片,将酥油放在面皮上,折三折,用擀面杖轻轻敲打,使面皮涨大。

④折三折,放入冰箱松弛 10 分钟,如此反复 3 次,最后一次,取出后,将面擀成一个长方形的薄饼,然后修边,切成 8 个方块。

⑤在起酥皮放进冰箱第一次松弛时,将面包整好形,进行最后发酵,在面包表面刷牛奶或者鸡蛋液,盖上起酥皮,起酥皮表面也刷蛋液。

⑥烤箱预热,上火 210℃,下火 160℃,烤制 20 分钟。

(4)风味特点　色泽金黄,外皮酥松,内部松软。

11. 丹麦肉松牛角面包

(1)原料配方　高筋面粉 120 克,低筋面粉 30 克,水 60 毫升,无盐黄油 30 克,酵母 4 克,砂糖 10 克,盐 3 克,全蛋 25 克,麦淇淋 100 克。

(2)制作工具或设备　搅拌桶,笔式测温计,西餐刀,饧发箱,擀面杖,吐司模,保鲜膜,烤盘,烤箱。

(3)制作过程

①将酵母放入容器中,放入少量温水,搅拌匀,静置 10 分钟备用。

②将鸡蛋放入搅拌桶内打散,边搅拌边加入水、砂糖、盐搅拌到糖溶化;然后加入高筋面粉、低筋面粉、酵母水搅拌成团,最后加入无盐黄油,继续搅拌成面筋扩展的面团。

③在常温松弛 30 分钟,用保鲜膜保好放入冰箱冷藏 1 ~ 4 小时。

④从冰箱取出面团,先放置回室温,再用擀面杖擀成 2 厘米厚的长方形,将麦淇淋擀成面团的 1/2 大小,麦淇淋应该与面团的软硬度一致。

⑤麦淇淋放在面团的中间,将面团对折,包住麦淇淋,轻轻压实重叠处。

⑥用擀面杖将面团擀开成 1 厘米厚的长方形,将面三折放入冰箱冷冻 20 分钟;再次三折再冷冻,如此三次后擀开成 0.5 厘米厚的长方形。

⑦将擀成 0.5 厘米厚的面团用直尺定位后,用轮刀切成等腰三角形。

⑧在三角形底边开一个小口,底部卷入一些肉松,向上卷起。

⑨间隔均匀地排入烤盘中,置于饧发箱,最后发酵 1~2 小时,温度 35℃,湿度 85%。

⑩取出面包坯,烤前刷上蛋黄液,以 200℃ 的炉温,烤约 15 分钟。

(4)风味特点 色泽金黄,外皮酥脆,内部松软,馅心香咸。

12. 丹麦玉桂柱

(1)原料配方 高筋面粉 1000 克,白糖 160 克,精盐 12 克,水约 500 毫升,黄油 80 克,鸡蛋 100 克,酵母 8 克,改良剂 3 克,提子 200 克,玉桂粉 3 克。

(2)制作工具或设备 搅拌桶,笔式测温计,西餐刀,饧发箱,擀面杖,吐司模,烤盘,烤箱。

(3)制作过程

①将水、白糖、鸡蛋等放入搅拌桶中混合拌至糖溶,加入高筋面粉、酵母、改良剂搅拌成团,加入黄油,搅拌至面筋扩展。

②面团静置,冷冻 15 分钟,包入面粉量 50%~60%,起酥折叠 3 次(每次折 3 层),若是不好操作,可冷冻片刻。

③开好酥后,把面团酥开成长方形,扫一层鸡蛋液,撒上提子和玉桂粉,从一边卷起成圆柱长条形,放入冰箱冻硬,取出切段。

④置于饧发箱,发酵 45 分钟,刷上蛋液烘烤。

⑤放入烤箱,以上火 220℃,下火 200℃,烤制 15 分钟。

(4)风味特点 色泽金黄,形似柱状,外酥里软。

13. 健康酥皮面包

（1）原料配方　牛奶 150 毫升，鸡蛋 180 克，高筋面粉 500 克，糖 80 克，盐 3 克，发酵粉 3 克，黄油 150 克，碎杏仁 15 克。

（2）制作工具或设备　搅拌桶，笔式测温计，西餐刀，饧发箱，擀面杖，吐司模，保鲜膜，烤盘，烤箱。

（3）制作过程

①将牛奶、鸡蛋、高筋面粉、糖、盐、发酵粉等原料，依次放入搅拌桶中，一直搅拌到面团光滑不粘手，可以撑出薄膜。

②取出面团，滚圆，放到抹了油的盆里，转一圈，让面团表面都沾上油，放在饧发箱中，发酵到原来面团体积的 2~3 倍大。

③发酵好的面团擀成长方形，放在大烤盘里，盖上保鲜膜纸，放在冰箱里 1 小时左右。

④把面团拿出来，擀成大的长方形薄片，抹上一半黄油，两面向中间折起来，把剩下的黄油抹上去，再对折。

⑤把面团切成 3 份，取其中的一份，另外两个可以包好放在冰箱里。

⑥剪成 3 条，一头不要剪断，编成辫子，两头折到下面，放进抹了油的小吐司盘里。

⑦放入饧发箱，做第二次发酵，大概需要 30 分钟。

⑧预热烤箱到 185℃。

⑨发酵好的面包表面刷上蛋液，撒上碎的杏仁，烤 20 分钟左右。

（4）风味特点　色泽金黄，外酥脆，内松软，油润适口。

14. 丹麦式草莓酱面包

（1）原料配方　富强粉 500 克，奶油 25 克，白糖 60 克，改良剂 0.5 克，鸡蛋 100 克，鲜酵母 25 克，食盐 7.5 克，牛奶 250 毫升，奶粉 15 克，裹入用人造奶油 280 克，草莓酱 100 克。

（2）制作工具或设备　搅拌桶，搅拌机，笔式测温计，西餐刀，饧发箱,擀面杖,吐司模,保鲜膜,保鲜袋,烤盘,烤箱。

（3）制作过程

①面团的制作方法参考5.丹麦奶油牛角面包。

②取出三轮三折后的面团,将面团擀成长35厘米、宽21厘米的长方形,再切成边长7厘米的方块共15块,面团中央放一匙草莓酱,然后双手各持一角折合成菱形。

③将菱形面包坯放入刷油的烤盘中,置于饧发箱,最后发酵1~2小时,取出后刷上蛋液。

④放入烤箱,炉温220℃,烤制18分钟左右。

（4）风味特点　色泽金黄,外皮酥脆,甜酸适口。

15.丹麦水蜜桃面包

（1）原料配方　高筋面粉450克,黄油25克,白糖60克,改良剂0.5克,鸡蛋100克,鲜酵母25克,食盐7.5克,牛奶220毫升,奶粉15克,裹入用人造奶油240克,奶油布丁馅100克,罐头水蜜桃36片。

（2）制作工具或设备　搅拌桶,搅拌机,笔式测温计,西餐刀,饧发箱,擀面杖,吐司模,保鲜膜,保鲜袋,烤盘,烤箱。

（3）制作过程

①面团的制作方法参考5.丹麦奶油牛角面包。

②取出三轮三折后的面团,把面团擀成厚约0.3厘米的长方形,用轮刀切成12个细长条。手拿一条边扭盘成圆形放在刷油的烤盘上。

③置于饧发箱,最后发酵20分钟。

④把奶油布丁馅在面包上中间的位置挤一圈。水蜜桃一切为四放在奶油布丁馅中间。

⑤刷上蛋液即可。依次逐个做完即可。

⑥放入烤箱,炉温220℃,烤制18分钟左右。

（4）风味特点　色泽金黄,外皮酥脆,有水蜜桃的香味。

16. 丹麦羊角面包

（1）原料配方　高筋面粉 1500 克,鲜酵母 30 克,水 600 毫升,食盐 25 克,糖 100 克,黄油 350~450 克。

（2）制作工具或设备　搅拌桶,搅拌机,笔式测温计,西餐刀,饧发箱,擀面杖,吐司模,烤盘,烤箱。

（3）制作过程

①将配方中除黄油外所有原料放入搅拌桶中,先用 30 转/分的慢速搅拌 3 分钟,再用 70~80 转/分的高速搅拌 12 分钟,形成面筋扩展、光滑的面团。

②调好的面团放在冷藏室(0℃)1~24 小时。

③冷冻后的面团压成片,包上黄油再反复压几次。

④取出擀好的面团,用轮刀切成长方形面坯,斜卷成卷,呈羊角或新月状。

⑤成形后在室温条件下饧发 90 分钟,然后在 38℃,相对湿度 85% 的条件下最后饧发 10~15 分钟。

⑥给饧发的羊角面包坯刷上蛋液。

⑦在 230℃ 条件下烘烤 17 分钟左右(面包重约 50 克)。

（4）风味特点　色泽金黄,形似羊角或新月,起酥好,层次分明,松软香酥。

17. 起酥面包

（1）原料配方

①面团配方:高筋面粉 250 克,奶粉 15 克,盐 2 克,砂糖 40 克,鸡蛋 60 克,酵母 8 克,黄油 25 克。

②酥皮配方:高筋面粉 500 克,低筋面粉 500 克,黄油 50 克,细砂糖 50 克,全蛋 100 克,水 500 毫升,盐 5 克,裹入油 500 克。

（2）制作工具或设备　搅拌桶,搅拌机,笔式测温计,西餐刀,饧发箱,擀面杖,吐司模,烤盘,烤箱。

（3）制作过程

①面团调制。将所有原料（除黄油外）一起用搅拌机低速搅拌 2 分钟,高速搅拌 4 分钟,然后加入黄油低速拌匀,再高速搅拌 1 分钟,直至面筋充分扩展,面团温度为 28℃;让面团放入饧发箱发酵 20 分钟,分割、滚圆、再发酵 20 分钟;把面团分割成 60 克/个。（里面可以包红豆、椰子、奶酥、肉松等）,最后饧发 100 分钟,饧发温度为 38℃,相对湿度为 75%~80%。

②酥皮调制。将高筋面粉、低筋面粉、酥油、细砂糖、全蛋、水、盐搅拌至微光滑,取出冷藏松弛 30 分钟;然后放入裹入油 500 克,三折两次,冷藏松弛 30 分钟再三折一次,成长和宽为 13 厘米,厚为 0.25 厘米的正方形（冷藏备用）。

③喷水或表面盖上起酥皮刷全蛋,进炉烘焙。

④放入烤箱,以上火 210℃,下火 200℃,烤制 25 分钟。

（4）风味特点　小巧适度,色泽迷人,口感松脆。

18. 起酥肉松面包

（1）原料配方

①面团配方:高筋面粉 220 克,奶粉 10 克,盐 2 克,砂糖 35 克,鸡蛋 60 克,酵母 8 克,黄油 25 克。

②酥皮配方:高筋面粉 150 克,水 75 毫升,糖 5 克,植物油 15 克,黄油 100 克。

③馅心配方:肉松 150 克,葱末 15 克。

（2）制作工具或设备　搅拌桶,笔式测温计,西餐刀,饧发箱,擀面杖,吐司模,烤盘,烤箱。

（3）制作过程

①面团调制。所以材料放入搅拌桶中和成面团,置于基础发酵 90 分钟;将发酵好的面团分成 8 个大小一样的面团,滚圆,进行 15~20 分钟的中间发酵;每个面团再擀薄包入肉松,收口朝下,进行 40~50 分钟的最后发酵。

②酥皮调制。将高筋面粉,水、糖、植物油等放入搅拌桶中,搅拌

成表面光滑的面团,松弛 30 分钟。

③将面团擀成一个长方形的面饼,黄油也擀成面饼 1/3 大小的薄片,将黄油放在面皮上,折三折,用擀面杖轻轻敲打,使面皮涨大。

④折三折,放入冰箱松弛 10 分钟,如此反复三次,最后一次,取出后,将面擀成一个长方形的薄饼,然后修边,切成 8 个方块。

⑤在起酥皮放进冰箱第一次松弛时,将面包整好形,进行最后发酵。

⑥面包做好最后发酵后,在面包表面刷牛奶或者鸡蛋液,盖上起酥皮,起酥皮表面也刷蛋液。

⑦烤箱预热,以上下火 210℃,烤制 15 分钟。

(4)风味特点 色泽金黄,外皮酥松,内部松软,肉松香咸。

19.咖啡起酥面包

(1)原料配方

①面团配方:高筋面粉 400 克,低筋面粉 50 克,糖 60 克,鸡蛋 120 克,黄油 30 克,酵母 5 克,盐 5 克,奶粉 40 克,咖啡 10 克。

②酥皮配方:高筋面粉 450 克,低筋面粉 450 克,黄油 15 克,细砂糖 50 克,鸡蛋 75 克,水 500 毫升,盐 5 克,裹入油 400 克。

(2)制作工具或设备 搅拌桶,笔式测温计,西餐刀,饧发箱,擀面杖,吐司模,烤盘,烤箱。

(3)制作过程

制作过程参考 17.起酥面包。

(4)风味特点 色泽褐黄,口感松脆,具有咖啡的香味。

20.奶油起酥小面包

(1)原料配方 高筋面粉 300 克,奶油 25 克,水 150 毫升,奶粉 12 克,糖 25 克,盐 5 克,鲜酵母 15 克,裹入用人造奶油 150 克。

(2)制作工具或设备 搅拌桶,笔式测温计,西餐刀,饧发箱,擀面杖,吐司模,烤盘,烤箱。

(3)制作过程

①除奶油外所有原料按顺序放入搅拌桶内,慢速搅拌 2 分钟,待

拌匀后改中速搅拌至面筋扩展使面团较硬。

②将面团放入饧发箱中,面团温度24℃,基本发酵1.75小时。

③面团发好后放在工作台上用擀面杖擀成长方形,将人造奶油铺在面团表面2/3处,用三折法折三次后,用利刀切成5厘米宽的长条形,再切成小块,将切面向上放在烤盘中,最后发酵45分钟。

④放入烤箱,以温度185℃,烘焙15分钟即可。

(4)风味特点 色泽金黄,奶香十足,酥脆可口。

21. 麻花起酥面包

(1)原料配方 高筋面粉300克,奶粉15克,砂糖35克,盐3克,酵母6克,改良剂1克,鸡蛋30克,水150毫升,黄油45克,老面90克,麦淇淋165克。

(2)制作工具或设备 搅拌桶,笔式测温计,西餐刀,饧发箱,擀面杖,吐司模,保鲜膜,保鲜袋,烤盘,烤箱。

(3)制作过程

①将除黄油、麦淇淋外所有的原料混合,放入搅拌桶中,中速搅拌成团,加入黄油,搅拌至扩展状态。

②盖保鲜膜,送入冰箱隔夜松弛12小时以上。

③将麦淇淋打薄,将面团擀成麦淇淋的2倍大,然后把它包住,压好边。

④将包好麦淇淋的面皮擀开,三折后放入保鲜袋,入冰箱冷冻松弛30分钟。

⑤将面团取出,擀开,再三折,放入保鲜袋,入冰箱冷藏松弛30分钟。

⑥将面团取出,再次擀开,三折,放入保鲜袋,入冰箱冷藏松弛30分钟。

⑦三次三折之后擀成长方形,分成三份,每份切成厚0.5厘米,宽2厘米长条形。

⑧编成麻花形,折起,整形成三个一盒,放入饧发箱,最后发酵110分钟。

⑨取出面包坯刷上蛋液,放入烤箱,盖盖儿,以180℃烤35分钟。

(4)风味特点　色泽金黄,松软油润。

22.泡芙蜜豆夹心面包

(1)原料配方

①面团配方:高筋面粉220克,低筋面粉56克,奶粉20克,细砂糖42克,盐2克,干酵母6克,全蛋30克,水85毫升,汤种84克,黄油22克,蜜豆馅75克。

②泡芙配方:鸡蛋3个,黄油75克,水或牛奶100毫升,高筋面粉100克。

(2)制作工具或设备　搅拌桶,笔式测温计,西餐刀,饧发箱,擀面杖,吐司模,保鲜膜,保鲜袋,裱花袋,烤盘,烤箱。

(3)制作过程

①泡芙糊调制。先将面粉过筛两次,放一旁备用,鸡蛋打成蛋液;黄油和水放入小锅中,加热至黄油融化,继续加热至水沸腾,加入过筛的面粉用木勺快速搅拌后离火(一定要快火搅,不能糊掉,通过高温让面粉断筋),继续搅拌均匀至面团不粘锅底就关火(约30秒);面团冷却至60℃不烫手的温度时,加入鸡蛋液搅打均匀起泡成糊。

②面团调制。将面团原料中除黄油以外所有的原料放入面包机内,揉至面团出筋,加入黄油,连摔带揉至扩展状态。

③取一个保鲜袋,里面抹少许植物油并抹匀,将面团揉成圆形放在里边,封好口,送入冰箱冷藏室(保鲜袋要给面团留出足够的膨胀空间,最好大点的袋子),发酵12小时。

④将面团取出,室温下放置1小时左右。

⑤将面团分割成相等的份数,滚圆后松弛15分钟。

⑥松弛后的面团收口向下压成圆饼,翻面后中间包上蜜豆馅料。

⑦将包好馅的面团收口向下放好滚圆,放入饧发箱,进行第二次发酵,约1小时。

⑧用裱花袋把泡芙糊装在里面,剪一个小口,在二次发酵好的小餐包上挤上泡芙糊。

⑨放入预热至180℃的烤箱中层,上下火,烤制15分钟。

(4)风味特点　色泽金黄,外皮酥松,内部松软,馅心甜蜜。

23.起酥奶酥面包

(1)原料配方

①面团配方:高筋面粉250克,鸡蛋30克,水130毫升,奶粉15克,干酵母4克,细砂糖40克,盐2.5克,黄油60克。

②奶酥馅料配方:黄油60克,糖粉50克,鸡蛋20克,奶粉60克。

③酥皮配方:高筋面粉450克,低筋面粉450克,黄油15克,细砂糖50克,鸡蛋75克,水500毫升,盐5克,裹入用油400克,白芝麻15克。

(2)制作工具或设备　搅拌桶,笔式测温计,西餐刀,饧发箱,擀面杖,吐司模,保鲜膜,烤盘,烤箱。

(3)制作过程

①奶酥馅调制。黄油室温软化,加入糖粉打至颜色变白,体积变大;分两次加入蛋液,搅匀,最后加入奶粉,切拌均匀。

②酥皮调制方法参考17.起酥面包。

③面团调制。将面团原料中除黄油以外所有的原料放入盆中,揉至面团出筋;加入黄油,连揉带揉至扩展状态;将面团放入盆中,盖保鲜膜,放饧发箱中,进行基础发酵。

④基础发酵结束后,将面团分割成60克左右一份,滚圆后松弛15分钟。

⑤松弛后将面团压扁,翻面后包入奶酥馅,收紧口,免得烤焙时爆开。

⑥排入烤盘,送入饧发箱中,进行最后发酵1小时。(因为还要加盖酥皮,所以面包不要发得过大。)

⑦最后发酵结束,面团表面刷蛋液,盖上刷过蛋液的酥皮,撒上白芝麻装饰。

⑧送入预热至180℃的烤箱中层,上下火,烤制15分钟。

(4)风味特点 色泽金黄,外酥里嫩,馅心酥软。

24.层酥果酱面包

(1)原料配方 高筋面粉180克,低筋面粉45克,温水110毫升,干酵母3克,糖15克,鸡蛋60克,盐3克,黄油10克,麦淇淋100克,果酱150克。

(2)制作工具或设备 搅拌桶,笔式测温计,西餐刀,饧发箱,擀面杖,塔模,保鲜膜,烤盘,烤箱。

(3)制作过程

①酵母溶于温水并静置10分钟备用。

②将除黄油、麦淇淋以外的其他材料全部放在搅拌桶中,搅拌成面团,再将黄油加入,慢慢搅拌进面团,放上饧发箱,蒙上保鲜膜,进行第一次发酵,至原来体积的2.5倍大左右。

③桌面铺足够大的保鲜膜,将麦淇淋放上面,再蒙一层保鲜膜,用擀面杖将麦淇淋擀成整齐的长方形,放一旁备用。

④发酵好的面团取出,案板上撒些面粉,将面团擀成长度为麦淇淋三倍,高度略高一点的面片,将麦淇淋放到中间,然后用面片包起来,蒙保鲜膜,松弛20分钟。

⑤松弛完成,将包着麦淇淋的面片横过来,用擀面杖擀开成一个大的面片,再次三折起来,蒙保鲜膜,松弛20分钟。

⑥重复第5步2次。

⑦松弛好的面团,取出,擀成0.5厘米厚左右的面片。

⑧用塔模在面片上印出圆形圆片,在按压到塔模中,中间加果酱至8分满,放入饧发箱,进行第二次发酵,至原来体积的2倍大即可,表面刷牛奶。

⑨放入烤箱中层,以190℃,烤制20分钟左右。

(4)风味特点 色泽金黄,片状分层,酥脆油润,馅心甜蜜。

25. 丹麦面包

（1）原料配方　高筋面粉 230 克,低筋面粉 80 克,砂糖 45 克,鸡蛋 60 克,黄油 120 克,奶粉 20 克,水 140 毫升,酵母 3 克,盐 2 克。

（2）制作工具或设备　搅拌桶,搅拌机,笔式测温计,西餐刀,饧发箱,擀面杖,塔模,烤盘,烤箱。

（3）制作过程

①将高筋面粉、低筋面粉过筛后和砂糖、鸡蛋、奶粉、温水化开的酵母一起放入搅拌桶中,用搅拌机搅拌成面团。

②面团搅拌均匀后,加入 20 克左右提前从冰箱拿出放软的黄油继续搅拌,然后放入冰箱冷藏,15 分钟后取出。

③面团从冰箱拿出后,擀成长方形,包入拍扁的黄油后,擀平,再折三折,再擀平,如是三、四次,折好后松弛半小时。

④将松弛好的面包擀成 0.5 厘米厚的薄片,再松弛 15 分钟,然后用刀割成长长的三角形,从宽的一头卷至尖的一头。

⑤卷好的面包坯在饧发箱中发酵至原来体积的 2 倍大。

⑥刷上蛋液入预热过的烤箱,上下火,以 180℃,烤制 20 分钟左右。

（4）风味特点　色泽金黄,酥松油润。

26. 丹麦风车

（1）原料配方　高筋面粉 230 克,低筋面粉 80 克,砂糖 45 克,鸡蛋 60 克,黄油 120 克,奶粉 20 克,水 140 毫升,酵母 3 克,盐 2 克,糖粉 25 克,樱桃 15 粒,奶油膏 75 克。

（2）制作工具或设备　搅拌桶,搅拌机,笔式测温计,西餐刀,饧发箱,擀面杖,塔模,烤盘,烤箱。

（3）制作过程

①面团制法参考 25. 丹麦面包。

②将经过三次三叠法制成的面团薄片切成 10 厘米×10 厘米的正方形。从 4 个角的角尖向中心切 4 刀(不要切断),即将 4 个角均

一切为二成为 8 个角。

③将 8 个角中相间的 4 个角向中心折叠,并用力揿压使其粘住形似一只风车,放入烤盘,进饧发箱饧发至原来体积 2 倍时取出,在表面刷上蛋奶水。

④进炉烘烤,炉温上火 190℃、下火 160℃,烤至表面金黄色出炉,冷却后在表面撒上糖粉,在中央挤上鲜奶油放上樱桃即为成品。

(4)风味特点　色泽金黄,造型美观,形如风车。

27.丹麦菊花

(1)原料配方　高筋面粉 230 克,低筋面粉 80 克,砂糖 45 克,鸡蛋 60 克,黄油 120 克,奶粉 20 克,水 140 毫升,酵母 3 克,盐 2 克,豆沙 100 克,苹果酱 75 克。

(2)制作工具或设备　搅拌桶,搅拌机,笔式测温计,西餐刀,饧发箱,擀面杖,塔模,裱花袋,烤盘,烤箱。

(3)制作过程

①面团制法参考 25.丹麦面包。

②将经过三次三叠法制成的面团薄片,用圆刻模刻成 9~10 厘米直径的圆片。

③在其中的半个圆上涂上豆沙将另一半圆折过来盖在豆沙上。用刀在圆弧上等距离切 4 刀,将刀口处分开做成菊花状。放入烤盘进饧发箱饧发至原来体积 2 倍时取出,在表面刷上蛋奶水。

④进炉烘烤,炉温上火 200℃、下火 160℃烤至表面金黄色出炉,用带圆形裱花嘴的裱花袋装入苹果酱在面包上挤上果酱即为成品。

(4)风味特点　色泽金黄,造型美观,形如菊花。

28.丹麦柠檬

(1)原料配方　高筋面粉 230 克,低筋面粉 80 克,砂糖 45 克,鸡蛋 60 克,黄油 120 克,奶粉 20 克,水 140 毫升,酵母 3 克,盐 2 克,柠檬果酱 75 克。

（2）制作工具或设备　搅拌桶,搅拌机,笔式测温计,西餐刀,饧发箱,擀面杖,塔模,烤盘,烤箱。

（3）制作过程

①面团制法参考25.丹麦面包。

②将经过三次三叠法制成的面团薄片,用刀切成长10厘米、宽5厘米的长方形,在中间切一条长6厘米的刀口。

③把一头朝刀口内翻转两次,再用手将两头拉直后放入烤盘内进饧发箱饧发至原来厚度的两倍时,取出在表面刷上蛋奶水在中央挤上柠檬酱料。

④进炉烘烤,炉温上火200℃、下火160℃烤至表面金黄色出炉即为成品。

（4）风味特点　色泽金黄,有柠檬香味,美味可口。

29. 美式高档丹麦面包

（1）原料配方　高筋面粉150克,低筋面粉50克,细砂糖25克,盐2克,黄油20克,鲜酵母12克,改良剂1克,水85毫升,奶粉10克,香兰素0.1克,鸡蛋50克,面团裹入油75克。

（2）制作工具或设备　搅拌桶,搅拌机,笔式测温计,西餐刀,饧发箱,擀面杖,烤盘,烤箱。

（3）制作过程

①先将酵母和部分水混合在一起溶解,静置10分钟备用。

②在搅拌桶中加入黄油、细砂糖、盐、奶粉、改良剂,使用搅拌机中速搅拌拌至均匀混合和乳化状态。

③加入剩余的水和面粉,把溶解的酵母加在面粉上,先慢速搅拌将面粉与其他液体原辅料初步混合,再改用中速搅拌将面团搅拌至形成面筋。

④将面团搓圆,放置于平烤盘上进入1~3℃的冰箱(柜)中松弛,低温发酵3小时以上。

⑤将经过3小时以上低温发酵的面团滚压成厚约3厘米的面片以备包油。

⑥将裹入油脂涂抹在面片上,按需要包在中间;冬天时如果油脂太硬无法用来包油,此时可以用配方内的少量面粉与油脂一起用手反复搓擦,或在搅拌机内搅拌至不含颗粒为止,使其硬度与面团硬度一致,否则无法折叠操作,夏天时必须选择熔点高、塑性强的人造奶油或奶油(油脂的硬度都应和面团的软硬度一致,否则油脂会穿破面皮,使面团无法产生层次)。

⑦折叠的主要目的是使包入面团中的油脂经过折叠处理产生很多层次,面皮和油脂互相隔离不混淆。折叠方法有二折法即将包油后的面团滚压平整后,从中间对折在一起,该法起层少,效率低,不常用;常用的是三折法和四折法,四折法比三折法产生的层次更多。

⑧第一次折叠后的面团置于冰箱内冷藏、松弛 15 分钟左右,再做第二次折叠,第二次折叠后如果感觉到面团延伸性好,则可以连续进行第三次折叠;如果延伸性不好无法继续折叠,则可以再次冷藏、松弛,整个折叠过程最多折叠 3 次。

⑨要制作高质量的丹麦面包,折叠后的面团最好在 1 ~ 3℃的冰箱内发酵 12 ~ 24 小时,然后再取出成形;如果不想低温发酵这么长时间,亦可在冰箱中发酵 2 小时左右,如果不经过低温发酵、松弛,无法得到合格的丹麦面包;冷藏温度要严格控制在 1 ~ 3℃,如果温度低于 0℃,酵母多被冻成休眠状态,面团无法发酵,如果温度高于 3℃,面团发酵太快。

⑩丹麦面包的整形方法较多,还可以包馅成形,整形后的面包坯可在表面刷一层蛋水,使丹麦面包的表面色泽更加悦目和美观。

⑪丹麦面包在饧发时温度比常规方法要低,温度太高易使油脂从面粉中渗流出来,严重影响丹麦面包的层次和质量,湿度太高面包坯饧发时易变扁平,因此丹麦面包饧发时的温度为 35℃,相对湿度为 80%。饧发时间一般控制在成品面包的 2/3 左右为宜;如果饧发到成品体积,面团内的油脂、水分和酵母发酵产生的二氧化碳气体会在烤炉内使面包膨胀过度,出炉后严重收缩变形,饧发后的面包坯在入炉前需再刷一次蛋水,以增加面包的表面光泽。

⑫烘焙丹麦面包时不宜采用太高的温度,通常为 165 ~ 175℃,烘

焙时间为 10 ~ 15 分钟。

（4）风味特点　色泽金黄,香甜松软。

30. 美式中档丹麦面包

（1）原料配方　高筋面粉 220 克,低筋面粉 50 克,鸡蛋 25 克,盐 2 克,细砂糖 20 克,香兰素 0.1 克,黄油 25 克,鲜酵母 8 克,改良剂 1 克,水 145 毫升,奶粉 10 克,面团裹入油 75 克。

（2）制作工具或设备　搅拌桶,搅拌机,笔式测温计,轮刀,饧发箱,擀面杖,烤盘,烤箱。

（3）制作过程

①面团制法参考 29. 美式高档丹麦面包。

②案板上撒些面粉,面团放在上面擀成长方形。

③裹入奶油擀薄放中间两边面皮往里包,接口捏紧。包好放入冰箱饧发。

④取出面团轻轻、平均地擀开,再折三折放冰箱饧发,取出擀开折三折共折叠三次即可。盖好放冰箱冷藏 2 ~ 24 小时,在这段时间中随时可拿出来整形烤焙。

⑤将面团取出,擀薄,用轮刀切成条状,扭成麻花状,五个一组放入烤盘。

⑥放入饧发箱,最后发酵为原来面包坯体枳的 2 倍大。

⑦取出烤盘,在面包坯上刷上蛋液,放入烤箱,以 210℃,烤制 15 分钟。

（4）风味特点　色泽金黄,酥脆可口。

31. 基础丹麦面包

（1）原料配方　高筋面粉 700 克,低筋面粉 300 克,黄油 40 克,白砂糖 150 克,酵母 30 克,盐 15 克,冰水 250 毫升,奶粉 30 克,酥油 650 克,鸡蛋 150 克。

（2）制作工具或设备　搅拌桶,搅拌机,笔式测温计,西餐刀,饧发箱,擀面杖,保鲜膜,烤盘,烤箱,压面机。

（3）制作过程

①将除酥油外将其余的原料一起放入搅拌机中,充分搅拌成筋性面团。

②将搅拌好的面团静置 15 分钟后,分割成两块,分别用保鲜膜包好后放入冰箱冷冻 1 小时左右。

③用擀面杖将其压成薄片后包入酥油,用擀面杖敲打及擀至适当厚度后用压面机压至 7 毫米厚(但不能一下压至 7 毫米,要逐步进行),待压薄后折成三层。

④放入冰箱冷藏 15～20 分钟后再压成 7 毫米的薄片,再折成三层,如此反复三次(称作三次三叠法)面团制作即完成。

⑤将擀叠的面团,擀薄切成条状,三个一组,一起扭成麻花状两头打结捏紧。

⑥放入烤盘进饧发箱饧发至原来面团体积的 1～2 倍时取出,在表面刷上蛋奶水。但要注意蛋奶水不能刷在刀切面上以防黏结切面而影响烘烤后的层次。

⑦进炉烘烤,炉温上火 190℃、下火 160℃烤至表面棕红色且表皮较脆时取出。

（4）风味特点　松脆油而不腻,香味浓郁,形状美观,口味独特。

32. 玉桂丹麦面包

（1）原料配方　高筋面粉 210 克,低筋面粉 60 克,鸡蛋 25 克,盐 2 克,细砂糖 20 克,香兰素 0.1 克,黄油 25 克,鲜酵母 8 克,改良剂 1 克,水 145 毫升,奶粉 10 克,面团裹入油 75 克,玉桂粉 5 克,葡萄干 25 克,糖粉 15 克。

（2）制作工具或设备　搅拌桶,搅拌机,笔式测温计,轮刀,饧发箱,擀面杖,烤盘,烤箱。

（3）制作过程

①先将酵母和部分水混合在一起溶解,静置 10 分钟备用。

②在搅拌桶中加入油、糖、盐、奶粉、乳化剂,使用搅拌机中速搅拌至均匀混合和乳化状态。

③加入剩余的水和面粉,将溶解的酵母加在面粉上面,先慢速搅拌将面粉与其他液体原辅料初步混合,再改用中速将面团搅拌至形成面筋。

④将面团搓圆,放置于平烤盘上进入 1～3℃的冰箱(柜)中松弛,低温发酵 3 小时以上。

⑤将经过 3 小时以上低温发酵的面团滚压成厚约 3 厘米的面片以备包油。

⑥案板上撒些面粉,面团放在上面擀成长方形。

⑦裹入奶油擀薄放中间两边面皮往里包,接口捏紧。包好放入冰箱饧发。

⑧取出面团轻轻、平均地擀开,再折三折放冰箱饧发,取出擀开折三折共折叠三次即可。盖好放冰箱冷藏 2～24 小时,在这段时间中随时可拿出来整形烤焙。

⑨将面团取出,擀薄,刷上蛋液,撒上葡萄干,玉桂粉和糖粉,然后紧紧地卷起来。

⑩切成小块后立起,放入饧发箱,最后发酵为原来面包坯体积的 2 倍大。

⑪放入烤箱,以 210℃,烤制 15 分钟。

(4)风味特点　色泽金黄,酥脆可口,玉桂飘香。

33. 起酥三明治

(1)原料配方　高筋面粉 100 克,低筋面粉 100 克,黄油 35 克,鸡蛋 60 克,鸡蛋黄 20 克,水 85 毫升,细砂糖 25 克,起酥油 155 克,白吐司 30 克,猪肉松 15 克,奶酪 25 克,沙拉酱 25 克,盐 1 克。

(2)制作工具或设备　搅拌桶,搅拌机,笔式测温计,轮刀,饧发箱,擀面杖,烤盘,烤箱。

(3)制作过程

①酥皮调制。将高筋面粉、低筋面粉、黄油、细砂糖、鸡蛋、水、盐搅拌至微光滑,取出冷藏松弛 30 分钟;然后放入起酥油 155 克,三折两次,冷藏松弛 30 分钟再三折一次,然后用擀面杖擀成长宽各 35 厘

米的正方形酥皮后,静置30分钟备用。

②取白吐司用刀子横切成四片后,再涂抹一层沙拉酱。

③再把肉松、奶酪片分层平铺在吐司片上并且相叠覆盖后,再用刀子将吐司的四边切除备用。

④取酥皮面皮包住三明治,并在表面刷上一层全蛋液,并戳出数个小细洞。

⑤放入烤箱中以上火200℃、下火180℃烤约18分钟即可。

(4)风味特点　色泽金黄,外皮酥脆,内部松软咸鲜。

34.果酱小起酥

(1)原料配方　高筋面粉250克,黄油250克,盐2.5克,水125毫升,果酱50克,鸡蛋液25克,酵母3克,苹果酱45克。

(2)制作工具或设备　搅拌桶,搅拌机,笔式测温计,轮刀,饧发箱,擀面杖,烤盘,烤箱。

(3)制作过程

①将黄油在油纸上铺成2厘米厚方形片,放进冰箱冻结。

②将高筋面粉、盐、水和酵母使劲和成有弹性、筋力好的面团,然后在面团上画十字,刀口3/2深,盖上湿布静置40分钟松弛。

③将松弛后的面团擀成大片,将冻好的黄油包好,用擀面杖压出格子形,将油块压开并固定位置,然后擀成长方形大片,折叠,放进冰箱冷藏一会儿,再拿出擀平,再折叠,如此反复四次,成为起酥面坯。

④将面擀成5毫米厚的长方形大片,用刀切成6厘米宽的正方形,当中放入10克苹果酱,对折成三角形,表面刷上蛋液。

⑤烤箱预热至220C,烤20分钟待凉即可。

(4)风味特点　色泽金黄,酥脆甜香。

35.65℃汤种起酥火腿面包

(1)原料配方

①面团配方:高筋面粉210克,低筋面粉56克,奶粉20克,细砂糖42克,盐1/2茶匙,酵母6克,全蛋30克,水85毫升,汤种84克,

无盐黄油 22 克,裹入油 150 克,芝麻 15 克。

②馅心配方:土豆 25 克,胡萝卜 15 克,火腿片 35 克,黑胡椒粉 2 克,盐 3 克,熟鸡蛋丁 25 克,沙拉酱 50 克。

(2)制作工具或设备　搅拌桶,搅拌机,笔式测温计,轮刀,饧发箱,擀面杖,烤盘,烤箱。

(3)制作过程

①馅心调制。将土豆去皮切块,放入蒸锅,大火蒸熟后,用叉子碾碎;胡萝卜、火腿片、鸡蛋切碎,与土豆泥放入大碗备用;调入适量的盐、黑胡椒粉、沙拉酱,混合均匀即可。

②酥皮面团调制。将高筋面粉、低筋面粉、汤种、黄油、细砂糖、全蛋、奶粉、水、盐搅拌至微光滑,取出冷藏松弛 30 分钟;然后放入裹入油 150 克,三折二次,冷藏松弛 30 分钟再三折一次,再静置 30 分钟备用。

③然后用擀面杖擀成长宽各 12 厘米的正方形酥皮后,包入馅心收口朝下放入烤盘。

④表面刷蛋液,撒芝麻,放入饧发箱,进入最后发酵阶段,约 30 分钟(温度 38℃,湿度 85%)。

⑤放入烤箱,以上火 180℃,下火 150℃,约烤焙 15 分钟。

(4)风味特点　色泽金黄,酥脆可口。

36. 法式起酥点心面包

(1)原料配方

①面团配方:法式面包发酵面团 400 克,高筋面粉 1000 克,鲜酵母 30 克,麦芽浆 5 克,黄油 500 克,起酥用黄油 700 克,全蛋 400 克,蛋黄 100 克,脱脂乳粉 30 克,绵白糖 130 克,牛奶 150 毫升,食盐 20 克。

②填充馅心配方:核桃仁(烤熟)1000 克,蜂蜜 300 克,白糖 300 克,黄油 300 克,肉豆蔻 2 克。

(2)制作工具或设备　搅拌桶,搅拌机,笔式测温计,轮刀,饧发箱,擀面杖,辊压起酥机,保鲜袋,烤盘,烤箱。

（3）制作过程

①填充馅心调制。将配方中全部材料倒入煮锅中在火上加热，使其溶化，各种材料混合均匀。

②面团的调制与发酵。除黄油外，将其余的材料放入搅拌机中进行搅拌，低速 3 分钟，中速 10 分钟，加入黄油后继续搅拌，低速 2 分钟，中速 4 分钟，面团温度为 24℃。经调制的面团在温度为 28℃，湿度为 75% 的条件下发酵 90 分钟。

③面团的分割与起酥：发酵面团进行分割，装入保鲜袋中放入冷藏箱中保存 12 小时。面团从冷藏箱取出后，包入起酥用黄油，使用辊压起酥机压成薄片后进行折叠，四折两次。

④成形。用辊压起酥机将起酥后面团压成 3 毫米厚的薄片，将事先制作好的填充材料涂布在面片上，然后由一端卷成长圆柱形，用刀切成每块重量为 80 克的面包坯，放入模具中。

⑤成形发酵。成形后的面包坯放入发酵箱中进行成形发酵，温度为 28℃，湿度为 80%，发酵时间为 90 分钟。

⑥烘烤。然后放入烤炉中进行烘烤，烤炉温度上火为 200℃，下火为 240℃，烘烤 17 分钟。

（4）风味特点　色泽金黄，酥脆爽门，具有坚果的香味。

37.起酥豆沙面包

（1）原料配方　高筋面粉 250 克，鸡蛋 60 克，水 120 毫升，奶粉 1 大匙，干酵母 4 克，细砂糖 20 克，盐 2.5 克，黄油 40 克，酥皮面团 150 克，白芝麻 15 克，红豆沙 75 克。

（2）制作工具或设备　搅拌桶，搅拌机，笔式测温计，轮刀，饧发箱，擀面杖，烤盘，烤箱。

（3）制作过程

①将面团原料中除黄油、白芝麻和红豆沙以外所有的原料放入搅拌机中，搅拌 5 分钟后加入黄油，继续搅拌成面筋扩展、表面光滑的面团。

②将面团放入饧发箱，发酵完毕后，取出，分割成 65 克左右一份，滚圆后松弛 15 分钟。

③松弛后将面团压扁,包入豆沙馅,收紧口。

④排入烤盘,送入饧发箱,进行最后发酵。

⑤将酥皮面团擀切成正方形备用。

⑥最后发酵结束(比一般最后发酵时间短些,因为要包起酥片,不用发得太膨胀),面团表面刷蛋液,盖上刷过蛋液的酥皮,撒少许白芝麻。

⑦送入预热至180℃的烤箱,中层,以上下火,烤制20分钟,至起酥皮发起,表面上色均匀。

(4)风味特点　色泽金黄,酥脆香甜。

38. 起酥金枪鱼包

(1)原料配方

①面团配方:高筋面粉150克,低筋面粉50克,糖15克,盐2克,酵母2克,鸡蛋60克,水70毫升,无盐黄油15克,酥皮面团150克。

②馅心配方:洋葱末50克,金枪鱼罐头100克,黑胡椒粉1克,盐2克,黑芝麻10克,鸡蛋1个。

(2)制作工具或设备　搅拌桶,搅拌机,笔式测温计,轮刀,饧发箱,擀面杖,辊压起酥机,保鲜膜,烤盘,烤箱。

(3)制作过程

①馅心调制。在锅中放入少许油煸炒洋葱末和金枪鱼,放入黑胡椒粉和盐煸炒入味即可。

②将除黄油外所有材料放入搅拌桶中混合,低速搅拌3分钟,中速搅拌10分钟,加入黄油后继续搅拌,低速搅拌2分钟,中速搅拌4分钟,面团温度为24℃。经调制的面团在温度为28℃,湿度为75%的条件下发酵90分钟。

③将发酵好的面团均匀分成6等份,滚圆盖上保鲜膜静置10分钟。

④将面团擀平,放入金枪鱼馅心收口捏紧,收口处朝下。

⑤放入饧发箱,继续发酵40分钟。

⑥在面包坯上涂上鸡蛋液,盖上擀薄的酥皮面团,涂上鸡蛋液撒上少许黑芝麻。

⑦烤箱预热至190℃,烘焙时间20分钟。

(4)风味特点　色泽金黄,馅心咸鲜,外酥里嫩。

39.海南椰丝包

(1)原料配方　高筋面粉500克,鸡蛋液100克,中筋面粉120克,猪油400克,白糖350克,酵母4克,面包改良剂4克,黄油50克,清水400毫升,鲜椰子丝500克,生油50克,炒芝麻仁50克。

(2)制作工具或设备　搅拌桶,搅拌机,笔式测温计,西餐刀,饧发箱,擀面杖,烤盘,烤箱。

(3)制作过程

①椰丝馅心调制。用150克白糖与椰子丝拌匀,炒熟,掺入炒芝麻仁,成为馅心。

②将高筋面粉、酵母、面包改良剂、白糖、清水等材料放入搅拌桶中,低速搅拌3分钟,中速搅拌10分钟,加入黄油后继续搅拌,低速搅拌2分钟,中速搅拌4分钟,面团温度为24℃。经调制的面团在温度为28℃,湿度为75%的条件下发酵90分钟。

③取中筋面粉的三分之一与猪油搓至细腻成团为酥心,再取三分之二中筋面粉,放入清水、蛋液和白糖搅拌至光滑,然后包入酥心,压平叠三次三折,成水油酥皮。

④面包坯与水油酥皮分别压成长约80厘米的长块状,两块堆叠扫水,卷成圆筒形备用。

⑤用刀切件,用手掌压扁,包入20~25克椰丝馅,捏成圆球扭成螺旋形,置于已扫油的烤盘里,待起发3倍后,扫上蛋液。

⑥用180~200℃炉温烤制18分钟,取出扫上黄油、糖浆即可。

(4)风味特点　黄白相间,螺旋形,层次清晰,椰味浓郁,松脆适度。

40.苹果卷

(1)原料配方

①面团配方:高筋面粉140克,低筋面粉60克,白糖36克,盐2.4

克,酵母 3.5 克,面包改良剂 2 克,黄油 12 克,鸡蛋 20 克,奶粉 5 克,冷水 100 毫升,裹入油 120 克。

②馅心配方:苹果馅 300 克,玉桂粉 10 克,蛋糕碎 100 克。

(2)制作工具或设备 搅拌桶,搅拌机,笔式测温计,西餐刀,饧发箱,擀面杖,烤盘,烤箱。

(3)制作过程

①将配方中所有原料(黄油和裹入油除外)一起用搅拌机低速搅拌 2 分钟,再转高速搅拌 4 分钟,然后加入黄油低速搅拌均匀,放置冷柜松弛 2 小时。

②面团包入裹入油折两个三折,放入冷柜松弛 30 分钟,然后收出再折一个三折。

③将面团擀成厚度为 0.5 厘米,宽度为 35 厘米的面片,并抹上苹果馅,分别撒上玉桂粉、蛋糕碎,然后将面团卷起、分割,每个面团重量为 70 克。

④放入饧发箱,最后饧发 90 分钟,饧发温度 35℃,相对湿度 75%。

⑤放入烤箱烘烤,以上火 200℃,下火 180℃,时间约 20 分钟。

(4)风味特点 色泽金黄,口感酥脆,苹果口味。

第五节　网红面包

1. 脏脏包(巧克力味脏脏包)

(1)原料配方

①面团配方:高筋面粉 150 克,中筋面粉 750 克,冰水 485~495 毫升,黄油(和面用)40 克,奶粉 30 克,耐高糖酵母 15 克,可可粉 30 克,盐 10 克,白砂糖 75 克,黄油片(裹入用)500 克,巧克力块 20 小块(15 克/块,包入面团用)。

②表面饰料:巧克力酱(淡奶油加黑巧克力 1:1 混合物)500 克,可可粉 50 克。

（2）制作工具或设备 和面机,笔式测温计,西餐刀,饧发箱,擀面杖,烤盘,烤箱,操作台。

（3）制作过程

①将高筋面粉和中筋面粉混匀,倒入冰水、奶粉、白砂糖、盐、耐高糖酵母、可可粉和黄油,混和揉匀。

②用擀面杖拍打黄油片,使黄油片的软硬程度和面团一样。

③揉好的面团放操作台上,用擀面杖把面团擀成黄油片的2倍大,放上黄油片,折叠起来。

④把折叠好的面片放入冰箱冷藏半小时,然后拿出来,再次擀开面皮,对折叠好,再次放入冰箱,此步骤重复三次即可。

⑤把冷藏好的面皮用擀面杖擀成长方形,四周不规则的地方用刀切掉,分成20份,在切好的面片上放上巧克力块,自上而下卷成卷,卷好后放入饧发箱,27℃下发酵2小时。

⑥提前预热烤箱至180℃,把发酵好的面包坯放进去烤15分钟,烤好后取出放凉。表面蘸取混合好的巧克力酱(淡奶油加热到微微起泡关火,加入切碎的黑巧克力碎,静置片刻,混合均匀,比例1:1),放入冰箱冷藏,待巧克力酱凝固后取出。

⑦撒上适量可可粉即可。

（4）风味特点 巧克力色,口感膨松。

2.原谅包(抹茶味脏脏包)

（1）原料配方

①面团配方:高筋面粉150克,中筋面粉750克,冰水485～495毫升,黄油(和面用)40克,奶粉30克,耐高糖酵母15克,可可粉30克,盐10克,白砂糖75克,黄油片(裹入用)500克,巧克力块20小块(15克/块,包入面团用)。

②表面饰料:白巧克力酱(淡奶油加白巧克力1:1混合物)500克,抹茶粉50克。

（2）制作工具或设备 和面机,笔式测温计,西餐刀,饧发箱,擀面杖,烤盘,烤箱,操作台。

（3）制作过程

①将高筋面粉和中筋面粉混匀,倒入冰水、奶粉、白砂糖、盐、耐高糖酵母、可可粉和黄油,混和揉匀。

②用擀面杖拍打黄油片,使黄油片的软硬程度和面团一样。

③揉好的面团放操作台上,用擀面杖把面团擀成黄油片的 2 倍大,放上黄油片,折叠起来。

④把折叠好的面片放入冰箱冷藏半小时,半小时后拿出来,再次擀开面皮,对折叠好,再次放入冰箱,此步骤重复三次即可。

⑤把冷藏好的面皮用擀面杖擀成长方形,四周不规则的地方用刀切掉,分成 20 份,在切好的面片上放上巧克力块,自上而下卷成卷,卷好后放入饧发箱,27℃下发酵 2 小时。

⑥提前预热烤箱180℃,把发酵好的面包坯放进去烤 15 分钟,烤好后取出放凉。表面蘸取混合好的巧克力酱(淡奶油加热到微微起泡关火,加入切碎的白巧克力碎静置片刻,混合均匀,比例1:1),放入冰箱冷藏,待巧克力酱凝固后取出。

⑦撒上适量抹茶粉即可。

（4）风味特点　抹茶色泽,口感膨松。

3.干净包(原味脏脏包)

（1）原料配方

①面团配方:高筋面粉 150 克,中筋面粉 750 克,冰水 485 ~ 495 毫升,黄油(和面用)40 克,奶粉 30 克,耐高糖酵母 15 克,可可粉 30 克,盐 10 克,白砂糖 75 克,黄油片(裹入用)500 克,巧克力块 20 小块(15 克/块,包入面团用)。

②表面饰料:白巧克力酱(淡奶油加白巧克力 1:1 混合物)500 克,糖粉 50 克。

（2）制作工具或设备　和面机,笔式测温计,西餐刀,饧发箱,擀面杖,烤盘,烤箱,操作台。

（3）制作过程

①将高筋面粉和中筋面粉混匀,倒入冰水、奶粉、白砂糖、盐、耐

高糖酵母、可可粉和黄油,混和揉匀。

②用擀面杖拍打黄油片,使黄油片的软硬程度和面团一样。

③揉好的面团放操作台上,用擀面杖把面团擀成黄油片的 2 倍大,放上黄油片,折叠起来。

④把折叠好的面片放入冰箱冷藏半小时,半小时后拿出来,再次擀开面皮,对折叠好,再次放入冰箱,此步骤重复三次即可。

⑤把冷藏好的面皮用擀面杖擀成长方形,四周不规则的地方用刀切掉,分成 20 份,在切好的面片上放上巧克力块,自上而下卷成卷,卷好后放入饧发箱,27℃下发酵 2 小时。

⑥提前预热烤箱180℃,把发酵好的面包坯放进去烤15分钟,烤好后取出放凉。表面蘸取混合好的巧克力酱(淡奶油加热到微微起泡关火,加入切碎的白巧克力碎静置片刻,混合均匀,比例1:1),放入冰箱冷藏,待巧克力酱凝固后取出。

⑦撒上适量糖粉即可。

(4)风味特点　色泽纯白,口感膨松。

4. 网红冰面包

(1)原料配方

①面团配方:高筋面粉 1000 克,砂糖 80 克,酵母 10 克,盐 15 克,改良剂 4 克,奶粉 40 克,鸡蛋液 50 毫升,冷水 510 毫升,乳脂发酵黄油 150 克,玉米淀粉 50 克。

②夹心配方:草莓果酱 350 克,淡奶油 200 克。

(2)制作工具或设备　和面机,笔式测温计,西餐刀,饧发箱,擀面杖,烤盘,烤箱,打蛋器。

(3)制作过程

①将除了乳脂发酵黄油、玉米淀粉等以外的所有原料倒入容器中慢速搅拌 2 分钟,快速搅拌 6 分钟,使面筋扩展至 8 成。

②加入乳脂发酵黄油,搅拌均匀,使其松弛。

③常温下松弛 30 分钟,分割为 40 克/个,搓圆。

④粘上玉米淀粉,然后摆盘发酵。

⑤入饧发箱,温度 38℃,湿度 85%,发酵时间为 50 分钟左右。

⑥放入烤箱,喷水烘烤,上火 130℃,下火 170℃,烘烤时间 20 分钟左右。

⑦将淡奶油打发,加上冷藏好的草莓果酱,混合成馅备用。

⑧每个夹馅 20 克,即可。

(4)风味特点　色泽金黄,口感冰凉。

5. 网红奶酪包

(1)原料配方

①面团配方:高筋面粉 250 克,牛奶 125 毫升,奶油奶酪 30 克,全蛋液 35 毫升,细砂糖 30 克,盐 2 克,干酵母 3 克,黄油 30 克。

②奶酪馅配方:奶油奶酪 150 克,牛奶 25 毫升,糖粉 25 克。

③表面饰料:奶粉 50 克,糖粉 15 克。

(2)制作工具或设备　和面机,笔式测温计,西餐刀,饧发箱,擀面杖,烤盘,烤箱。

(3)制作过程

①将面包坯的所有材料用后油法揉至扩展阶段;在饧发箱中发酵至原体积的 2 倍大。

②发酵好的面团分成 3 等份,滚圆。

③将面团转移到铺有油纸的烤盘上,放在饧发箱中再次发酵到 2.5 倍大。

④放入预热至 170℃的烤箱中,烤 25 分钟左右。

⑤表面上色后就加盖锡纸;烤好的面包凉透后分成 4 等份;每块面包沿着横截面划两个口。

⑥奶酪馅的所有材料放在一起打发至略膨松;同时将表面饰料中的糖粉和奶粉混合均匀。

⑦在面包的划口处和切面都涂上一层奶酪馅,然后在切面上均匀撒上奶粉混合物即可。

(4)风味特点　色泽粉白,奶香四溢。

6.爆米花奶酪包

（1）原料配方

①面团配方:高筋面粉280克,细砂糖30克,牛奶150毫升,鸡蛋液30毫升,黄油30克,盐3克,干酵母3克。

②辅料配方:鸡蛋液50毫升,黄油30克,奶粉50克,爆米花50克。

③馅料配方:奶油奶酪150克,糖粉30克,牛奶25毫升,奶粉30克。

（2）制作工具或设备　和面机,笔式测温计,西餐刀,饧发箱,擀面杖,烤盘,烤箱,操作台,毛刷,电动打蛋器,6英寸蛋糕模。

（3）制作过程

①将制作面包的所有材料放入和面机混合揉成面团,一直将面团揉到可以抻出薄膜的扩展阶段。因不同面粉的吸水性不同,可以根据实际情况调整牛奶的用量,使揉好的面团达到非常柔软的程度。

②揉好的面团放入饧发箱进行第一次发酵。

③发酵到面团变成2～2.5倍大,手指沾面粉轻轻插入面团,拔出手指后面团不塌陷也不回缩,就表示发酵好了(温度不同发酵时间也会不同,25℃温度下约需要1个小时)。

④发酵好的面团,用手压出空气,然后在案板上继续用力揉,使它重新变得光滑。

⑤把揉好的面团,分成两份,分别揉圆。

⑥将面团压扁,用擀面杖擀开成为圆饼状。

⑦在圆形6英寸蛋糕模内壁涂抹一层薄薄的黄油防粘,然后把面团放在蛋糕模里,将面团进行最后发酵,直至发到模具的8成满(最佳发酵环境:温度35～38℃,湿度85%)。

⑧发酵好的面团,表面用毛刷刷一层全蛋液。放入预热好上下火170℃的烤箱,烤35分钟左右即可出炉。出炉以后的面包,脱模冷却备用。

⑨奶酪馅制作。将奶油奶酪放入大碗里,隔水加热使它变软(或放入微波炉高火转十几秒)。软化后加入糖粉,用电动打蛋器搅打至顺滑无颗粒的状态,再加入牛奶搅打均匀,最后加入奶粉搅打均匀

即可。

⑩把冷却以后的面包,用锯齿刀切成4块。

⑪取1块面包,在中段的位置切开,分成大小相等的扇形块。

⑫在两个切面涂抹薄薄一层奶酪馅。

⑬最后,把涂抹了奶酪馅的切面放在奶粉里压一下,使两个切面都粘上厚厚一层奶粉,再均匀粘上爆米花即可。如此步骤做完即可。

（4）风味特点　色泽乳白,松软柔滑,奶酪馅滑,奶香浓郁。

7. 黑麦面包

（1）原料配方

①面团配方:高筋面粉210克,黑麦面粉50克,干酵母4克,糖15克,盐4克,温水150毫升。

②表面饰料:黑芝麻25克,麦片50克。

（2）制作工具或设备　和面机,笔式测温计,西餐刀,饧发箱,擀面杖,烤盘,烤箱,操作台。

（3）制作过程

①将高筋面粉、黑麦面粉、糖混合,加入温水拌匀成团,加盖,松弛10分钟。

②摊开,均匀地撒上干酵母,用力揉,揉至扩展阶段。

③放入饧发箱进行一次发酵后,排气,擀成椭圆形,从上而下卷成橄榄状,松弛15分钟。

④接缝朝下,擀开,擀成椭圆状,从里而外卷成橄榄状,表面喷水,粘上混合的杂粮(将黑芝麻和麦片混合在一起),进行二次发酵。

⑤预热烤箱200℃,在面团上划一刀,烤制25分钟左右。

（4）风味特点　杂粮混色,口感紧实。

8. 星空吐司

（1）原料配方

①面团配方:高筋面粉300克,盐3克,糖粉30克,干酵母3克,

黄油(室温软化)25克,竹炭粉0.5克。

②辅料配方:干无花果6颗,葡萄干15克,开心果25克,开水240毫升,干蝶豆花15克。

(2)制作工具或设备 和面机,笔式测温计,西餐刀,饧发箱,擀面杖,烤盘,烤箱,操作台,吐司盒,晾网。

(3)制作过程

①制作蓝色汁液。将15克干蝶豆花先用240毫升开水泡开。凉至室温之后用细筛过滤,取其中180毫升蝶豆花水放入冰箱冷藏半小时备用(可以用力挤压泡水之后的蝶豆花,汁液浓度越高越好)。

②在和面机里依次倒入180毫升蝶豆花水、盐、糖粉、高筋面粉,最后放入3克干酵母。揉10分钟成光滑的面团,然后加入25克室温软化的黄油,揉15分钟,揉至面团完全扩展阶段,此时面团可以抻出又薄又韧的薄膜。

③然后放入一个干净的容器里,放入饧发箱进行第一次发酵,建议恒定温度28℃,饧制1小时。

④发酵至原体积的2倍大后,取出,在操作台上按压排气。

⑤分出90克面团,加入0.5克竹炭粉,揉匀备用。

⑥剩余的蓝色面团,按照2∶3的比例,分割成大小2个面团,然后全部盖上保鲜膜,饧发15分钟。

⑦饧发好之后,先取蓝色的小面团,擀成矩形,宽度比吐司盒略短,然后撒上开心果和葡萄干,卷起来,卷好之后,捏紧收口,靠边放入吐司盒里。

⑧黑色的面团也擀开,可以撒上少量葡萄干,也是卷起来,但是这个不要全部卷上,留1cm左右的边(留边是为了切面形状自然)。

⑨将黑色的面团挨着蓝色的面团放在中间的位置,多留出来的部分朝上放置。

⑩将蓝色的大面团擀开,头部的位置摆上一排无花果,卷一圈,再撒上开心果和葡萄干,全部卷起来,尾部收口捏紧。挨着黑色面团放入吐司盒里,盖好保鲜膜,进行二次发酵。建议恒定温度32℃,1小时。发酵至吐司盒的八分满即可。

⑪烤箱开始预热,上下管 190℃。预热好之后,上下管调成 170℃,放入模具,烤 45 分钟,时间和温度可以根据自己的烤箱进行调整。

⑫烤好之后立即倒扣取出吐司,放在晾网上晾凉。

⑬用锯齿刀切开,切面处色彩相叠,如星空点点、星星闪烁。

(4)风味特点 色如星空,无花果、坚果、葡萄干如大小星星。

9. 手撕面包

(1)原料配方

①面团配方:高筋面粉 185 克,低筋面粉 75 克,酵母 4 克,盐 3 克,细砂糖 45 克,牛奶 110 毫升,鸡蛋 1 个,黄油(揉面用)20 克,黄油(裹入用)110 克。

②辅料配方:鸡蛋液 25 克,蜂蜜 25 克,糖粉 15 克。

(2)制作工具或设备 和面机,笔式测温计,西餐刀,饧发箱,擀面杖,烤盘,烤箱,操作台,吐司模具。

(3)制作过程

①将所有的面团材料(除揉面用黄油和裹入用黄油外)放入和面机中,揉成光滑的面团,再加入揉面用黄油揉至扩展。

②把揉好的面团放在饧发箱中,25℃左右,发酵 1 小时,至发酵到原来体积的 2~2.5 倍大。把发酵好的面团用手压出气体,放在冷藏室静置松弛 30 分钟。

③在面团松弛的时候,把裹入用黄油切成片,平铺在保鲜袋里,擀平,切成长方形,方便均匀裹入,擀好之后,冷藏备用。

④将松弛好的面团从冰箱取出用擀面杖擀成一个长方形面片,长度是黄油片宽度的 2.5 倍即可,把黄油片铺在擀好的面片中央,从两端把面片盖上。把收口压紧,3 次三折。

⑤将三折好的面片,冷藏松弛 20 分钟。

⑥冷藏后取出来擀开,擀成长度 30~35 厘米,宽度 5~6 厘米,分为 4 个长条。

⑦取 2 个长条,分别叠成 M 型,放入吐司模具内;开始发酵,发酵

2 小时,变成原来的 2~2.5 倍大小;烤前刷上一层鸡蛋液。

⑧烤箱 200℃预热,把发酵好的面包团放入烤箱中层,烤制 10 分钟,转 185℃再烤 20 分钟(中途注意看,觉得上色差不多了,就马上加盖一层锡箔纸,防止上色太深)。

⑨烤好出炉,刷上一层蜂蜜或者撒上一层糖粉即可。

(4)风味特点 色泽棕黄,松软香甜。

10. 彩虹芝士面包

(1)原料配方 马苏里拉奶酪碎 1/3 杯,格鲁耶尔奶酪碎 1/3 杯,瑞士奶酪碎 1/3 杯,绿色食用色素溶液 0.5 毫升,蓝色食用色素溶液 0.5 毫升,紫色食用色素溶液 0.5 毫升,面包 4 片,黄油 25 克,糖粉 25 克。

(2)制作工具或设备 西餐刀,饧发箱,操作台。

(3)制作过程

①将 3 种奶酪混合均匀,然后平均分成 4 份。

②分别用不同的食用色素滴入不同的碗里的奶酪上,并且混合均匀。

③面包片均匀切片,取 1 片面包片抹上黄油,抹上黄油的一面向下略微烘烤,再将不同颜色的奶酪按次序涂抹在面包片上,再烤 2~3 分钟,直到奶酪融化。

④再取 1 片面包片叠放在奶酪上,翻转过来继续烘烤 30 秒。

⑤撒上糖粉装饰,如此方法做好另 2 片即可。

⑥用手撕开时,里面奶酪形成拉丝效果,如彩虹一般。

(4)风味特点 色呈彩虹,拉丝明显。

11. 网红熔岩面包

(1)原料配方 吐司面包 4 片,蜂蜜 10 克,椰蓉 25 克,淡奶油 50 克,奶油奶酪 35 克,牛奶 25 毫升,黄油 45 克,白糖 35 克。

(2)制作工具或设备 煮锅,西餐刀,烤盘,烤箱,操作台。

(3)制作过程

①在煮锅中放入牛奶,开火加热,再放入黄油,加入糖、淡奶油和

奶油奶酪,然后用筷子均匀地搅拌,一直到所有的材料都融化且没有颗粒。

②在熬煮的上述材料中,一边用筷子慢慢搅拌,一边缓缓倒入蜂蜜,直至变成糊状。

③用勺子轻轻地将调好的奶酪糊均匀地涂抹在吐司面包的上面。

④预热烤箱,上下火210℃,然后将涂抹好的面包放入烤箱烤4分钟。

(4)风味特点　表面焦黄,奶酪冒泡,酷似熔岩。

12. 恐龙蛋面包

(1)原料配方　麻薯预拌粉220克,高筋面粉30克,鸡蛋1个,盐3克,干酵母2克,细砂糖25克,牛奶100毫升,熟黑芝麻15克,黄油40克。

(2)制作工具或设备　和面机,笔式测温计,西餐刀,饧发箱,擀面杖,烤盘,烤箱,操作台。

(3)制作过程

①把麻薯预拌粉、高筋面粉、盐、细砂糖、干酵母、鸡蛋一起加入和面机中,并低速搅打混合,然后慢慢加入牛奶,并搅拌成团,由于粉类比较黏,可能会粘缸,中间停机,可用刮刀拾起帮助混合成团,再分次加入黄油。

②将面团混合成稍光滑的面团,跟一般面包的面团不同,稍光滑就可以了。

③最后加入熟黑芝麻,再搅拌均匀,稍稍饧制。

④将面团进行分割,以每个30克为量分割,并滚圆放入烤盘中,不需要刻意压扁。

⑤采用带有蒸汽的烤箱,设定温度200℃,烘焙20分钟,中途可以加几次蒸汽,面包慢慢就会变化,并变大,有细微天然裂纹,完全涨至1倍大。

⑥烤制时间到可先不拿出,关火后在里面继续烘干几分钟再出炉,一定要烤熟,防止凹底,塌陷。

(4)风味特点　色泽微黄,形似蛋状。

13. 网红咸可颂

（1）原料配方　高筋面粉250克,细砂糖20克,食盐5克,干酵母5克,温水125毫升,黄油150克,鸡蛋1个。

（2）制作工具或设备　和面机,笔式测温计,西餐刀,饧发箱,擀面杖,烤盘,烤箱,操作台。

（3）制作过程

①在和面机中放入高筋面粉、细砂糖、食盐拌匀,加入酵母和水,充分搅拌,静置10分钟左右。

②将面团放在操作台上,拉起面团一边往中间揉捏,保证其他部分面团都充分被揉捏,放入饧发箱,静置10分钟左右。

③取出面团,沿着面团边缘往外拉,直到面团变成一个边长大致为12厘米的正方形。

④把黄油切成约为面团体积一半大小的矩形,厚度与面团相同,将黄油斜对角放在面团中部。

⑤向中间折叠面团,让面团包住黄油,变成一个完整的包裹样。如果面团不能完全包住黄油,拉拉面团,包裹均匀。

⑥用擀面杖沿着封口,均匀地压面团。纵向滚压面团,呈长矩形,约1厘米厚。

⑦把面团的1/3折叠到中间,折叠另外1/3,3次三折。

⑧第3次折叠后,用保鲜膜包好面团,冰箱冷藏40分钟。

⑨取出面团,把面团擀开,切成24厘米×38厘米的矩形。

⑩将面饼切成三角形,从三角形的尖头开始,将每块面饼卷成牛角状(卷面包卷的时候尽量卷紧一点)。将面包放在烘烤板上,发酵膨胀,直到面皮有了开裂的缝隙。

⑪预热烤箱至240℃,烤箱底部放一个烤盘;准备入烤箱之前,将面团刷上蛋液。烘烤15~20分钟,直至可颂面包呈金黄色。

（4）风味特点　色泽微黄,形似牛角。

14. 香浓炼奶面包

（1）原料配方　高筋面粉 220 克,细砂糖 20 克,牛奶 125 毫升,盐 3 克,炼乳 15 克,黄油 20 克,酵母 3 克。

（2）涂抹材料　炼乳 20 克,黄油 20 克。

（3）制作工具或设备　和面机,笔式测温计,西餐刀,饧发箱,擀面杖,烤盘,烤箱,操作台,戚风模具。

（4）制作过程

①将除黄油外的所有面团材料放入和面机中揉光滑后,加入黄油揉至完全阶段。放入饧发箱,发酵至面团 2 倍大。

②将涂抹材料里的黄油拿出来软化后和炼乳一起搅拌成炼乳酱。

③将发好后的面团取出排气,擀成长方形。切成 4 等份,涂抹上炼乳酱(不要全部涂完,要留一点等下涂表面)。

④将长方形面团像叠罗汉那样一份叠一份的叠起来,再用切刀切馒头的切法切成 8 小份。

⑤戚风模具内抹薄薄一层黄油,将 8 等份小面团竖起来垂直,排入模具内,盖上保鲜膜。

⑥继续发酵至 2 倍大后取出,表面涂上炼乳酱(还可以加上果脯、坚果之类的,以增加风味),放入预热 185℃的烤箱。

⑦中下火烤 15～20 分钟,筛上薄薄一层糖粉。

（4）风味特点　色泽微黄,炼奶香浓。

15. 全麦芝士熔岩面包

（1）原料配方

①面团配方:高筋面粉 240 克,全麦面粉 60 克,冷水 190 毫升,盐 4 克,糖 15 克,奶粉 15 克,酵母 3 克,黄油 20 克。

②馅料配方:马苏里拉奶酪 200 克,培根 4 片。

（2）制作工具或设备　和面机,笔式测温计,西餐刀,饧发箱,擀面杖,烤盘,烤箱,操作台。

（3）制作过程

①将除黄油以外的材料混匀放入和面机中，揉至扩展，再加入黄油，继续揉到能拉出薄膜的完全阶段。放入饧发箱中基础发酵至原来体积的 2 倍大。

②马苏里拉奶酪切小块，培根稍煎后切小片，放凉后与马苏里拉奶酪块混均匀制成馅心待用。

③将面团均分成 60 克/个，再将面团逐个排气滚圆松弛。

④取 1 个面团，擀成圆形，将马苏里拉奶酪馅心包在里面，捏紧收口。收口向下放置饧发箱中进行二次发酵。

⑤饧发至原体积的 2 倍大，表面筛面粉。先用剪刀剪一较大的口子，再在切口的垂直方向，再剪一侧切口，这样就有了十字口。用手外拉剪开的四角，使口子张开变大，依次整形好。

⑥将烤箱预热 220℃，烤制 20 ~ 25 分钟，即成。

（4）风味特点　色泽微黄，奶酪融化。

16.豆豆面包

（1）原料配方

①面团配方:高筋面粉 500 克,砂糖 80 克,耐高糖酵母 5 克,盐 6 克,奶粉 15 克,即溶咖啡粉 15 克,黑朗姆酒 30 毫升,冰水 270 毫升,温水 30 毫升,黄油 50 克,巧克力豆(10 克/个)4 个。

②馅料:巧克力豆 50 个(10 克/个)。

（2）制作工具或设备　和面机,笔式测温计,西餐刀,饧发箱,擀面杖,烤盘,烤箱,操作台。

（3）制作过程

①将耐高糖酵母粉 5 克与温水 30 毫升进行搅拌溶解。即溶咖啡粉 15 克和黑朗姆酒 30 毫升进行搅拌溶解备用。按照先液体后固体的顺序将面团配方中的材料（除巧克力豆）放入和面机中进行搅拌。

②搅拌成稍有光滑面后,再倒入巧克力豆继续搅拌混合至出薄膜扩展阶段即可。

③搅拌结束后面温 26℃,放入饧发箱中,发酵温度 27℃,湿度 80%,发酵 50 分钟。发酵至原体积的 2 倍大后,分割成 50 克/个。

④用手把面团轻轻滚圆并用保鲜膜盖住,再进行 30 分钟的饧发。

⑤饧发完毕后,用手把面团轻轻按扁,放入馅料巧克力豆。用手揉搓面团,把四边收口往中间搓紧,收口向下。

⑥放烤盘上,送入饧发箱进行最后发酵 50 分钟,发酵温度 27℃,湿度 80%。

⑦同时将烤箱预热上火 220℃,下火 170℃,烘烤 7 ~ 10 分钟即可。

(4)风味特点　色泽棕黄,斑斑点点。

17. 蜂蜜脆皮面包

(1)原料配方

①面团配方:高筋面粉 175 克,低筋面粉 75 克,酵母 2 克,盐 1 克,鸡蛋液 60 毫升,牛奶 100 毫升,细砂糖 50 克,泡打粉 2 克。

②底部沾料:低筋面粉 10 克,粗砂糖 5 克,脱皮白芝麻 5 克。

③表层粘水:蜂蜜水(蜂蜜:水 = 1:1)50 毫升。

(2)制作工具或设备　和面机,笔式测温计,西餐刀,饧发箱,擀面杖,烤盘,烤箱,操作台,模子。

(3)制作过程

①面团调制。混合面团配方,放入和面机中,揉至扩展阶段,撑开面团有稍厚的薄膜,薄膜有韧性,破洞边缘处成锯齿状;表面盖保鲜膜,放入饧发箱中,发酵至原体积的 2 倍大,手沾干面粉在面团中间戳个洞,洞口不塌陷不回缩即可。

②将面团揉匀排气,分割成 8 等份,盖保鲜膜松弛 15 分钟;擀长至 20 厘米,卷起,封口处一定要捏紧,避免烤的时候抻开。

③将底部沾料混合备用,模子底部涂油,将面卷从中间一切两半,底部沾水,再沾一下混合好的底部沾料,等距离均匀地摆放在烤盘中;进行最后发酵,发至原体积的 2 倍大时取出;表面刷油或蛋液,并往模子底部倒入适量的色拉油抹匀(油越多出炉时面包底

部越脆)。

④表面撒一层芝麻,入炉烤制;出炉后立即在表面刷一层蜂蜜水。

(4)风味特点　色泽棕红,口感膨松。

18. 网红口袋面包

口袋面包,亦称皮塔饼(Pita)。皮塔饼是一种起源于中东及地中海地区的美食,最大的特点是烤的时候面团会鼓起来,形成一个中空的面饼,看着跟一个口袋似的,所以被称为"口袋面包"。

(1)原料配方　高筋面粉125克,全麦面粉25克,冷水100毫升,干酵母3克,盐3克,细砂糖5克,橄榄油15毫升。

(2)制作工具或设备　和面机,笔式测温计,西餐刀,饧发箱,擀面杖,烤盘,烤箱,操作台。

(3)制作过程

①将所有配料放入和面机中,揉成面团,揉到能拉出薄膜的扩展阶段。再将揉好的面团,放入饧发箱,进行基础发酵。

②面团发酵到原体积的2倍大,手指沾面粉捅入面团后,捅出的孔不回缩,就表示发酵好了。

③将发酵好的面团用力揉出空气,使它重新变小。将面团分成4份,揉圆。盖上湿布或保鲜膜,室温下饧发15分钟。同时将烤箱预热到上下火230℃,烤盘上刷一层橄榄油或铺上烤盘纸,放入烤箱里一起预热。

④饧发好的面团,用擀面杖擀开成为直径12~13厘米的圆饼。

⑤烤箱预热好以后,将热烤盘从烤箱里取出来,将擀好的面团放在刚取出的热烤盘上,立刻放入烤箱中层,上下火230℃烘烤。

⑥放入烤箱后,大约2分钟的时候,面团会完全鼓起来,鼓起来以后,继续烤0.5~1分钟,直到面团表面呈浅金黄色出炉。口袋剖开可以放入各种馅心。

(4)风味特点　色泽浅黄,形似口袋。

19.芒果奶酪白面包

（1）原料配方

①面团配方:高筋面粉 150 克,冷水 90 毫升,细砂糖 15 克,植物油 15 毫升,盐 2.5 克,快速干酵母 3 克。

②芒果酱配方:芒果(去皮去核)200 克,细砂糖 100 克,麦芽糖 50 克。

③芒果奶酪馅配方:芒果酱 100 克,奶油奶酪 100 克。

（2）制作工具或设备　和面机,笔式测温计,西餐刀,饧发箱,擀面杖,烤盘,烤箱,操作台,煮锅,锅铲。

（3）制作过程

①制作芒果酱。芒果去皮去核以后切成小丁,放入锅里,用中火加热并不断翻炒,一直翻炒到芒果肉变得软烂,加入细砂糖和麦芽糖。糖熔化以后,继续加热翻炒,并用锅铲尽量将整块的芒果肉碾成泥,熬至浓稠后盛出备用。

②将面团原料放入和面机,揉成面团,揉到能拉出薄膜的扩展阶段。再将揉好的面团放入饧发箱,进行基础发酵至原体积的 2.5 倍大。发酵好的面团排出空气,分成 6 份揉圆,进行 15 分钟的中间发酵。

③取一个中间发酵好的面团,在案板上擀开成圆形。在面片中央放上 15 克芒果酱和 15 克奶油奶酪丁。将面团收口捏紧,将芒果酱与奶酪丁都包在面团里。

④将面团收口朝下放在烤盘上,每个面团之间留出足够的距离,将面团进行第二次发酵(最佳发酵环境:温度 35～38℃,湿度 85%,约 40 分钟),直到面团变成原来体积的 2 倍大。

⑤发酵好的面团,在表面用筛网筛上一层高筋面粉,然后放入预热至 165℃的烤箱,烤 13～15 分钟。当表面微黄的时候,就可以出炉了。

（4）风味特点　色泽微黄,奶酪爆浆。

20. 朗姆葡萄干面包

（1）原料配方

①面团配方：高筋面粉125克，低筋面粉25克，细砂糖20克，鸡蛋15克，冷水75毫升，黄油15克，奶粉6克，盐2克，干酵母3克。

②巧克力蛋糕馅配方：巧克力海绵蛋糕90克，黄油15克，葡萄干35克，朗姆酒15毫升。

③表面刷液：全蛋液50毫升。

（2）制作工具或设备　和面机，笔式测温计，西餐刀，饧发箱，擀面杖，烤盘，烤箱，操作台，6寸蛋糕圆模。

（3）制作过程

①面团调制。将面团原料放入和面机，揉成面团，揉到能拉出薄膜的扩展阶段。在饧发箱中发酵至原体积的2.5倍大（28℃的温度下需要1个小时左右），把发酵好的面团排出空气，再次揉成圆形，进行15分钟的中间发酵。

②巧克力海绵蛋糕撕成小块，黄油室温放软，葡萄干用朗姆酒浸泡。将巧克力蛋糕、黄油、葡萄干和朗姆酒混合在一起，混合均匀以后团成一团。

③面团中间发酵后，用手掌按扁。将巧克力蛋糕馅放在面团中间，包起来。包好的面团收口朝下，放在案板上，用擀面杖擀开呈长椭圆形。再用刀在椭圆形中间竖切一刀，其中一头留出几厘米不要切断。从一边卷起来。卷到头以后，绕过来，继续卷下去，一直卷到头。

④将卷好的面团，露出馅的一面朝上，放在内壁涂了黄油的6寸蛋糕圆模内，进行最后发酵（饧发箱发酵环境：温度35～38℃，湿度85%）。

⑤发酵到面团填满模具以后（40分钟到1个小时），在面团表面刷上一层全蛋液，放入预热好上下火170℃的烤箱中层，烤25～30分钟即可。

（4）风味特点　色泽金黄，膨松芳香。

参考文献

[1]吴孟.面包糕点饼干工艺学[M].北京:中国商业出版社,1992.

[2]李样睿.西餐工艺[M].北京:中国纺织出版社,2008.

[3]王美萍.西式面点师[M].北京:中国劳动出版社,1995.

[4]国家旅游局人事劳动教育司.西式面点[M].北京:高等教育出版社,1992.

[5]张守文.面包科学与加工工艺[M].北京:轻工业出版社,1996.

[6]李里特,江正强,卢山.焙烤食品工艺学[M].北京:中国轻工业出版社,2000.

[7]马涛.焙烤食品工艺[M].北京:化学工业出版社,2007.